国家出版基金项目
NATIONAL PUBLICATION FOUNDATION

中国页岩气规模有效开发
中国工程院重点咨询研究项目成果

中国页岩气
示范区建设实践与启示

胡文瑞 曹耀峰 马新华 ◎等编著

THE PRACTICE AND
ENLIGHTENMENT OF
SHALE GAS
DEMONSTRATION REGION IN CHINA

石油工业出版社

内 容 提 要

本书主要基于涪陵、长宁—威远、昭通和延安4个国家级页岩气示范区的不同特色，围绕示范区建设过程中各环节的特点、难点、具体做法，对建设方案、建设程序、建设过程、建设成效、经验启示等进行写实。重点突出与北美相关环节、做法、特征的对比，并用建设过程中各环节有代表性的突破和问题解决过程中的事件等生动描述认识过程、学习过程和进步过程，重点描述了问题的起因、发展过程、典型案例、结果、经验、教训及解决过程中的困惑与波折。

本书可为从事页岩气开发的相关技术人员与管理人员提供参考，也可供石油院校师生参考阅读。

图书在版编目（CIP）数据

中国页岩气示范区建设实践与启示／胡文瑞等编著．
—北京：石油工业出版社，2020.12
（中国页岩气规模有效开发）
ISBN 978-7-5183-4380-5

Ⅰ．①中…　Ⅱ．①胡…　Ⅲ．①油页岩资源－资源开发－
示范区－研究－中国　Ⅳ．① TE155

中国版本图书馆 CIP 数据核字（2020）第 263124 号

中国页岩气示范区建设实践与启示

出版发行：石油工业出版社
　　　　（北京安定门外安华里2区1号　100011）
　　网　　址：www.petropub.com
　　编辑部：（010）64523537
　　图书营销中心：（010）64523633
　　经　　销：全国新华书店
　　印　　刷：北京中石油彩色印刷有限责任公司

2020 年 12 月第 1 版　2021 年 5 月第 2 次印刷
710×1000 毫米　开本：1/16　印张：22.25
字数：310 千字

定价：150.00 元
（如出现印装质量问题，我社图书营销中心负责调换）

长宁—威远示范区	李武广	钟　兵	吴建发	张　庆
	张成林	刘旭礼	方　圆	张　鉴
	刘文平	钟成旭	周拿云	罗旻海
	郑　健	赵　晗		
涪陵示范区	李宇平	舒志国	袁　桃	刘尧文
	王　强	郑爱维	李奎东	廖如刚
	刘　莉	王　莉	沈金才	肖佳林
	谭　聪			
昭通示范区	张介辉	王高成	张涵冰	邹　辰
	蒋立伟	刘　臣	李兆丰	李　尚
	王建君	罗珥峰	张东涛	陈　希
延安示范区	郝世彦	杜　燕	郭　超	刘　超
	杨　超	吕　雷	张文哲	高　潮

序

近年来，中国页岩气开发取得了实质性的突破，成为世界上少数几个实现工业化开采的国家之一。但是，页岩气产业仍处于规模开发的起步阶段，面临如何进一步完善开发技术、降低开发成本、规范开发秩序、创新开发商业模式和配套开发扶持政策等诸多问题。这些问题仍是制约和影响页岩气产业快速健康发展的重要因素。

为此，2017 年底，中国工程院工程管理学部和能源与矿业学部联合发起"中国页岩气规模有效开发途径研究"咨询研究项目，被中国工程院列为 2018 年重点咨询研究项目，旨在研究和剖析页岩气开发面临的问题，探索页岩气规模有效开发的途径，形成指导页岩气规模有效开发的咨询成果和建议，对国家增加清洁能源供应和优化能源结构具有重大的意义。

该咨询研究项目针对中国不同类型、不同地区、不同深度的页岩气开发现状和产业政策环境调研分析，评价页岩气发展潜力，动态预测峰值产量及峰值时间，剖析页岩气勘探开发成本和效益，建立高效率、低成本和清洁开发的商业模式，探索页岩气规模有效开发途径、发展战略，最终实现课题研究所要达到的 4 个主要目标，即"中国页岩气提高单井产量及采收率路径研究""中国页岩气低成本发展路径研究""中国页岩气清洁发展路径研究"和"中国页岩气规模有效开发战略研究"。

该咨询研究项目按照"问题导向、方法导向"的原则，从解剖典型页岩气田开发现状、做法、经验、问题等方面入手，通过国内外成功案例学习、现场调研、学术讨论和咨询研讨等多种方式，先后在北京、成都、西安和宜昌召开了4场大型研讨会，中国工程院和中国科学院30多位院士分别参与研讨，自然资源部、中国石油、中国石化、延长石油、中国石油大学（北京）、西南石油大学、国家能源页岩气研发中心等单位400余位中外专家、学者和企业负责人参与了研讨，特别是中国石油西南油气田公司、中国石化勘探分公司发挥了主力军的作用。

该咨询研究项目持续两年多的研究，可以说取得了预期的主要成果：一是"提出了中国页岩气规模有效开发的途径和发展战略"，二是"探索、总结形成了页岩气低成本开发的商业模式和咨询建议"，最终形成了"中国页岩气规模有效开发途径研究"项目报告，同时出版《中国页岩气示范区建设实践与启示》《中国页岩气开发概论》两部战略性、前瞻性、权威性和工具性著作，为中国页岩气规模有效开发提供参考指导。

需要特别说明，中国工程院战略咨询重点研究项目"中国页岩气规模有效开发途径研究"结论：中国页岩气规模有效开发极有可能成功，失败的概率极小，页岩气可能成为中国能源版的"封狼居胥"，假如在成本问题上失策，有可能就是中国版的"滑铁卢"。

但是，页岩气被定性为非常规油气资源，所谓非常规就是不同于常规油气资源，而是一种低品位产于页岩里的天然气。为此，开发此类资源，从技术和经济两个层面讲存在很大的难度。不过，纵观美国人开发页岩气的实际，总结中国人开发（鄂尔多斯盆地）低渗透油气的实践，其核心是"五低二化"。

那么什么是"五低"？概括地讲：一是低品位油气资源禀赋；二是低成本开发战略设计；三是低成本组织与管理架构；四是低成本技术体系；五是低成本开发商业模式。实现页岩气低成本规模有效开发是唯一出路，反之亦然。

那么什么是"二化"？具体地讲：一是简优化，简化就是优化，简而不陋，简而安全，简而环保，简而有效；从简化中再优化，减少投资，降低成本，强化效果增量。二是工厂化，最大的好处是减少投资、降低成本，而且是最有效、最优化，是革命性、颠覆性的举措。工厂化是迄今为止最好的方式，再没有其他好的方式可以替代，进一步讲，把工厂化称为方式、方法或措施、手段都可以。如果说采用或实施了工厂化作业开发页岩气，还没有实现页岩气规模有效开发，那就用中国人的一句话说："彻底无望了"。

最后，祝贺"中国页岩气规模有效开发途径研究"项目报告全面完成，祝贺《中国页岩气示范区建设实践与启示》《中国页岩气开发概论》正式出版。

中国工程院院士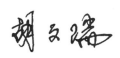

2020 年 6 月

前　言

　　美国"页岩气革命"改变了世界能源格局，越来越受到各国重视，页岩气勘探开发也正由北美向全球扩展。随着中国经济社会的快速发展，国内常规油气资源供给缺口越来越大，对外依存度持续上升，大力发展页岩气产业，对降低能源对外依存度、保障国家能源安全极其重要。中国页岩气资源丰富，页岩气有利勘探面积 $43 \times 10^4 km^2$，主要分布在四川、鄂尔多斯、渤海湾、松辽、江汉、吐哈、塔里木和准噶尔等含油气盆地。美国能源信息署、自然资源部等机构评价认为，中国页岩气可采资源量（11.5 ~ 36.1）× $10^{12}m^3$，位居世界前列，以海相页岩气为主。2012 年 4 月，国家发展和改革委员会（以下简称国家发改委）、国家能源局果断决策，优选中国石油、中国石化和延长石油 3 家国有企业，在四川盆地和鄂尔多斯盆地，针对海相和陆相两种页岩，设立涪陵、长宁—威远、昭通和延安 4 个国家级页岩气示范区，旨在落实资源、评价产能、配套技术、规模建产，推动中国页岩气规模效益开发。目前，涪陵、长宁—威远和昭通国家级页岩气示范区初步实现了规模化开采，延安国家级示范区也已取得突破，示范区建设成效显著，积累了宝贵的经验。因此，阶段性总结中国页岩气勘探开发理论、技术、认识、管理等方面的创新与突破显得很有必要，也恰逢其时。

中国工程院在技术层面长期跟踪、指导中国页岩气产业的发展。2018年4月14日，由中国石油西南油气田公司承担的中国工程院重点咨询研究项目"中国页岩气规模有效开发途径研究"启动暨研讨会在中国工程院召开。中国工程院党组书记李晓红，副院长赵宪庚，中国工程院、中国科学院共28位院士（李晓红、赵宪庚、孙永福、王基铭、王礼恒、殷瑞钰、傅志寰、王安、胡文瑞、曹耀峰、赵文智、何继善、袁晴棠、罗平亚、马永生、韩大匡、康玉柱、袁士义、孙龙德、黄维和、苏义脑、李阳、刘合、李根生、王金南、陈晓红、金之钧、邹才能），以及来自自然资源部、国家能源局、中国石油、中国石化、延长石油、中国石油大学（北京）、西华大学等单位和部门的领导、专家和学者共90余人出席了会议。会议由中国工程院院士、项目副组长曹耀峰主持。《中国页岩气示范区建设实践与启示》是项目形成的专著之一。胡文瑞院士、曹耀峰院士和中国石油西南油气田公司总经理马新华牵头，与本书核心作者团队一起，初步提炼设计了图书框架、编写思路，梳理了重点理论、技术要点，为本书的编著打好了初步的基础。

2018年5月12日，"中国页岩气规模有效开发途径研究"项目专著讨论会在成都召开。中国工程院院士胡文瑞主持会议。中国石油西南油气田公司总经理马新华、首席专家陈更生以及页岩气勘探开发部、页岩气研究院、科技处等单位和部门的领导、专家参加了本次讨论会。会上，编写团队就《中国页岩气示范区建设实践与启示》一书的编制思路、编制提纲、进度安排等内容做了详细的汇报。胡文瑞院士认为，全书应突出页岩气开发的特色技术，记录中国页岩气开发大事迹，注重实施过程和不同环节典型案例描述，用鲜活案例说明技术的示范性。同时，胡文瑞院士也对本书的编写工作进行了详细的安排，成立了由多位院士以及中国石油、中国石化、延长石油的技术专家组成的编著委员会，任务分工落实到个人，细化专著内容到三级提纲，确保专著按时完成，为专著编写启动会召开奠定了良好的基础。成立了以王玉普、王基铭、殷瑞钰、袁晴棠、翟光明、何继善、罗平亚、周守为为顾问，胡文瑞为主任，曹耀峰、赵文智、刘合、马新华、郭旭升、王香增、杨洪志、郭洪金、梁兴、张卫国为副主任，以及由自然资源部油气中心、中国石油西南油气田公司、中国石油勘探开发研究院、中国石油浙江油田公司、中国石化勘探分公司和陕西延长石油（集团）有限责任公司等单位的70余位编写人组成的编著编委会。会后，马新华、陈更生组织编写团队核心成员针对提纲进行了两次集中讨论、修改，形成了初步的三级细化编写提纲，清晰提炼了中国页岩气示范区的成功实践经验要点。

2018年6月14日，专著编写第二次讨论会在成都召开，会议由胡文瑞院士主持，中国石油西南油气田公司总经理、党委书记马新华和页岩气勘探开发首席专家陈更生参加会议。会上，编写团队就《中国页岩气示范区建设实践与启示》的编写思路、编写提纲、进度安排和任务分工等内容做了详细介绍，与会专家就专著编写情况进行讨论和交流。胡文瑞院士强调，《中国页岩气示范区建设实践与启示》专著应突出长宁—威远、涪陵、昭通、延安示范区的实践性、总结性、经验性、故事性以及趣味性，更要体现内容的权威性。

2018年7月9日，"中国页岩气规模有效开发途径研究"项目进展研讨会在中国工程院召开，会议由中国工程院院士胡文瑞主持，中国工程院院士赵文智、曹耀峰、刘合，自然资源部矿产资源储量评审中心主任张大伟以及中国石油西南油气田公司、中国石化江汉油田分公司、中国石油浙江油田公司、陕西延长石油（集团）有限责任公司等单位和部门的领导、专家共50余人出席了会议。会上，陈更生代表编写团队汇报了专著《中国页岩气示范区建设实践与启示》的编写提纲及组织实施计划。与会专家就专著编写思路和提纲展开讨论并提出建议。胡文瑞院士对专著编写的下一步工作做了具体安排。

2018 年 8 月 31 日，《中国页岩气示范区建设实践与启示》专著编写推进会在北京召开，会议由胡文瑞院士主持，中国石油西南油气田公司多位领导和专家参加了本次会议。陈更生代表编写团队汇报了专著的提纲编写进展，与会院士和专家对专著的编写提纲进行了审阅，提出了修改意见，形成了专著的最终版编写提纲，包含三部分内容：页岩气示范区设立的背景及意义、页岩气示范区建设实践、页岩气示范区建设的经验与启示。重点突出勘探开发特点，力求体现实践性、故事性、生动性、权威性、实用性、工具性，并要求按照提纲抓紧启动专著编写工作。

2019 年 4 月 27 日，胡文瑞院士对著作初稿进行了审查，提出了修改意见和相关工作要求：一是将专著的策划过程、编写历程以及参与人员编写进书中，全面体现专著的权威性和严肃性；二是加快统稿进度，补充、完善初稿，确保客观公正、内容平衡。

2019 年 8 月 28 日，"中国页岩气规模有效开发途径研究"项目实施情况汇报会在成都召开，会议由胡文瑞院士主持。编写团队汇报了专著的修改情况。中国石油西南油气田公司总经理、党委书记马新华和中国石化勘探分公司总经理郭旭升分别提出了修改建议；胡文瑞强调，专著应结合页岩气勘探在深层取得的重点进展增加相应内容，并进一步加强大事记的系统梳理，形成专著最终版。会后，编写团队按照院士和专家的审稿要求，继续修改、完善专著。随后，赵文智院士对专著进行了审阅、指导，并提出了修改意见和建议。

2019 年 11 月 19 日，"中国页岩气规模有效开发途径研究"项目专著研讨会在成都召开，会议由中国工程院院士胡文瑞主持，中国工程院院士赵文智、中国石化勘探分公司总经理郭旭升、西南石油大学副校长张烈辉出席会议。会上，编写团队汇报了专著编写情况、存在问题和下步工作安排。与会专家针对专著内容修改完善、专著出版等事宜进行了讨论和交流，并提出了修改完善意见和建议。会后，编写团队按研讨会上各位专家提出的意见和建议进一步修改、完善专著，形成专著最终版。

本书主要基于4个页岩气示范区的不同特色，围绕建设各环节的特点、难点、具体办法，对建设方案、建设程序、建设过程、建设成效、经验教训等进行写实。突出难点、挑战和矛盾，描述问题的缘由、解决办法、结果及解决过程中的困惑与波折。突出与北美相关环节、做法、特征的对比，并用建设过程中各环节有代表性的突破、问题解决过程中的事件等，生动描述认识过程、学习过程和进步过程。突出事件、数据、图件等信息的参考性，资源数据、生产数据、地质参数、设计数据、设备工具数据、施工参数、典型曲线、成本数据及工作和作业程序、案例等具体翔实，均出自权威机构或文献，可为从事页岩气开发的相关技术与管理人员提供参考。

全书包括三部分内容：第一部分介绍页岩气示范区设立的背景及意义，由中国石油西南油气田公司页岩气研究院李武广编写，杨洪志审定；第二部分描述了4个国家级页岩气示范区建设实践，其中长宁—威远页岩气示范区建设实践由中国石油西南油气田公司页岩气研究院李武广、钟兵、吴建发、张庆、张成林、刘旭礼、方圆、张鉴、刘文平、钟成旭、周拿云、罗旻海、郑健、赵晗编写，涪陵页岩气示范区建设实践由中国石化勘探分公司李宇平、袁桃、王强和中国石化江汉油田分公司舒志国、刘尧文、郑爱维、李奎东、廖如刚、刘莉、王莉、沈金才、肖佳林和谭聪编写，昭通页岩气示范区建设实践由中国石油浙江油田公司张介辉、王高成、张涵冰、邹辰、蒋立伟、刘臣、李兆丰、李尚、王建君、罗珥峰、张东涛、陈希编写，延安页岩气示范区建设实践由郝世彦、杜燕、郭超、刘超、杨超、吕雷、张文哲、高潮编写；第三部分总结了 4 个页岩气示范区建设的经验与启示，由中国石油西南油气田公司页岩气研究院、中国石油浙江油田公司、中国石化江汉油田分公司、中国石化勘探分公司和陕西延长石油（集团）有限责任公司编写成员共同编写，杨洪志、李武广审定。全书最后由胡文瑞审查定稿。

在此，向书中所引用文献的作者表示感谢，向提供咨询建议的钟兵、王世谦、李其荣和审稿专家王招明表示感谢，向中国石油西南油气田公司、中国石油川庆钻探工程有限公司、中国石油长城钻探工程有限公司、中国石油浙江油田公司、中国石化江汉油田分公司、中国石化勘探分公司和陕西延长石油（集团）有限责任公司的支持表示感谢。

由于理论水平和实践经验有限，本书可能存在许多不完善和欠妥之处，欢迎读者提出宝贵意见和建议。

目　录

美国"页岩气革命"改变了世界能源格局，使美国从能源进口大国变成能源净出口国，美国页岩气的成功开发对中国页岩气开发产生了重大影响。中国页岩气资源丰富，通过设立国家级页岩气示范区推动和发展页岩气产业，对降低能源对外依存度，保障国家能源安全，实现"生态优先、绿色发展"战略具有重大意义。

◎ 第二部分　页岩气示范区建设实践

涪陵、长宁—威远、昭通和延安4个国家级页岩气示范区各具特色，人文地理环境、区域地质特征不同，在示范区建设实践过程中遇到的问题、采取的措施不尽相同，采用的主体技术与设计的开发方案各有千秋，取得的建设成效各有优劣，都是中国页岩气发展的典型案例和参考蓝本。

◎ 第三部分　页岩气示范区建设经验与启示

通过十余年的不断探索与实践，持续深入地评价了示范区页岩气资源，落实了可采资源规模及分布范围，掌握了页岩气规模有效开发的方法和手段，完成了技术和管理体系建设，也获得了宝贵的经验与启示，开启了页岩气勘探开发的黄金时代。

第一部分

页岩气示范区设立的背景及意义

美国"页岩气革命"改变了世界能源格局，使美国从能源进口大国变成能源净出口国，美国页岩气的成功开发对中国页岩气开发产生了重大影响。中国页岩气资源丰富，通过设立国家级页岩气示范区推动和发展页岩气产业，对降低能源对外依存度，保障国家能源安全，实现"生态优先、绿色发展"战略具有重大意义。

一、美国"页岩气革命"历程及其影响

页岩气属于一种非常规天然气，其主要成分为甲烷，并主要以游离态和吸附态赋存于富含有机质的泥页岩及其夹层中。美国是世界上最早开采页岩气的国家，由于早期技术的局限性，开采进展并不顺利。直到进入 21 世纪，伴随着水力压裂与水平井钻井技术的进步，商业化开采进程不断加快，美国页岩气、页岩油产量实现井喷式增长。"页岩气革命"让美国成为世界上发展速度最快的天然气生产国之一，同时，也为美国的能源独立和外交政策的变化，提供了积极的支撑。

（一）由美国引发的"页岩气革命"正在向全球迅速扩展

页岩气在非常规天然气中异军突起，为全球能源市场注入了新的活力，成为全球油气资源勘探开发的新亮点。随着新技术更为广泛的应用，其冲击力或将更为强劲。在页岩气开采方面，美国无疑是领跑者。美国页岩气发展历史将近 100 年，政府通过法律、法规、减免税收等方式长期持续扶持页岩气产业发展，2018 年页岩气产量 $6153.2 \times 10^8 m^3$，占美国天然气总产量的 66.63%（图 1-1）。目前来看，美国页岩气成功的商业开发经历对世界能源格局至少产生两大影响：一是美国对外能源依存度大大降低，传统能源供应链重新洗牌。作为世界第一大经济体，美国对国际市场能源需求的变化影响巨大，传统供应商不得不寻求新买家。不仅如此，拥有巨大页岩气产量作为支撑，美国走向能源独立的道路更加通畅。二是页岩气还将大幅度增加全球能源供给，世界最大的能源进口国将变为天然气出口国，世界油气产区更加多元化，新兴能源产区正在挑战沙特阿拉伯及其他中东石油生产国在世界能源市场的核心地位。

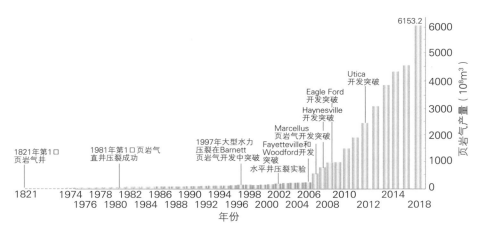

图1-1 美国页岩气发展历程

"页岩气革命"推动产业发展,世界各国正陆续加大勘探开发力度,美国、加拿大已实现规模建产,美国产量$6080 \times 10^8 m^3/a$,加拿大产量$570 \times 10^8 m^3/a$。中国、阿根廷岩气开发正在工业起步,中国产量$100 \times 10^8 m^3/a$,阿根廷产量$20 \times 10^8 m^3/a$。波兰、英国、乌克兰、澳大利亚、新西兰、沙特阿拉伯、印度、南非、巴西等国家的页岩气开发已开始前期评价。

(二)美国页岩气勘探开发的主要经验

1. 水平井钻井是页岩气开发的主要钻井方式

水平井与直井相比在页岩气开发中具有优势,主要体现在:初始开采速度、控制储量和最终可采储量是直井的数倍;水平井与页岩层中的垂直裂缝相交,明显改善了储层流体的流动状况;直井泄气面积收效甚微的区域,水平井的效果更好。此外,水平井开采延伸面积广,可以避免复杂地面情况的干扰。

2. 水力压裂增产技术的进步显著提高了页岩气产量

富含有机质页岩储层的基质渗透率与孔隙度极低,除少数裂缝发育带具有自然产能外，只有通过水力压裂改造后的页岩气藏才具有经济开采性。采用水平井分段多簇压裂可以有效沟通基质与裂缝，尽可能提高最终采收率并降低成本。同步压裂可以增加水力裂缝的缝网密度和表面积，改善储层渗流能力，延长单井高产时间。微地震等裂缝检测技术能够观测实际压裂后裂缝的几何形态及确定缝高、缝长、倾角和方位，有助于掌握气藏的衰竭动态变化情况，优化气藏的精细管理。此外，当页岩气井初始压裂产生的裂缝因时间关系闭合或质量下降导致产量大幅度降低时，重复压裂能重建储层到井眼的线性流并恢复产能，有效提高单井产量。

3. 地质工程一体化是实现单井效益开发的关键

壳牌、英国石油（BP）等国际石油公司利用自主知识产权的软件平台开展地质工程一体化设计；斯伦贝谢、贝克休斯等油服公司开发商业化软件平台提供地质工程一体化一站式技术服务。

地质工程一体化的模式是围绕提高单井产量这个关键问题，以三维地学模型为核心、地质储层综合研究为基础，实现三维空间内井位平台部署，优化钻完井设计，并应用先进的钻完井技术进行储层改造，支撑估算的最终采收率（Estimated Ultimate Recovery，EUR）、储量动用率和气藏最终采收率的提升。采用全方位项目管理机制组织施工，最大限度地提高单井产量和降低工程成本，实现开发效益最大化，并针对遇到的关键性挑战，开展具有前瞻性、针对性、预测性、指导性、实效性的动态研究与应用。

（三）美国页岩气发展带来的影响

1. 对美国的影响

页岩气的巨大投资直接拉动了国内经济。根据美国天然气协会的一份研究报告，2015 年，页岩气为美国 GDP 贡献了 1180 亿美元，占美国 GDP 的 0.7%。此外，页岩油气的发展直接促进了美国的就业。2010—2015 年为美国提供了 86.9 万个就业岗位，预计到 2035 年间可提供 166

万个就业岗位。再就是加速了美国再工业化进程。2008 年以来，奥巴马政府提出了"制造业促进法案"和"重振美国制造业政策框架"等政策，美国制造业进入一个缓慢而艰难的再振兴时期。在这一关键时期，"页岩气革命"如同一场及时雨，带来了能源价格的大幅度下降，进而大幅度降低了制造业成本，吸引了许多企业重归美国，从而推动美国制造业的复兴。

2. 对世界的影响

美国"页岩气革命"将会颠覆原本的世界格局，并引发美国外交政策的转向。首先，"页岩气革命"的发生扭转了美国外交困局，使美国逐步走上了能源独立的道路，降低了对中东油气资源的依赖程度。此外，页岩气开采前，美国已经开始对外出口部分加工过的石油；"页岩气革命"后，美国将有更多的石油可供对外出口。如果这些石油的输出国家是西欧国家，那么必将削弱能源对欧洲国家在对俄罗斯问题上的限制，影响俄罗斯与欧洲的关系。其次，美国"页岩气革命"也将影响国际油价。石油输出大国沙特阿拉伯利用其低廉的生产成本大量生产石油使得油价大跌，遏制美国"页岩气革命"。最后，美国"页岩气革命"将给碳排放量大的发展中国家施加更大的压力。在应对全球气候变化的国际气候谈判中，美国一直以实力迅速提升的发展中大国碳排放量大、排放增速过快为由，要求将印度、中国等国纳入全球强制性碳排放控制体系，并呼吁发达经济体将此作为开启《京都议定书》第二承诺期谈判的先决条件。经济快速发展的中国，需要燃烧大量煤炭来发电，强制性减少碳排放势必会严重影响中国的经济发展。

3. 对中国的影响

首先，美国"页岩气革命"在降低国际天然气价格后，有利于中国扩大能源进口，改善了中国能源进口的环境。其次，"页岩气革命"冲击了世界能源地缘政治格局，削弱了能源出口大国的话语权，这使得中国在与传统能源输出国的国际贸易谈判中占据有利位置。最后，"页岩气革命"对中国有着借鉴意义，有利于推动中国页岩气的发展。应充分重视页岩气开发意义，明确页岩气生产对中国能源安全的重要性，强化政府的政策引导作用，提高开发技术水平，有效降低开采成本，配套完善管网基础设施。

美国的"页岩气革命"也使得中国面临着新的挑战。首先，中东能源地位的下降使得美国重返亚太的战略步伐加快。中东地区对于美国的战略价值大幅度缩水，从而使美国将战备资源撤离中东转向亚太，实则是遏制正在崛起的中国。其次，中东石油国家是中国最为依赖的石油进口国家，中东市场很可能成为美国牵制中国发展的新战场。最后，国际石油的美元结算体系将为美国发动能源战争提供更有利的支持。

二、中国页岩气的探索与起步

中国自 20 世纪 80 年代便开始了页岩气的理论研究，随着研究的不断深入，认识不断地更新和升华。2004 年，中国就已经开始着手跟踪国外页岩气的进展工作；2005 年以后即开始进行国内页岩气前景和中—新生界盆地的调研。之后，国土资源部门联合相关高校和科研部门，做了大量前期工作，为"页岩气实现跨越式发展"奠定了基础。通过在页岩气的开发实践中不断探索，基本掌握了适应中国地质现况的页岩气水平井开发关键技术方法。

（一）中国对页岩气的前期探索

张义纲于 1982 年在《石油实验地质》杂志刊登了《多种天然气资源的勘探》一文，首先介绍了页岩气赋存在有机质十分丰富、层理发育的暗色页岩中，为富含有机质和富含矿物质的黏土互层，指出"非常规气"主要有致密砂岩气、页岩气、煤层气、地压气和深源气 5 种类型。关德师等和戴金星等认为泥页岩气具有自身构成一套生储盖体系、多具高压异常、储集空间多样且以裂缝为主等基本地质特征。与美国的早期研究类似，中国学者普遍将页岩气藏理解为"聚集于泥页岩裂缝中的游离相油气"，认为油气的聚集成藏主要受泥页岩中裂缝控制，而较少考虑其中的吸附作用。

随着研究的不断深入，国内学者认为与通常所理解的传统泥页岩裂缝油气不同，现代概念的页岩气在概念、成因来源、赋存介质以及聚集方式等方面均具有较强的特殊性。页岩中存在大量吸附状天然气。刘魁元等认为，渤海湾盆地中济阳坳陷的沾化凹陷、车镇凹陷"自生自储"泥岩油气藏为裂缝性油气藏，泥岩储层形成于半深水—深水、低能、强还原环境。页岩气在成藏机理及其分布规律上存在特殊性。对于裂缝性页岩气，其气体来源为生物气或热解气，它既可以吸附在干酪根或黏土颗粒的表面，也可以游离气的形式赋存于天然裂缝和粒间孔隙中，还可以溶解在沥青中。国外越来越多的学者认同吸附作用是页岩气聚集的基本属性之一。页岩中天然气的赋存状态，除极少量的溶解态天然气以外，大部分以吸附态赋存于岩石颗粒和有机质表面，或以游离态赋存于孔隙和裂缝之中，页岩气藏为天然气生成之后在烃源岩层内就近聚集的结果，表现为典型的"原地"成藏模式（张金川，等，2004）。刘成林等认为，中国泥页岩气资源主要分布在松辽盆地的白垩系、渤海湾盆地及江汉盆地的古近—新近系、四川盆地中生界、扬子准地台、华南褶皱带和南秦岭褶皱带等。薛会等认为，页岩气藏中的天然气不仅包括了存在于裂缝中的游离相天然气，也包括了存在于岩石颗粒表面的吸附气。页岩气成藏可表现为典型吸附机理、活塞成藏机理或置换成藏机理。

（二）中国页岩气资源潜力评价及有利区优选

2006年，中国石油率先在四川盆地开展页岩气地质综合评价和野外地质勘查。2007年，中国石油与美国新田石油公司签署了《威远地区页岩气联合研究》协议，对四川盆地南部威远地区页岩气资源勘探开发前景进行综合评价。2008 年，国家能源局对上扬子地区进一步论证，筹划实施页岩气战略选区计划。2009 年，中国由财政支持的首个页岩气调查项目——"中国重点地区页岩气资源潜力及有利区优选"项目正式启动，钻探了渝页 1 井；2009 年 11 月，中国石油与壳牌公司合作开发的中国首个页岩气合作项目，即"富顺—永川区块页岩气项目"在成都启动，对四川盆地富顺—永川区块页岩气进行联合评价。中国页岩气实现从无到有，建立了本土化的页岩气资源评价方法和评层选区技术体系。2010 年，国土资源部分 3 个层次在全国开展页岩气资源战略调查，在上扬子的川渝黔鄂地区，针对下古生界海相页岩，建设页岩气资源战略调查先导试验区。2011 年，中国完成了页岩气资源潜力的评价，国土资源部共组织 27 家单位对中国的 5 个大区、41 个地区、57 个页岩层段以及 87 个评价单元进行了全面勘测。

（三）中国页岩气具有开创性的事件

在页岩气的不断探索和实践过程中，一系列开创性的事件促成了中国在页岩气领域不断地取得突破和进展：

（1）2007 年，中国石油在国内率先与国外公司进行页岩气联合评价和共同开发工作，与美国新田公司签署联合评价协议。

（2）2010 年，国家能源页岩气研发（实验）中心在中国石油勘探开发研究院廊坊分院成立，也是中国第一个专门从事页岩气开发的科研机构。

（3）2010 年，中国石油打成国内第一口页岩气井——威 201 井。

（4）2011 年，中国石油钻成国内第一口页岩气水平井——威 201—H1 井并压裂获气；同年，延长油田钻成国内第一口陆相页岩气井——柳评 177 井并压裂获气。

（5）2011 年，国务院批准页岩气为新的独立矿种，正式为中国第 172 种矿产。

（6）2012 年，国家发改委、财政部、国土资源部、国家能源局联合发布了《页岩气发展规划（2011—2015 年）》，页岩气产量达到

$65 \times 10^8 m^3/a$。

（7）2012 年，中国石油在四川长宁地区打成国内第一口具有商业开发价值的页岩气水平井——宁 201-H1 井；同年，中国石化在重庆钻获高产工业气流的焦页 1HF 井，发现了涪陵页岩气田。

（8）2012 年，国家发改委、国家能源局联合设立长宁—威远、涪陵、昭通和延安 4 个国家级页岩气示范区。

（四）国家高度重视

页岩气作为清洁、高效的非常规能源，产量增长势头迅猛。不同机构和学者研究认为，中国未来天然气产量的增量主要来自页岩气。中国政府高度重视页岩气的发展，多次做出重要批示和指示：

（1）重视页岩气资源战略调查和勘探开发工作，将页岩气纳入中国能源战略视野，制定鼓励页岩气资源战略调查和勘探开发政策。

2009 年 9 月，国家发改委和国家能源局研究了关于鼓励页岩气勘探开发利用政策的征求意见稿。2009 年 12 月，国家能源局局长张国宝出席第二次全国能源工作会议时强调：要重视页岩气、煤层气、煤制天然气等非常规天然气资源的开发。2010 年 5 月，国土资源部下发《关于坚决贯彻国务院部署进一步加大节能减排工作力度的通知》（国土资发〔2010〕69 号），要求大力发展矿产资源领域循环经济，加大页岩气地质调查和战略选区工作力度。2011 年 12 月，国务院批准的《找矿突破战略行动纲要（2011—2020 年）》提到，开展页岩气地质调查与研究，选择有利目标区开展重点勘查示范，促进中国非常规油气勘探开发；国务院批准页岩气为新的独立矿种，正式为中国第 172 种矿产，国土资源部按新的独立矿种制定投资政策和管理，部分消除了勘探开发的体制障碍，有助于推进页岩气勘探开发进程。

（2）重视页岩气国际合作交流，密切关注世界页岩气发展动向，建立和完善页岩气国际合作交流机制。

2009 年 11 月，美国总统奥巴马来中国访问期间，中美双方领导人就开展清洁能源领域的合作广泛交换了意见，双方签署了《中美关于在页岩气领域开展合作的谅解备忘录》，将两国在页岩气方面的合作上升到了国家层面。国务院副总理李克强出席中美清洁能源合作签字仪式，并表示希望双方加强政策对话，探索更加有效的资金技术合作机制，促进清洁能源产业发展，以实际行动为全球可持续发展做出贡献。2010 年 2 月，国土资源部副部长汪民会见加拿大自然资源部副部长凯西·多尔及代表团一行，表示希望中加双方能加强在绿色矿业项目试点、页岩气开发等领域的交流与合作。

（五）各方积极投入和参与

国土资源部等国家有关部委、各级地方政府、石油企业乃至非油气企业、高等院校、科研院所等都积极参与，投身于中国页岩气的开发和研究。

1. 石油企业

中国石油、中国石化、中国海油积极响应政府规划，调整结构和重点，将页岩气勘探开发列为非常规油气资源的首位。中国石油于 2007 年与美国新田石油公司签署了《威远地区页岩气联合研究》，2009 年又与壳牌公司在重庆富顺—永川区块启动合作勘探开发项目。2010 年 4 月，国家发改委与美国贸易发展署在北京联合举办了中美天然气培训项目——页岩气开发培训班，来自中国石油、中国石化、中国海油等公司的管理与技术人员 100 余人参加了培训。2010 年 5 月，中国石化所属中原油田成功实施大型压裂改造的页岩气井——方深 1 井顺利进入排液施工阶段。2010年 10 月，中国海油宣布中国海洋石油国际有限公司将购入切萨皮克公司鹰滩页岩油气项目共 33.3% 的权益，标志着中国海油正式进入页岩气勘探开发领域。

2. 地方政府

国土资源部油气资源战略研究中心（以下简称国家油气中心）是具体

从事油气资源战略政策研究、规划布局、选区调查、资源评价以及油气资源管理、监督、保护和合理利用等基础建设、支撑工作的部门。2009 年 8 月，国家油气中心在重庆綦江县启动了中国首个页岩气资源勘查项目；2010 年 10 月，重庆地质矿产研究院与中国石油大学（北京）共同组建的"油气资源探测国家重点实验室——重庆页岩气研究中心"正式挂牌成立。

3. 高等院校、科研院所

国土资源部油气资源战略研究中心从 2004 年开始，与中国地质大学（北京）一起，跟踪调研中国页岩气资源状况和世界页岩气资源发展动态；2008 年，中国石油大学（北京）成立了新能源研究所；2009 年，长江大学与 Harding Shelton Group 签署合作协议，建立了"长江大学 Harding Shelton 页岩气研究中心"，与中国石油携手评估页岩气在中国的潜力；2010 年 6 月，由中国地质大学（北京）申请举办的第 376 次香山科学会议"中国页岩气资源基础及勘探开发基础问题"在北京举行；西南石油大学、成都理工大学等院校也相继开展了页岩气研究工作。

当前，中国页岩气勘探工作主要集中在四川盆地及其周边、西北地区主要盆地、鄂尔多斯盆地。通过不断地开展页岩气攻关研究和水平井开发实践，基本掌握了适应于中国地质条件的水平井钻井和压裂施工技术方法。

三、页岩气示范区设立的时机与条件

（一）设立页岩气示范区的时机成熟

（1）中国能源结构持续向清洁化演进，天然气需求快速增长。

中国传统的能源结构中，煤炭占比高达 60.7%，非化石能源占比 14%，同世界能源结构相比，天然气和非化石能源在能源结构中占据的比例较低，与世界平均水平 25% 的占比相比还有较大的提升空间（图 1-2）。

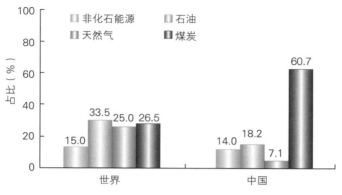

图 1-2　中国与世界能源消费结构对比

由于空气污染等生态环境问题和经济社会可持续发展的压力，中国能源战略已经把绿色低碳作为能源结构调整的方向。目前，中国社会经济高速发展，全国天然气消费增量屡创新高，天然气对外依存度持续增高，2018 年对外依存度达 45.3%（图 1-3）。

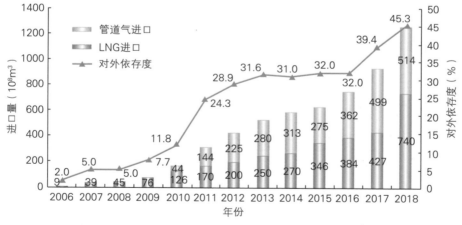

图 1-3　2006—2018 年中国天然气进口情况

在日益增长的能源需求下，提高国家能源供给构成里国内非常规资源页岩气的开发利用比例，降低中国能源对外依存度，在复杂多变的国际政治经济形势下，是保障国家能源安全的重要手段。

（2）资源、技术基础不断夯实，页岩气发展时机与条件成熟。

自 2009 年以来，许多学者与机构从不同角度对中国页岩气资源开展了预测，结果如图 1-4 所示。由图 1-4 可见，中国页岩气资源丰富，其地质资源量为（30 ~ 166）$\times 10^{12} m^3$，技术可采资源量为（7 ~ 45）$\times 10^{12} m^3$（赵文智，等，2012）。

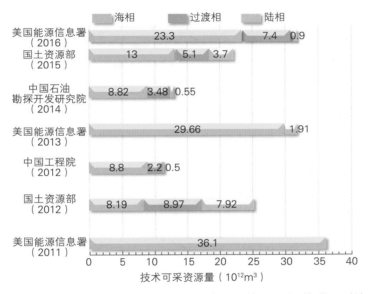

图 1-4　不同机构对中国页岩气技术可采资源量评价成果对比

2010 年四川盆地蜀南地区上奥陶统五峰组—下志留统龙马溪组发现工业页岩气流，2011—2012 年陆续在长宁构造的宁 201-H1 井、阳高寺构造的阳 201-H2 井、焦石坝构造的焦页 1HF 井获得高产页岩气流，实钻证实了四川盆地五峰组—龙马溪组地质条件优越，资源落实程度高。

四川盆地及周缘地区广泛分布 6 套有机质页岩，通过勘探评价发现，五峰组—龙马溪组页岩和北美 Haynesville、Utica 等为代表的高成熟页岩基本地质条件最为接近，沉积环境均为深水陆棚相，孔隙度范围、含气量、脆性矿物含量、黏土矿物含量、优质页岩厚度、R_o 参数范围重合度高，岩性均为碳质泥页岩。五峰组—龙马溪组是页岩气勘探开发的有利层系。中国的工程技术和经济水平与北美 Haynesville 上产初期类似，具备快速上产的基础和条件。

（3）海相页岩气地质资源是最现实的领域，可加快页岩气规模上产。

近 10 年的勘探开发实践证实，四川盆地及周缘海相页岩气地质资源可靠程度最高，四川盆地及周缘五峰组—龙马溪组为优质页岩发育的深水陆棚相沉积，保存条件好，是最有利的区带。

焦石坝地区五峰组—龙马溪组之上发育一套厚度较大、塑性较强、断层或裂缝不发育的砂泥岩组合地层，其下伏区域同样为区域分布稳定、渗透性低的一套岩层，在经历了多期构造抬升之后，埋深仍超过 2000m，页岩气层处于超压状态。焦石坝构造改造强度弱、改造时间晚、断层封堵性好、埋深适中以及良好的顶底板岩性组合等有利保存条件，有利于页岩气富集成藏。

长宁区块龙马溪组有利储层集中分布在底部，属于深水陆棚沉积环境，主要由黑色或灰黑色泥页岩构成，具有展布广泛、有机质含量高、成熟度高、生烃潜力大的特点。龙马溪组具有高成熟度特性，演化程度高，有机孔发育，大量生气，保存条件较好，有利于页岩气大量聚集。

四川盆地下志留统龙马溪组海相页岩具有资源潜力大、地层厚度分布稳定、埋深适中等特点，已基本落实有利可工作面积超 $2 \times 10^4 km^2$，地质资源量约 $10 \times 10^{12} m^3$，技术可采资源量约 $3.5 \times 10^{12} m^3$，为下一步在海相页岩气区块实现规模效益开发，加快有效动用地质资源奠定了坚实的资源基础。

（4）陆相、过渡相页岩气资源评价存在不确定性，需加大评价攻关。

陆相、过渡相页岩气资源评价存在不确定性，过渡相、陆相页岩目前的评价重点是北方石炭系—二叠系以及三叠系，整体评价和开发试验程度很低，与海相沉积相比，沉积相带变化频繁（图 1-5）。

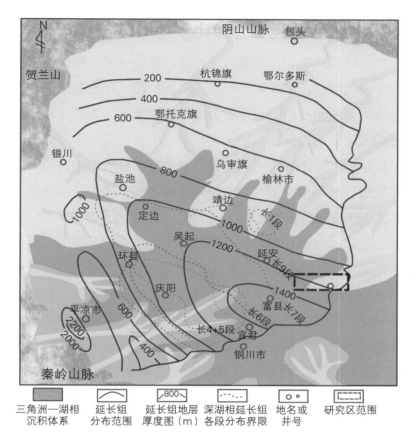

图 1-5　代表性陆相页岩地层小范围内沉积微相快速变化

陆相、过渡相泥页岩层系岩性组合多样，非均质性强，评价参数变化大，具有"高吸附气比例、高黏土矿物含量"和"低热演化程度、低压"等特点，资源禀赋不如海相。海陆过渡相页岩多与煤层伴生，具有高有机碳含量（TOC）集中段厚度小、连续性差、储集空间有限、含气量变化大、脆性指数中等的特征（邹才能，等，2016）。针对非海相页岩黏土矿物含量高、水敏性强等难点，需要攻关超临界 CO_2 等新型压裂技术及配套装备，多层段立体开发。针对岩性组合多样、非均质性强等难点，探索直井纵向立体、多层段开发，实现页岩气、致密气和煤层气等多气合采、共采，提升单井开发经济效益。

（二）注重发挥不同地区不同企业优势

页岩气与常规气不同，需要滚动开发，保证一定的新井投产数量，并且回收成本周期较长，因此需要持续不断地投资。开发非常规油气资源，资本充足的大公司和灵活前卫的小公司是两个选择。美国作为页岩气最早勘探开发的国家，通过激烈竞争，大、中、小公司完善了产业链，保障了页岩气试采规模，将美国页岩气勘探开发推向了规模化的发展。目前，美国采取多家公司共同参与页岩气资源开发的方式，通过分工协作，集合多方力量，实现了美国页岩气大发展。

中国在合适的时机和条件下，打开了页岩气勘探开发的局面，选择性地学习消化国外的先进管理及运营经验，取其精华，扬长避短。

中国不同区块地质类型差异明显，资源落实程度不同，开发风险和上产潜力不确定。选择不同的地区开发页岩气，针对不同区块地质资源条件制定相应的开发技术政策，在潜力大、目标明确的区域加快规模开发；在资源不落实区域，加大评价攻关力度，以达到规模效益开发目的。

美国页岩气勘探开发竞争激烈，产业链完善，合并活跃，促进专业人才培养，提供全面专业的技术服务，不同企业参与页岩气开发。中国引入多样化的投资模式，同时中国石油、中国石化等大型公司提供雄厚的资金支持，可以有效分担或降低投资风险，鼓励技术创新，同时利用国家企业在生产领域的优势，营造完善健康的市场运营环境，促进完善中国页岩气产业链，健全市场化运行的机制，实现页岩气勘探开发市场化，为中国页岩气产业的健康良性发展奠定了基础。

四、页岩气示范区设立的目的与意义

页岩气在非常规天然气中异军突起，已成为全球油气资源勘探开发的新亮点，并逐步向一场全方位的变革演进。由此引发的石油上游业的一场革命，必将重塑世界油气资源勘探开发新格局。加快页岩气资源勘探开发，已成为世界主要页岩气资源大国和地区的共同选择。谁在页岩气的开发利用上占得先机，谁就能在未来的发展中占据主动。

中国页岩气资源非常丰富，具有巨大的资源潜力和勘探开发远景，页岩气的开发利用成为实现中国能源安全供给、多元化发展的重要战略选择，也是中国向清洁能源经济模式转变的有效途径。因此，通过设立页岩气示范区来探寻一条符合中国页岩气产业发展的最优道路就显得尤为重要。

（一）设立示范区的宗旨和目的

中国的页岩气开发应深入贯彻落实科学发展观，坚持以解放思想、开拓创新为动力，以形成具有中国特色的页岩气资源战略调查和勘探开发体系为目标，进一步推动页岩气勘探开发，获得更多的非常规天然气储量，增强非常规天然气资源可持续供给能力，满足中国天然气消费不断增长的需要，促进向清洁能源经济模式转化和经济社会又好又快发展。页岩气示范区的建设也将秉承"加快页岩气勘探开发，实现清洁高效生产，保障国家能源安全"这一宗旨。

大力推进页岩气资源战略调查和勘探开发，已成为中国油气资源领域重要而迫切的战略任务，页岩气示范区的设立将为完成这一战略任务提供有力的现实基础。页岩气示范区设立的目的包括以下 5 个方面：

（1）掌握页岩气开发利用的关键技术。在国家级页岩气示范区内优先开展页岩气勘探开发技术集成应用，不断完善页岩气勘探开发利用的理论和技术体系，逐步形成适合中国页岩气地质特点的经济有效开采配套工程技术系列标准和规范。

（2）实现主要装备的自主化生产。由于页岩气开发技术最先全部来自美国，因此引进的设备和材料能否尽快实现国产化就成为降成本的关键。利用中国产业链完整的优势，加强装备工具研发攻关，尽早实现钻井、压裂关键装备和配套工具的全部国产化，彻底打破国外垄断，实现页岩气田的低成本开发。

（3）形成规模化推广应用。充分发挥页岩气示范区的引领作用，尽快实现页岩气规模化、工厂化生产，为新技术大面积推广应用奠定基础，将示范区所取得的经验更广泛地应用到中国其他页岩气资源富集的地方，真正使页岩气成为中国能源结构中的重要一部分。

（4）完善页岩气产业政策体系。开发页岩气离不开完善政策的指导，结合示范区实际开发情况，研究出台相应的财政、税收等激励政策，持续优化页岩气勘探开发的政策引领作用，保障页岩气产业的稳健发展。

（5）清洁开采。页岩气的开发过程中也存在着一定的环保问题，中国页岩气开发尤其如此。因为中国的开发区域和美国不同，美国是在人口稀少的荒漠戈壁，环境容量大。而中国是在人口稠密的山区，不仅环境容量小，而且生态更脆弱。"如何既采出气，又能保护一方的绿水青山？"这是中国页岩气开发的重大课题。为此，通过示范区建设，探索出适合中国国情的页岩气田的环保标准就显得尤为关键。

（二）设立示范区的重大意义

美国是最早开发页岩气的国家。20 世纪中后叶，美国开始页岩气开发，经过几十年的努力，美国页岩气产业已成规模，甚至改变了世界能源的格局，一举使美国从能源进口国变为输出国。中国页岩气资源极其丰富，可

开采储量达 $25 \times 10^{12} \mathrm{m}^3$，开发页岩气对中国能源结构调整意义重大。为此，"十二五"期间，中国加大了页岩气的开发力度，中国石油、中国石化等石油企业也投巨资进行页岩气田的勘探开发。因此，设立页岩气示范区具有重大的战略意义，具体涵盖了以下两个方面：

（1）优化能源结构，促进节能减排。开发利用页岩气可以为目前不堪重负的煤炭产业"减负"，为中国北方的冬季保供提供充足的气源。而页岩气相对于煤炭是一种更为清洁的能源，推广使用页岩气将有利于减少温室气体排放，助推美丽中国建设。

（2）保障能源安全，促进经济发展。能源是中国全面建设小康社会、实现现代化和富民强国的重要物质基础。能源安全对于国家发展至关重要，页岩气的高效开发将有利于国家能源安全得到保障。加强页岩气示范区产能建设，不仅能促进示范区所在地形成"页岩气开发"产业链，从而提升当地经济发展水平，更能为"一带一路"建设和"长江经济带"建设等国民经济发展提供有力支持。

开发利用好页岩气，将使中国的能源需求在很大程度上实现自给，这对整个国民经济发展具有重大的战略意义。

（三）设立示范区的决策过程

2009 年 11 月，美国总统奥巴马来中国访问期间，中美双方领导人就开展清洁能源领域的合作广泛交换了意见，双方签署了《中美关于在页岩气领域开展合作的谅解备忘录》，将两国在页岩气方面的合作上升到了国家层面。

2010 年 9 月，在美国召开的第 10 届中美油气工业论坛以开发页岩气为主题，中方到美国页岩气田参观调研，对美国页岩气产业增进了了解。

2010 年 12 月，全国能源工作会议决定重点进行页岩气、煤层气、煤制天然气等非常规天然气资源的开发。

2011 年 8 月，国土资源部召开第 25 次部长办公会，审议了《页岩气资源管理工作方案》等文件，强调加强页岩气管理。

　　2012 年 3 月，国家发改委、财政部、国土资源部和国家能源局正式印发了《页岩气发展规划（2011—2015 年）》，旨在未来 5 ~ 10 年，大力推进中国页岩气的开发利用，明确在"十二五"期间，全国探明页岩气地质储量为 $6000 \times 10^8 m^3$，可采储量为 $2000 \times 10^8 m^3$，2015 年页岩气产量为 $65 \times 10^8 m^3$。同年，国家发改委、国家能源局批准设立了长宁—威远、昭通、涪陵 3 个国家级海相页岩气示范区和延安陆相国家级页岩气示范区，集中开展页岩气技术攻关、生产实践和体制创新。示范区的设立标志着中国石油、中国石化和延长石油等国有大型石油公司可选择有实力的国外公司进行合作，为中国有效开发页岩气资源积累技术和经验。

第二部分

页岩气示范区建设实践

    涪陵、长宁—威远、昭通和延安 4 个国家级页岩气示范区各具特色，人文地理环境、区域地质特征不同，在示范区建设实践过程中遇到的问题、采取的措施不尽相同，采用的主体技术与设计的开发方案各有千秋，取得的建设成效各有优劣，都是中国页岩气发展的典型案例和参考蓝本。

一、涪陵页岩气示范区建设实践

（一）示范区概况

1. 示范区的建立

2013 年 9 月 3 日，国家能源局正式批复设立重庆涪陵国家级页岩气示范区（国能油气〔2013〕348 号文件）。在同一文件指出，为落实《页岩气发展规划目标（2011—2015）》产量目标，加快页岩气勘探开发技术集成和突破，切实推动中国海相页岩气产业化发展，同意在"十二五"期间设立重庆涪陵国家级页岩气示范区，同时文件中也明确了示范区的主要目标任务及示范内容。

（1）完善海相页岩气勘探开发技术体系。形成海相页岩气地质评价方法与参数体系，完善海相页岩气勘探开发工艺技术，为编制相关规范提供参考。

（2）形成页岩气高效开发产业化模式。推广"工厂化"钻井，形成地面建设标准化流程，减少占地面积，降低开发投资，提高综合效益。

（3）实现页岩气勘探开发重要突破。加大工作量及资金投入力度，2013—2015 年，部署三维地震 600km²，探井 10 口，长水平井段开发井 83 口（含老井利用 1 口），实施水平井压裂 90 口，探明页岩气地质储量（1000 ～ 1500）× $10^8 m^3$，2015 年末形成产能 $10 × 10^8 m^3/a$ 以上，2015 年页岩气产量 $5 × 10^8 m^3$。

（4）实现页岩气绿色开发。研发钻井液、压裂液回收处理、循环利用技术和装备，探索新型压裂液体系，总结制定钻井液、压裂液等废液排放、循环利用及恢复环境标准，废液妥善处理率达到 100%，损毁土地全部复垦利用。

中国石化涪陵国家级页岩气示范区，所属探矿权名称为"重庆市四川盆地涪陵地区油气勘查"，勘查面积 7307.77km²。示范区所属采矿权名称为"重庆四川盆地涪陵气田焦石坝区块页岩气开采"，有效期限 20 年，矿区面积为 576.188km²，采矿权人为中国石油化工股份有限公司。其下属江汉油田分公司具体负责示范区开发、生产、管理、经营工作。示范区同时还承担着由国土资源部于 2014 年 4 月 21 日批准设立的"重庆涪陵页岩气勘查开发示范基地"建设任务。

2. 示范区地理概况

涪陵国家级页岩气示范区横跨重庆市南川、武隆、涪陵、丰都、长寿、垫江、忠县、梁平、万县九区县，位于四川盆地和盆边山地过渡地带，境内地势以低山丘陵为主，横跨长江南北、纵贯乌江东西两岸。地势大致东南高而西北低，西北—东南断面呈向中部长江河谷倾斜的对称马鞍状。海拔最高 1977m，最低 138m，多在 200～800m 之间；示范区东部为铜矿山脉，山脉南北走向，山脊呈"一山一槽二岭"形态。

周缘地区交通较为方便，公路通车里程达到 4346km，其中高速公路 21km，涪陵城区可通过国道及高速公路西至重庆、成都，东达万州、宜昌、武汉以及上海，距江北国际机场 80km；涪陵位于乌江与长江汇合处，重庆市涪陵区焦石镇、白涛镇境内，气田周边北有 S105 省道经焦石镇与外部相连，南有 G319 国道过白涛镇与外部相通，东有 X182 县级公路与气田伴行，气田内部也有众多可利用的乡村道路，交通便利。同时，示范区所在地区属亚热带季风性湿润气候，常年平均气温为 15～17℃，四季分明，热量充足，季风影响突出。区内水系较为发育，长江自西向东横贯重庆市境北部，略呈"W"形；乌江由南向北于涪陵城东汇入长江，略呈"S"形。

3. 示范区勘探开发历程

自 2009 年开始，中国石化紧跟国家能源战略步伐，开展了页岩气勘探评价、重点区块评价、产能评价、产能建设等方面的工作，涪陵国家级页岩气示范区勘探开发大体可以分为 3 个主要阶段。

第一阶段：勘探评价阶段（2009—2012 年）。

受美国页岩气快速发展和成功经验的影响，中国石化正式启动了页岩气勘探评价工作，将发展非常规资源列为重大发展战略，加快了页岩油气勘探步伐。通过与北美典型页岩气形成条件的对比，以页岩厚度、有机质丰度、热演化程度、埋藏深度和矿物含量为主要评价参数，开展勘探评价工作。

2012 年，中国石化勘探南方分公司在最有利的焦石坝目标区部署了第一口海相页岩气探井——焦页 1 井。焦页 1 井完钻后，迅速实施侧钻水平井——焦页 1HF 井，2012 年 11 月 28 日焦页 1HF 井完钻，测试获得 $20.3 \times 10^4 m^3/d$ 高产工业气流，标志着涪陵页岩气田的发现。

第二阶段：一期产建阶段（2013—2015 年）。

2013 年，焦页 1HF 井投入试采，国家能源局设立国家级示范区，涪陵页岩气田正式启动了国家级示范区建设。启动试验井组开发工作，实现当年开发、当年投产、当年见效，新建产能 $5 \times 10^8 m^3/a$。

2014 年，自然资源部批准设立页岩气勘探开发示范基地，启动一期 $50 \times 10^8 m^3/a$ 产能建设。

2015 年，3 年建成一期 $50 \times 10^8 m^3/a$ 产能。涪陵国家级示范区、示范基地建设通过国家能源局、国土资源部验收。

第三阶段：二期产建阶段（2016 年至今）。

2016 年，涪陵页岩气田启动二期 $50 \times 10^8 m^3/a$ 产能建设。2017 年底，5 年建成 $100 \times 10^8 m^3/a$ 产能，累计探明储量 $6008 \times 10^8 m^3$。截至 2018 年底，累计生产页岩气近 $215 \times 10^8 m^3$。

4. 示范区储量申报情况

中国石化勘探分公司联合中国石化江汉油田分公司、中国石化华东分公司在涪陵页岩气田累计提交探明页岩气含气面积 $575.92 km^2$，地质储量 $6008.14 \times 10^8 m^3$，技术可采储量 $1432.58 \times 10^8 m^3$。其中，2014 年 7 月正式通过中国第一块页岩气探明储量的评审，提交涪陵 I 期页岩气探明地质储量 1067.50×10⁸m³，之后于 2015 年 9 月、2017 年 7 月又分别提交 Ⅱ期、Ⅲ期页岩气探明地质储量 2738.48×10⁸m³、2202.16×10⁸m³（表 2-1、图 2-1）。

表 2-1 涪陵国家级页岩气示范区探明地质储量统计

区块		含气面积（km²）	探明地质储量（10⁸m³）	技术可采储量（10⁸m³）
涪陵	Ⅰ期	106.45	1067.50	266.88
	Ⅱ期	277.09	2738.48	684.62
	Ⅲ期	192.38	2202.16	481.08
合计		575.92	6008.14	1432.58

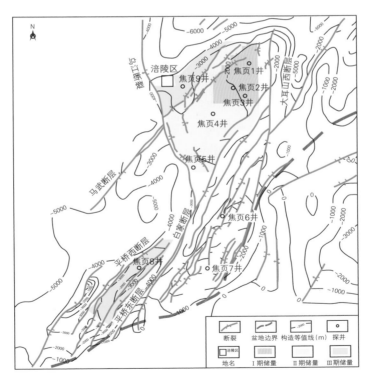

图 2-1 涪陵国家级页岩气示范区奥陶系五峰组—志留系龙马溪组
一段探明储量分布图

5. 示范区建设成果

页岩气开发属于世界级难题，国内在开发初期并没有任何可借鉴的经验。面对前所未有的艰巨挑战，中国石化江汉油田分公司按照完善海相页岩气勘探开发技术体系、形成高效开发产业化模式、实现勘探开发重要突破、实现页岩气绿色开发 4 个方面的示范区建设要求，充分发挥勘探开发一体化、科研生产一体化、地面地下一体化、产输销售一体化的优势，圆满完成示范区建设任务。

1）滚动开发，建成年产能百亿立方米

根据资源落实程度、产能可靠程度整体部署，按照整体部署、评价先行、分步实施的思路，自北向南滚动推进产建工作，3 年建成一期 $50 \times 10^8 m^3/a$ 产能。

在抓好焦石坝区块产建开发的同时，按照一台一井、先钻先试、落实产能、优化井位、展开产建和先期评价，深化攻关、优化调整、滚动实施的思路，分别推进江东、平桥区块产建开发，累计建成年产能百亿立方米。

自 2015 年 6 月起，涪陵页岩气通过涪陵—王场输气管道进入川气东送管道，源源不断地为长江经济带发展提供清洁能源，成为中国石化气化长江经济带行动的重要资源，惠及沿线 6 省 2 市 70 多个大中型城市。

2）高效推进，通过国家级页岩气示范区、示范基地验收

涪陵国家级页岩气示范区建设取得了 7 个方面的重要成果：一是超额完成了国家能源局下达的示范区页岩气"十二五"规划产量目标；二是创新形成了海相页岩气勘探理论和开发技术系列；三是创建了适合页岩气高效开发的产业化模式；四是实现了关键技术和装备的国产化；五是实现了页岩气安全绿色开发；六是创建了企地合作共赢的典范；七是形成了较好的示范推广效应。

2015 年 12 月，国家能源局对涪陵国家级页岩气示范区验收认为：涪陵国家级页岩气示范区建成了中国第一个实现商业开发、北美以外首个取得突破的大型页岩气田。示范区高水平、高速度、高质量的开发建设，是

中国页岩气勘探开发理论创新、技术创新、管理创新的典范，对中国页岩气勘探开发具有很强的示范引领作用，显著提升了页岩气产业发展的信心，展示了页岩气勘探开发的良好前景。

专家组认为，涪陵国家级页岩气示范区的设立，适应了国家能源战略的需要；示范区的建设，较好地体现了十八届五中全会提出的创新、协调、绿色、开放、共享的发展理念；示范区的建成，将有力推动中国页岩气勘探开发进程，优化能源结构，促进节能减排，改善环境质量。示范区创新形成的理论、技术、管理体系，为中国页岩气勘探开发、技术装备、标准规范、企地合作、产学研结合等方面提供了可复制、可推广的经验。

2017 年 12 月 27 日，国土资源部地勘司、重庆市国土局、中国石化召开重庆涪陵页岩气勘查开发示范基地建设总结会，评价认为：三方圆满完成了示范基地建设任务，取得了中国页岩气勘查开发的重大突破。

6. 示范区开发现状

截至 2018 年底，涪陵区块累计开钻 452 口井，完钻 418 口井，共计完成测试井 364 口，平均单井测试日产量 $23.1 \times 10^4 m^3$，投产井 341 口，日产量近 $1700 \times 10^4 m^3$，2018 年产气 $60.21 \times 10^8 m^3$，历年累计产气已接近 $215 \times 10^8 m^3$。

（二）示范区地质特征

1. 构造特征

1）区域构造及断层特征

涪陵页岩气田构造位置处于四川盆地东南缘、齐岳山断裂以西的川东高陡褶皱带南段石柱复向斜、方斗山复背斜和万县复向斜等多个构造单元的结合部（郭旭升，等，2016a）（图 2-2）。主产气区焦石坝似箱状断背斜和平桥断背斜，均位于重庆市内，距重庆市区约 90km，两主产气区相距约 40km，其中北部焦石坝似箱状断背斜主产气区位于重庆市涪陵区，南部平桥断背斜主产气区位于重庆市南川区和武隆区。

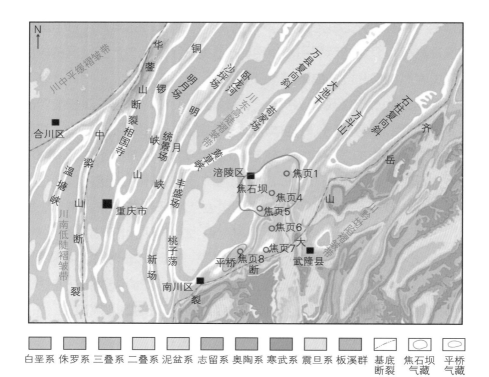

白垩系 侏罗系 三叠系 二叠系 泥盆系 志留系 奥陶系 寒武系 震旦系 板溪群 基底 焦石坝 平桥
断裂 气藏 气藏

图2-2 涪陵页岩气田构造位置图

受雪峰、大巴山等方向多期构造影响，气田内五峰组—龙马溪组主要
发育北东向和北北西向两组断层，早期发育北东向断层，以白家断裂为界
形成"东西分带、隆凹相间"的构造格局，后期发育的北北西向乌江断层
则将西带分隔成"南北分块"的特征（图2-3）；气田目前的两个产建区
分别位于焦石坝似箱状断背斜和平桥断背斜。

（1）焦石坝似箱状断背斜。

焦石坝构造为一个受北东向和近南北向两组断裂控制的轴向北东的菱
形断背斜（图2-4），北东方向以大耳山断层及伴生的侏罗系断凹与方斗山
背斜、齐岳山断裂（盆地边界断层）分割；南东方向以石门等北东向断裂
三叠系断凹与齐岳山断裂相分隔；西南、西北分别以断层与盆地内侏罗系
向斜接触。

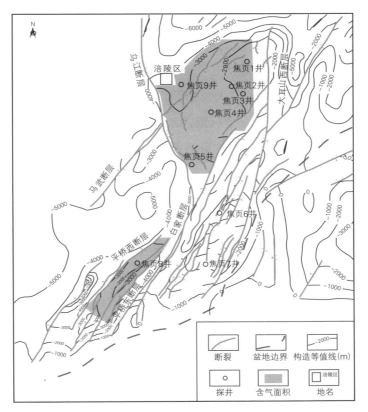

图 2-3　涪陵页岩气田五峰组—龙马溪组一段页岩气藏探明范围分布图

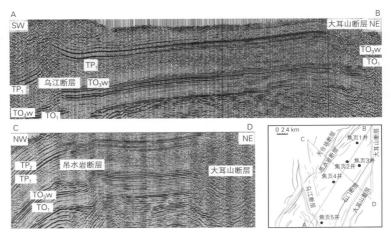

图 2-4　涪陵页岩气田焦石坝似箱状断背斜构造地震剖面图

焦石坝构造长轴长 34km，短轴长 13.4km，高点位于靠近大耳山西断层的构造主体的东北部，高点海拔 −1640m，构造幅度 940m；主体构造平缓，地层由东北向西南方向倾伏，产状平缓（小于 5°），翼部构造形变较强，多被断层复杂化，地层倾角较大，为 20°～35°。焦石坝似箱状断背斜发育逆断层多达 69 条，北东向断层最为发育，其次为北北西—南南东向和近南北向两组，其中北西、南东两翼断距大于 50m 的断层有 23 条，均错断了寒武系—三叠系；断距小于 50m 的其他断层与上述断层伴生，走向各异，仅断开奥陶系顶部—志留系下部。

（2）平桥断背斜。

平桥构造为受平桥西断层与平桥东断层所夹持的狭长、窄陡形断背斜（长约 24km，宽 2～5km），是凤来复向斜内一个特殊的次级正向构造（图 2–5）。该构造仅受北东向一组断裂所控制，两条断裂北东向近平行，纵向上呈"Y"字形；控制断层断距最大约 600m，向南、北两端逐渐变小，纵向上不通天，下部消失于中寒武统膏岩层，上部消失于志留系韩家店组泥岩层；两翼边界断层派生的小断层发育，但总体断距不大。构造高点位于断背斜的近中间位置，海拔为 −1950m，构造幅度 1900m，构造面积相

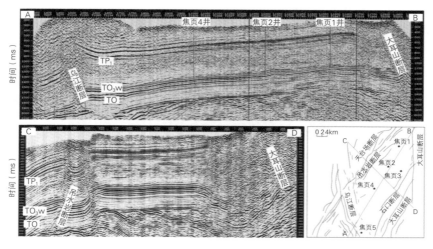

图 2–5　涪陵页岩气田平桥断背斜过焦页 8 井"十"字地震剖面图

对较小，约为 110km²；在构造不同位置地层的倾角具有一定变化，核部地层产状较平缓，倾角范围在 5°～15° 之间，两翼地层产状较陡，倾角范围在 20°～30° 之间。

2）构造演化特征

构造演化过程是在区域和局部不同构造环境下的沉积响应和沉积盆地的充填过程。

涪陵地区在加里东期随着扬子区整体沉降，海水自东南方侵入。本区所在川东南地区形成了一套砂泥岩沉积。本区志留系为广海陆棚相沉积。加里东末期，华夏板块向扬子板块俯冲加剧，最终扬子板块与华夏板块对接，江南古陆最终形成，使扬子全区露出水面遭受剥蚀。

海西中期继承了早期的古地理环境，石炭纪早期川东南区块仍处于古陆环境遭受剥蚀，未能接受沉积。至石炭纪中期，海侵开始，海水自东向西进入本区，川东南区仅北部地区接受了中石炭统沉积，晚期受云南运动的影响，本区整体抬升，遭受剥蚀，川东南地区中石炭统剥蚀殆尽。海西晚期，全区广泛海侵，二叠纪本区沉积稳定，为开阔海台地相。

进入三叠纪海退开始，下三叠统沉积厚度较稳定，本区主体处于开阔海台地相。中三叠世末期，印支构造旋回结束了本区漫长的海相沉积历史，本区及邻区进入了前陆盆地演化的新阶段。

下侏罗统珍珠冲组沉积前，震旦系、下二叠统和下三叠统嘉一段顶面古构造格局保持着原来北东走向坳陷带的古构造格局。

侏罗纪末期是本区断裂及构造形成的主要时期，由于太平洋板块向扬子板块俯冲，产生了强烈挤压应力作用，区内强烈褶皱造山。由南东指向北西方向的挤压运动，形成了一系列北东走向的侏罗山式褶皱，如平桥断背斜。

渐新世末期的喜马拉雅运动，其能量越过龙门山经川中波及本区，能量有所减弱，对本区改造微弱。

2. 地层特征

1）地层层序特征

川东南涪陵页岩气田发育上震旦统至三叠系，除中晚志留世到石炭纪外，各时代地层发育齐全，中寒武统娄山关群至中三叠统雷口坡组累积厚度约4000m，涪陵页岩气田出露地层主要为侏罗系—三叠系，出露最新地层为中侏罗统沙溪庙组。自中奥陶统至上二叠统区内发育地层基本一致，但由于后期抬升剥蚀程度不同，造成不同区块二叠系以上地层发育程度有所不同，其中焦石坝区块二叠系以上主要发育下三叠统飞仙关组、嘉陵江组；江东区块二叠系以上发育下三叠统飞仙关组、嘉陵江组，中三叠统雷口坡组，上三叠统须家河组及下侏罗统珍珠冲组；平桥区块二叠系以上发育下三叠统飞仙关组、嘉陵江组，中三叠统雷口坡组，上三叠统须家河组，下侏罗统珍珠冲组、自流井组及中侏罗统沙溪庙组（表2-2）。

表2-2 涪陵页岩气田中—古生界地层简表

地层					厚度（m）	岩性简述
界	系	统	组	代号		
中生界	侏罗系	中统	上沙溪庙组	J_2s	0～320	紫红色、灰绿色砂岩夹紫红色、灰色泥岩
			下沙溪庙组	J_2x	0～220	砂质泥岩夹中厚层石灰岩
		下统	自流井组	J_1z	0～170	深灰色泥岩夹深灰色、灰色粉砂岩
			珍珠冲组	J_1zh	0～170	紫红色、黄灰色石英砂岩
	三叠系	上统	须家河组	T_3x	0～300	灰白色、黄灰色碎屑石英砂岩
		中统	雷口坡组	T_2l	0～600	紫红色、灰绿色泥页岩与灰色角砾灰岩、石灰岩互层
		下统	嘉陵江组	T_1j	0～530	以石灰岩为主。顶部见一中薄层灰色、黄灰色白云岩，含灰白云岩；底部见一中厚层灰色、深灰色云质灰岩
			飞仙关组	T_1f	426～483	顶部为灰黄色含灰泥质云岩，间夹紫红色泥岩；中部以灰色、深灰色云质灰岩，鲕粒灰岩为主；下部为深灰色云质灰岩；底部见一层深灰色含灰泥质岩

续表

地层					厚度（m）	岩性简述
界	系	统	组	代号		
古生界	二叠系	上统	长兴组	P₂ch	90～223	上部岩性主要为灰色、深灰色生屑（含生屑）灰岩；下部岩性为浅灰色、灰色、深灰色灰岩
			龙潭组	P₂l	51～103	中部岩性以灰色、深灰色灰岩、含泥灰岩为主夹薄层含生屑灰岩，上、下部岩性为灰黑色碳质泥岩
		下统	茅口组	P₁m	264～377	以石灰岩、云质灰岩、泥质灰岩为主，夹薄层灰黑色泥岩、深灰色含灰泥岩及含生屑灰岩
			栖霞组	P₁q	95～149	灰色、浅灰色灰岩，局部泥质含量较重
			梁山组	P₁l	3～30	上部为薄层的灰黑色碳质泥岩与薄层的灰色（含云）灰岩互层，下部为灰色泥岩夹一薄层含砾粉砂岩条带
	中石炭统		黄龙组	C₂h	0～22	灰色灰岩
古生界	志留系	中统	韩家店组	S₂h	485～736	上部以紫红色、棕红色泥岩、粉砂质泥岩为主夹薄层灰色、绿灰色泥岩；中部以绿灰色泥岩、粉砂质泥岩为主夹薄层绿灰色泥质粉砂岩、粉砂岩；下部以灰色泥岩、粉砂质泥岩为主夹薄层灰色泥质粉砂岩、粉砂岩
		下统	小河坝组	S₁x	232～362	灰色、深灰色泥岩为主，夹薄层粉砂质泥岩
			龙马溪组	S₁l	220～360	上部以深灰色泥岩为主；中部灰—深灰色泥质粉砂岩与灰色粉砂岩互层；下部以大套灰黑色页岩、碳质页岩及灰黑色泥岩、碳质泥岩为主
	奥陶系	上统	五峰组	O₃w	3.5～7	灰黑色含放射虫碳质笔石页岩及含笔石碳质页岩夹多层厚 0.2～3cm 不等的钾质斑脱岩薄层、条带或条纹，常见原地生态的介形类化石。顶部为薄—厚层深灰色—灰黑色含生屑（生物）含碳灰质泥岩
			临湘组	O₃l	10～15	浅灰色含云灰岩、泥质灰岩，取心见浅灰色含云瘤状灰岩
		中统	宝塔组	O₂b	13～17	浅灰色灰岩
			十字铺组	O₂sh	5～10	浅灰色泥质灰岩

五峰组—龙马溪组为涪陵页岩气田页岩气勘探的目的层段。五峰组厚

度较薄，厚度一般为 3.5 ～ 7m。龙马溪组厚度一般为 220 ～ 360m，纵向上可进一步将其细分为 3 个岩性段，即自下而上为龙马溪组一段（以下简称龙一段）、龙马溪组二段（以下简称龙二段）、龙马溪组三段（以下简称龙三段）。开发有利层段主要集中在五峰组—龙一段，其中北部的江东区块和焦石坝区块五峰组—龙一段厚度主要介于 84 ～ 102m，南部的平桥区块主要介于 130 ～ 160m，总体具有由北向南逐渐增厚的趋势。

（1）五峰组。

五峰组厚度一般为 3.5 ～ 7m。根据生物群特征和不同的岩石类型，可将其划分为上、下两段。

五峰组下段（笔石页岩段），厚度一般为 3.8 ～ 6.1m（图 2-6）。岩性主要为灰黑色含放射虫碳质笔石页岩。岩石中笔石含量为 20% ～ 40%，另有少量腕足类及介形类等化石，局部探井见较多硅质放射虫；水平纹层发育，常见分散状黄铁矿晶粒。另外，在五峰组笔石页岩中段常夹有 20 余层厚 0.2 ～ 3cm 不等的钾质斑脱岩薄层或条带。

五峰组上段（观音桥段）厚度为 0 ～ 0.80m。岩性为灰黑色—黑灰色含生屑含碳灰质泥岩、含碳泥质生屑灰云岩、含灰泥质粉砂岩。所含生屑以腕足类碎片为主，次为海百合茎碎屑，偶见搬运生态的腕足类化石。

（2）龙一段。

岩性以灰黑色碳质笔石页岩、碳质放射虫笔石页岩、含放射虫碳质笔石页岩、含笔石碳质页岩为主，少量黑灰色—灰黑色含碳质笔石泥岩、含笔石碳质泥岩、含碳含粉砂质泥页岩及含粉砂泥岩，厚度为 84 ～ 160m，其厚度在涪陵页岩气田范围内总体具有由北向南逐渐增厚的趋势；页岩水平纹层发育程度、笔石化石含气量总体具有由下向上逐渐降低的趋势。页ν岩普遍见黄铁矿条带及分散状黄铁矿晶粒，总体反映缺氧、滞留，有利于有机质形成、富集和保存的浅海陆棚环境沉积。电测曲线总体表现出高自然伽马、中—低电阻率的特征。

根据笔石和放射虫化石含量、岩石颜色、岩性及其组合等特征，可将其进一步细分为 3 个亚段。

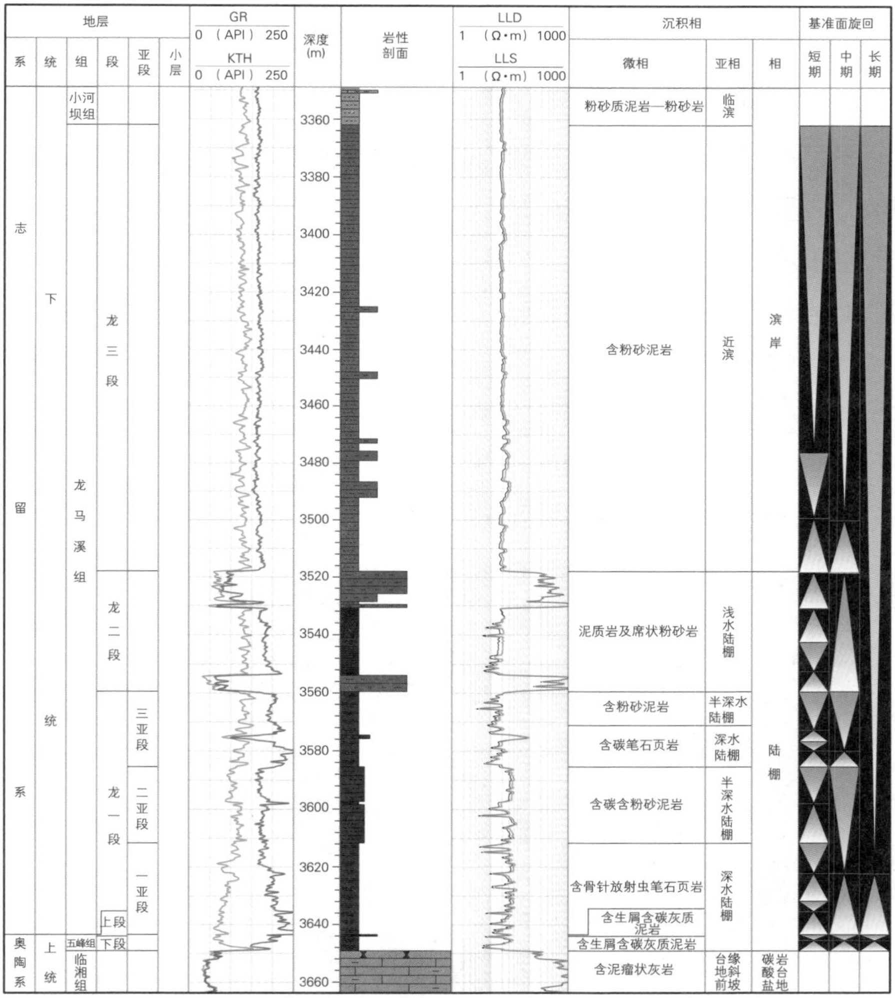

图 2-6　涪陵页岩气田五峰组—龙马溪组综合柱状图

一亚段：岩性以灰黑色含碳质放射虫笔石页岩为主，局部夹黄铁矿薄层、
条带或条纹。岩石中含丰富的顺层分布的笔石；局部地区探井还见到大量
的硅质放射虫及少量硅质海绵骨针化石；页岩水平纹层发育；水体总体较深，
有利于富有机质页岩的大量形成。

二亚段：岩性以黑灰色含碳含粉砂泥岩为主，其间夹黄铁矿薄层、条带或条纹。页岩中所含笔石和硅质放射虫明显较一亚段少，局部层段见顺层集中分布的粉砂质条纹分布，与泥质条纹呈频繁韵律互层；水体相对于一亚段有变浅的特征。

三亚段：其厚度在涪陵页岩气田范围内总体具有由北向南逐渐增厚的趋势；下部以灰黑色含笔石碳质页岩、含笔石含碳含粉砂页岩为主，含分散分布的粉末状黄铁矿晶粒，水平纹层发育；上部岩性主要为黑灰色含粉砂泥岩，岩石中常见笔石化石和碎片，水体相对于二亚段下部有变浅的特征。

2）目的层埋深

涪陵页岩气田五峰组底界埋深主要介于 2000 ~ 4000m，其中焦石坝主体地区目的层埋深普遍小于 3500m，向构造西北方向埋深逐渐增大（图 2-7）；平桥地区五峰组底界埋深为 2000 ~ 4000m，向背斜两翼埋深增加。

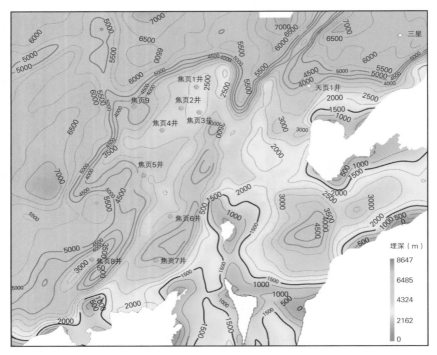

图 2-7 涪陵页岩气田五峰组底界埋深图

3）小层划分

在前人研究的基础上，根据目前焦石坝页岩气勘探开发生产情况，基于焦页 1、焦页 2、焦页 3、焦页 4、焦页 8 等井的钻井、测井、录井资料及岩心观察、分析化验，可将下志留统龙一段—上奥陶统五峰组页岩层段定为含气页岩段，是本区主要目的层段，可划分为 9 个小层，其中涪陵地区①—⑤小层为优质页岩气层（图 2-8）。

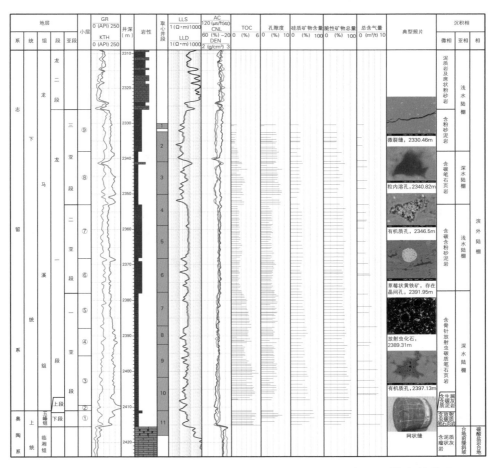

图 2-8　涪陵页岩气田焦页 1 井五峰组—龙马溪组页岩层段综合柱状图

①小层（2411.0 ~ 2515.5m，厚 4.5m）：即五峰组，岩性为灰黑色

含放射虫碳质笔石页岩，凝灰岩薄层及黄铁矿发育，岩石中笔石化石以双列式笔石化石为主。本段具有明显的中—高伽马、较低电阻率、低密度特征。本小层 TOC 均值为 4.59%，孔隙度均值为 5.1%，石英含量均值为 58.42%，脆性指数均值为 72.2%，总含气量为 8.26m³/t。

②小层（2409.5 ~ 2411.0m，厚 1.5m）：本段为龙马溪组底部，岩性为灰黑色含骨针含放射虫碳质笔石页岩，笔石极发育，以双列式笔石为主，黄铁矿极发育，呈星散状分布。本段具有明显的高伽马、低电阻率、低密度特征，自然伽马呈尖峰状，平均可达 243.71API。

③小层（2395.6 ~ 2409.5m，厚 13.9m）：灰黑色含骨针含放射虫碳质笔石页岩，古生物发育，类别繁多，下部以双列式笔石为主，上部以单列式笔石为主，本小层内黄铁矿极发育，呈星散状分布。本段具有高伽马、低电阻率、低密度等特征。本小层 TOC 均值为 3.92%，孔隙度均值为 4.52%，石英含量均值为 46.51%，脆性指数均值为 70.22%，总含气量为 6.34m³/t。

④小层（2387.9 ~ 2395.6m，厚 7.7m）：灰黑色含骨针含放射虫碳质笔石页岩，笔石等古生物和黄铁矿较为发育；从测井显示来看，本段具有较高伽马、较低电阻率、中密度特征。本小层 TOC 均值为 2.93%，孔隙度均值为 4.30%，石英含量均值为 40.11%，脆性指数均值为 62.5%，总含气量为 4.29m³/t。

⑤小层（2378.0 ~ 2387.9m，厚 9.9m）：灰黑色含骨针含放射虫碳质笔石页岩，古生物总体较发育，黄铁矿较发育，呈团块状、星散状。从测井曲线来看，变化较明显的是密度值自下至上逐渐增大，密度逐渐升高，自然伽马似箱状相对低值，对应的电阻率为相对高值。本小层 TOC 均值为 3.21%，孔隙度均值为 4.92%，石英含量均值为 39.1%，脆性指数均值为 58.90%，总含气量为 4.71m³/t。

⑥—⑨小层（2326.0 ~ 2378.0m，厚 52.0m）：对应页岩气层段上部层段，岩心往上粉砂质明显增多，岩性总体为深灰色含粉砂泥页岩，古生

物、黄铁矿相对欠发育，测井显示相对低伽马、相对高电阻率特征，密度升高。本段 TOC 均值为 1.66%，孔隙度均值为 4.44%，石英含量均值为 30.74%，脆性指数均值为 53.27%，总含气量为 3.02m³/t。

3. 沉积特征

1）沉积演化

由于华夏陆块向扬子板块俯冲汇聚，扬子板块与华北板块不断俯冲碰撞，四川盆地晚奥陶世五峰期发生海侵，海水由北东—南西方向开始侵入区内，同时伴有来自北秦岭海槽频繁的火山物质的注入。之后又由于华夏陆块向北西方向不断挤压，并伴有晚奥陶世末期的冰川消融，至早志留世初期引起全球大规模的海平面上升。这次早志留世初期大规模的海侵表现在四川盆地龙马溪早期达到高潮，并在其周缘北西高、南高和北东低的古地理格局制约下，在上扬子地区，尤其是沿川西南及川东南等地区形成了龙马溪早期相对滞留、缺氧、水体较深的深水陆棚沉积环境，从而发育了一套厚度较大的暗色碳质笔石页岩，其内不但富含黄铁矿，而且还见丰富的笔石与硅质放射虫、硅质海绵骨针等生物共生。该套岩性横向稳定，是四川盆地主要的烃源岩系（图 2-9）。

涪陵页岩气田及邻区在晚奥陶世五峰期—早志留世龙马溪期，发育了大套的暗色碳质、碳质笔石夹薄层泥质粉砂岩，属陆棚相沉积。纵向上，依据其岩性、岩相及生物特征等的变化，又可进一步将涪陵页岩气田五峰组—龙马溪组细分为深水陆棚亚相、半深水陆棚亚相和浅水陆棚亚相。

五峰组—龙一段：主要岩性为灰黑色碳质笔石页岩，偶夹薄层粉砂质泥岩、泥质粉砂岩或粉砂岩透镜体及含生屑含碳灰质泥岩。岩石中富含笔石和放射虫等化石，常见大量黄铁矿薄层、条带或小透镜体及大量分散分布的黄铁矿晶粒，总体为低能还原环境条件下形成的产物。主要探井揭示，纵向上具有相似的变化规律，即从下到上具有颜色逐渐变浅、粉砂质含量逐渐增多、碳质含量逐渐减少的特征，总体反映向上沉积水体具有逐渐变浅的趋势。

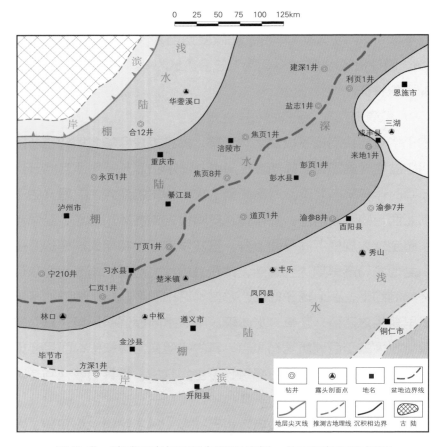

图 2-9　涪陵页岩气田及邻区五峰组—龙马溪组沉积相图

龙二段：在涪陵页岩气田横向上具有一定的变化，其中北部包含江东区块和焦石坝区块，显示岩性主要为黑灰色、灰色粉砂岩、泥质粉砂岩夹泥岩，泥岩发育水平层理，地层微电阻率扫描成像（FMI）测井显示泥质粉砂岩、粉砂岩中发育变形构造、块状层理，具底冲刷特征、显正粒序，反映在静水低能沉积过程中伴有低密度浊流事件性的沉积。南部包含平桥区块和白马区块，岩性则发生一定的变化，其中底部显示为一层厚为 2 ~ 3m 的黑灰色泥质粉砂岩，向上则为黑灰色、深灰色粉砂质泥岩，但总体 TOC 较低，一般小于 0.5%。

龙三段：随着海退的发生，水体相对变浅，沉积物颜色也相应变浅，岩性以深灰色—灰色泥岩为主，夹薄层粉砂岩。泥岩显水平层理，偶见笔石化石碎片，为近滨泥质岩环境沉积。

2）沉积相及沉积微相划分

涪陵页岩气田平桥及江东区块五峰组—龙一段主要为陆棚相沉积，陆棚环境包括近滨外侧至大陆坡内边缘这一宽阔的陆架或广阔的陆棚区。其上限位于正常浪基面附近，下限水深一般在 200m 左右；平面上向陆方向紧靠滨岸相带，沉积物多以暗色的泥级碎屑物质为特征。在涪陵页岩气田五峰组—龙一段，其可进一步划分出浅水陆棚和深水陆棚 2 种亚相以及含放射虫笔石页岩等 6 种微相沉积类型（表 2-3）。

表 2-3　涪陵页岩气田五峰组—龙一段沉积相划分简表

沉积相	亚相	微相
陆棚	浅水陆棚	含粉砂泥岩、泥岩、页岩
		含碳含粉砂泥页岩（或含碳泥岩）
	深水陆棚	含碳笔石页岩
		含骨针放射虫笔石页岩
		含生屑含碳灰质泥岩
		含放射虫笔石页岩

4. 储层特征

1）岩石矿物特征

涪陵页岩气田五峰组—龙马溪组泥页岩 X 射线衍射实验分析表明，焦石坝气藏（570 个样品）和平桥气藏（372 个样品）脆性矿物总量平均值分别为 66.1% 和 54.8%，成分以硅质矿物为主，平均含量分别为 42.1% 和 35.8%；碳酸盐矿物相对较少，平均含量分别为 9.5% 和 9.7%（图 2-10）。黏土矿物含量平均值分别为 34.9% 和 45.2%，以伊蒙混层和伊利石为主，

其中伊蒙混层平均含量分别为 36.5% 和 24.6%，伊利石平均含量分别为
49.1% 和 59.5%（图 2-11）。

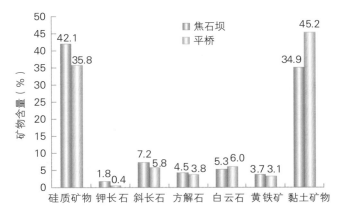

图 2-10 涪陵页岩气田五峰组—龙马溪组页岩气层矿物组成直方图

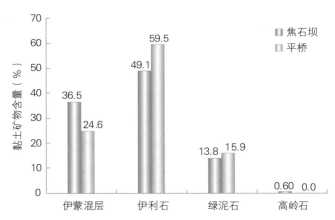

图 2-11 涪陵页岩气田五峰组—龙马溪组页岩气层黏土矿物组成直方图

页岩气层泥页岩脆性矿物和硅质矿物含量总体都具有自上而下逐渐
增高的特点，以焦页 1 井为例，五峰组—龙一段一亚段（①—⑤小层）页
岩层段中脆性矿物含量明显较高，含量一般为 50.9% ~ 80.3%，平均为
62.4%，硅质矿物含量最高达到 70.6%，平均值达到 44.4%（图 2-12）。
研究表明，五峰组、龙马溪组页岩层段下部见到大量的硅质骨针、放射虫

生物化石，是页岩气层硅质矿物含量高的一个重要原因。

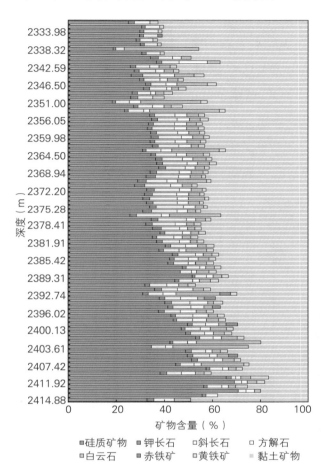

图 2-12 涪陵页岩气田焦页 1 井五峰组—龙一段矿物成分分布图

2）有机地化特征

（1）有机质含量特征。

涪陵页岩气田北部焦石坝气藏焦页 1 井等 9 口井 664 个页岩气层的泥页岩样品 TOC 分析，TOC 分布在 0.29% ~ 6.79% 之间，平均 2.73%，其中 TOC 不低于 1.0% 的样品达到总样品数的 96.8%；南部平桥气藏页岩气层泥页岩 TOC 相对略低，焦页 8 井等 4 口井 484 个泥页岩样品 TOC 分布在 0.67% ~ 6.71% 之间，平均 2.00%，其中 TOC 不低于 1.0% 的样品达到总样品数的 92.3%。

　　页岩 TOC 在纵向上差异明显，其中底部五峰组—龙一段一亚段优质泥页岩段（①—⑤小层）TOC 最高，以焦页 1 井为例，五峰组—龙一段一亚段（①—⑤小层）TOC 普遍不低于 2.0%，最高可达 5.89%，平均为 3.56%，为高—特高有机碳含量。龙一段二亚段、三亚段（⑥—⑨小层）TOC 主要分布在 0.91% ~ 2.17% 之间和 0.55% ~ 3.26% 之间，平均值分别为 1.65% 和 1.69%，主要为低—高有机碳含量（图 2–13）。

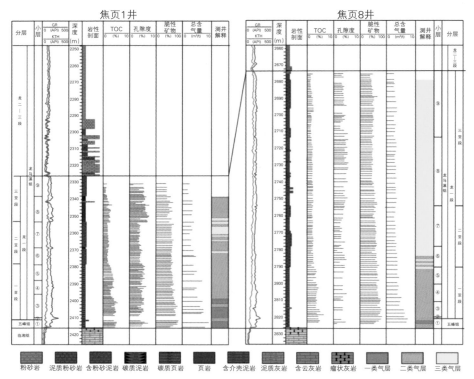

图 2–13　涪陵页岩气田焦页 1 井和焦页 8 井五峰组—龙马溪组页岩气层评价图

　　（2）有机质类型和热演化程度。

　　涪陵页岩气田焦页 1 井等 7 口井页岩气层 50 块灰黑色碳质页岩 $\delta^{13}C_{PDB}=-30.81‰$ ~ $-28.50‰$；有机质显微组分测定显示，腐泥组含量

最高（腐泥无定形体36.0%～71.21%，藻类体28.79%～58.0%）（图2–14），
干酪根类型指数（TI）介于82.5～100，综合评价涪陵页岩气田下志留统
五峰组—龙马溪组富有机质页岩有机质类型为Ⅰ型。热演化程度普遍较高，
R_o为2.42%～2.80%，平均为2.59%，表明五峰组—龙马溪组有机质进入过
成熟演化阶段，以生成干气为主。

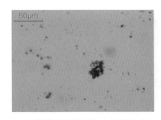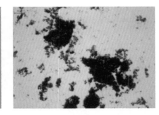

（a）腐泥无定形体，焦页1井，　　（b）腐泥无定形体，焦页1井，　　（c）腐泥无定形体，焦页9井，
　　龙一段，2339.33m　　　　　　　　龙一段，2349.23m　　　　　　　龙一段，3627.42m

图2–14　涪陵页岩气田五峰组—龙一段页岩干酪根显微组分鉴定图片

3）储集物性特征

（1）储集空间类型及特征。

通过岩心观察、氩离子抛光扫描电镜以及FMI成像测井等分析发现，
涪陵页岩气田五峰组—龙马溪组暗色泥页岩中储集空间主要发育两种类型：
一种为泥岩自身基质微孔隙，这种类型孔隙的储集空间很小，主要表现为
纳米级，按成因类型可识别出有机质孔、晶间孔、矿物铸模孔、黏土矿物
间微孔、次生溶蚀孔等类型（图2–15），孔径一般为2～2000nm，主要
集中在2～50nm（郭旭升，等，2016b）。

另一种类型为泥页岩储层中发育的裂隙系统，其不仅有利于游离气的
富集，同时还是页岩气渗流运移的主要通道；根据裂缝的大小将裂缝划分
为宏观裂缝和微观裂缝，其中能够通过岩心观察和FMI测井解释的裂缝，
本书统称为宏观裂缝，包括构造缝和层间缝；而需借用扫描电镜观察的裂
缝统称为微观裂缝，包括微张裂缝、黏土矿物片间缝、有机质收缩缝以及
超压破裂缝等（郭旭升，等，2016b）。

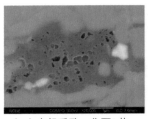
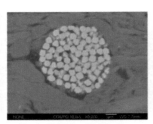
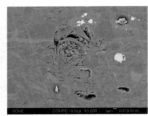

（a）有机质孔，焦页1井，
龙一段，2385.42m

（b）晶间孔，焦页1井，
五峰组，2414.88m

（c）黏土矿物间微孔，焦页1井，
龙一段，2335.3m

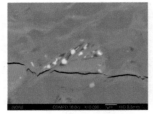
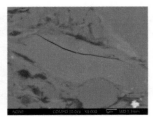

（d）构造缝和层间缝，焦页1井，
龙一段，2409.50m，见多组被
方解石充填水平缝和垂直缝

（e）微张裂缝，焦页1井，
龙一段，2335.3m

（f）超压破裂缝，焦页1井，
五峰组，2414.88m

图 2-15　涪陵页岩气田五峰组—龙马溪组泥页岩主要储集空间类型

（2）储集物性。

涪陵页岩气田五峰组—龙马溪组页岩气层孔隙度主要介于 3% ~ 7%，渗透率多小于 0.1mD，总体表现出低孔隙度、特低—低渗透率特征（图 2-16）。其中，焦石坝气藏焦页 1 井等 8 口井 524 个泥页岩孔隙度介于 0.26% ~ 8.61%，平均为 4.17%；渗透率介于 0.00011 ~ 335.21mD，平均为 0.857mD。平桥气藏焦页 8 井等 4 口井 200 个泥页岩样品孔隙度介于 1.06% ~ 5.23%，平均为 3.47%，其中孔隙度 2% ~ 5% 占总样品数 94.5%；渗透率介于 0.00001 ~ 363.9mD，几何平均为 0.0107mD。

纵向上都整体表现出"两高夹一低"的三分性特征。以焦页 1 井为例，龙一段三亚段（⑧—⑨小层）表现为相对较高的孔隙度段，孔隙度主要分布于 1.17% ~ 7.98% 之间，平均为 5.30%；龙一段二亚段（⑥—⑦小层）表现为相对较低的孔隙度段，孔隙度主要分布于 2.49% ~ 5.09% 之间，平均为 3.79%；五峰组—龙一段一亚段（①—⑤小层）表现为相对较高的孔隙度段，孔隙度主要分布在 2.78% ~ 7.08% 之间，平均为 4.82%。

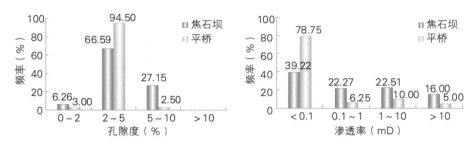

图2-16 涪陵页岩气田五峰组—龙一段岩心孔隙度、渗透率分布直方图

（3）孔隙结构特征。

焦页1井压汞—吸附联合测定结果显示，五峰组—龙马溪组页岩储层段孔隙直径主要集中于小于24nm的范围内，以微孔和中孔为主，包括少量的大孔（图2-17）。泥页岩孔体积介于0.008～0.024mL/g，平均为0.013mL/g；比表面积介于8.4～33.3m²/g，平均为18.9m²/g。孔体积和比表面积呈良好的正线性相关，其中小于10nm的微孔是页岩孔体积和比表面积的主要贡献者（图2-18），构成了气体吸附的主要场所。

（4）裂缝特征。

页岩天然裂缝作为页岩气除孔隙外另一个重要的储集空间，其分布形态、特征及规律对于页岩气的流动及后期压裂效果评价均有重要作用，可通过岩心观察、测井识别方法识别。

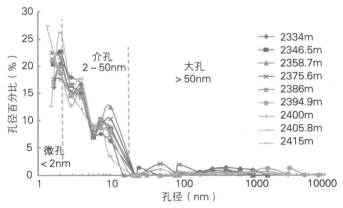

图2-17 焦页1井五峰组—龙马溪组页岩压汞—吸附联合测定孔径分布特征图

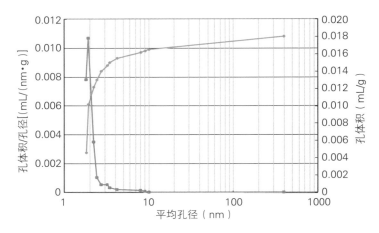

图 2-18　焦页 4 井五峰组—龙马溪组 2573.42m 页岩孔体积曲线图

　　五峰组—龙一段岩心中主要发育高角度缝（斜交缝和垂直缝）和水平缝（页理缝、滑动缝）两种类型的裂缝（图 2-19 至图 2-22）。垂直缝缝长为 20～150mm，主要在五峰组中可观察到；水平缝多贯穿岩心（表 2-4），其中除见到发育的页理缝外，还观察到较发育的滑动缝，在裂缝面见到明显的镜面和擦痕现象；裂缝宽度以 0.5～1.0mm 居多，最宽可达 6mm；多数层段裂缝密度主要介于 0.1～4 条/m，仅在五峰组—龙一段底部裂缝密度较大，可达到 20～30 条/m；裂缝多被方解石充填，另外还可见到少量沥青、泥质、黄铁矿等充填物半充填或完全充填。两类裂缝在五峰组—龙一段底部同时发育，从而形成相对发育的裂缝网络。

图 2-19　网状裂缝
（焦页 1 井，五峰组）

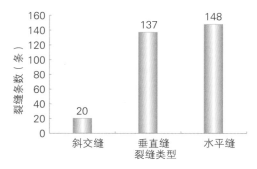

图 2-20　焦石坝地区岩心裂缝条数统计

图 2-21　水平缝（被方解石与黄铁矿
充填，焦页 3 井，龙马溪组，
2408.21 ~ 2408.43m）

图 2-22　滑动缝（见镜面和擦痕现象，
焦页 4 井，龙马溪组，2586.05m）

表 2-4　焦页 1 井五峰组—龙一段取心井段裂缝统计

| 取心回次 | 取心井段（m） | 段长（m） | 裂缝条数（条） | | | 裂缝密度（条/m） | 宽度（mm） | 长度（mm） | 充填 |
			斜交缝	垂直缝	水平缝				
1	2330.02 ~ 2330.75	0.73	1	9	3	13	1 ~ 2	40 ~ 130	垂直缝方解石全充填
2	2332.40 ~ 2336.95	4.55	0	1	2	0.6	1 ~ 2	20 ~ 100	垂直缝方解石全充填
	2336.95 ~ 2340.87	3.92	0	2	2	1	0.5 ~ 2	50 ~ 100	垂直缝方解石全充填
3	2340.87 ~ 2350.12	9.25	1	2	2	0.5	0.5 ~ 1	50 ~ 100	垂直缝方解石全充填
4	2350.12 ~ 2351.34	1.22	0	0	5	4	0.5 ~ 2	60 ~ 120	未充填
	2351.34 ~ 2358.90	7.56	1	0	22	3	1 ~ 2	30 ~ 120	未充填
5	2358.90 ~ 2360.98	2.08	0	1	0	0.5	0.5 ~ 1	贯穿岩心	直缝方解石全充填
	2360.98 ~ 2368.20	7.22	0	0	0	0	0	0	
6	2368.20 ~ 2377.70	9.50	0	0	0	0	0	0	
7	2377.70 ~ 2387.15	9.45	0	0	0	0	0	0	
8	2387.20 ~ 2390.37	3.17	0	0	2	0.6	1 ~ 2	70 ~ 130	未充填
	2390.37 ~ 2392.35	1.98	0	0	0	0	0	0	

续表

取心回次	取心井段（m）	段长（m）	斜交缝	垂直缝	水平缝	裂缝密度（条/m）	宽度（mm）	长度（mm）	充填
			裂缝条数（条）						
9	2392.35～2396.34	3.99	0	12	0	3	0.1～2	贯穿岩心	垂直缝方解石全充填
	2396.34～2401.60	5.26	1	10	4	2.9	0.1～0.5	贯穿岩心	垂直缝方解石全充填
10	2401.60～2411.00	9.40	0	0	3	0.5	0.1～1	贯穿岩心	未充填
11	2411.00～2415.00	4.00	14	33	32	20	0.1～5	20～150	垂直缝方解石充填

FMI 成像测井显示，焦石坝地区五峰组—龙马溪组裂缝发育层段主要分布在龙二段浊积砂岩、龙三段贫有机质泥岩段。而在五峰组—龙一段含气页岩层段总体不发育，部分井仅在龙一段三亚段可见到极少量的裂缝，其中焦页 1 井龙一段三亚段发育 1 条开启裂缝（图 2-23）。

4）地质力学特征

页岩气藏开发实践表明，页岩的岩石力学性质是制约页岩气藏压裂的重要指标。例如，页岩岩石力学特征影响了天然裂缝的发育特征，页岩的强度特性影响着井壁的稳定性和压裂的可行性，形变特征影响着井筒的完整性。页岩气藏必须通过大规模的体积压裂，在地层中形成复杂缝网方能达到效益开发的目的。

（1）岩石力学特征。

①杨氏模量、泊松比特征。

涪陵焦页 1 井五峰组—龙一段岩石力学特性参数测试结果显示，页岩总体显示出较高杨氏模量、较低泊松比特征，其中杨氏模量为24.49～33.00GPa，平均为 29.94GPa；泊松比为 0.13～0.23，平均为 0.20。抗压强度为 149.45～212.92MPa，平均为 175.46MPa（表 2-5），页岩具有较好的脆性。

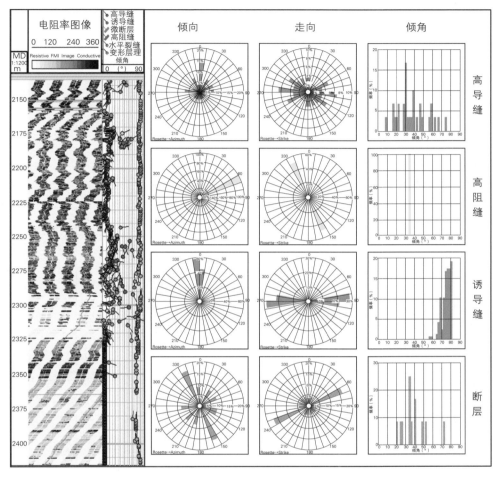

图 2-23 焦页 1 井五峰组—龙马溪组 FMI 测井解释裂缝发育特征

②岩石力学脆性指数。

杨氏模量、泊松比虽然可较好地反映岩石的脆性，焦石坝地区岩石力学脆性指数达到 47.33% ~ 63.62%（表 2-5），反映了焦石坝地区五峰组—龙一段脆性指数总体较高，具有较高的脆性。岩石力学脆性指数在纵向上同样具有自下向上逐渐减小的趋势，下部脆性指数最高达 63.62%，说明下部具有脆性很强的特征。

表2-5 焦页1井五峰组—龙一段实测岩石力学参数及脆性指数计算

井深 (m)	岩心编号	围压 (MPa)	杨氏模量 (GPa)	泊松比	抗压强度 (MPa)	脆性指数 (%)	取值				计算脆性指数过程数据	
							杨氏模量 (GPa)	泊松比	抗压强度 (MPa)	脆性指数 (%)	μ_{Brit}	E_{Brit} (GPa)
2367.98 ~ 2368.15	水平0°	20	32.66	0.22	174.65	52.38	29.87	0.23	149.45	47.33	32.37	72.40
	水平45°	20	33.41	0.24	171.57	48.72					33.44	64.00
	水平90°	20	23.56	0.24	102.14	40.88					19.36	62.40
2372.7 ~ 2372.88	水平0°	20	34.38	0.25	198.22	48.01	33.00	0.23	179.98	51.09	34.83	61.20
	水平45°	20	33.57	0.23	189.74	51.04					33.68	68.40
	水平90°	20	31.04	0.20	151.99	54.23					30.06	78.40
2389.18 ~ 2389.29	水平0°	20	34.69	0.22	202.65	53.24	32.39	0.21	212.92	53.46	35.27	71.20
	水平45°	20	33.87	0.22	246.46	52.85					34.10	71.60
	水平90°	20	28.61	0.20	189.65	54.29					26.58	82.00
2413.21 ~ 2413.28	水平0°	20	26.00	0.13	207.66	65.63	24.49	0.13	159.50	63.62	22.86	108.4
	水平45°	20	22.56	0.11	76.86	66.37					17.94	114.8
	水平90°	20	24.91	0.16	193.98	58.85					21.31	96.40

注：E_{Brit} 为归一化的弹性模量，μ_{Brit} 为归一化的泊松比。

（2）地应力特征。

涪陵页岩气田地应力测试结果显示，水平地应力差异系数值相对较小，主要介于 0.12 ～ 0.14，有利于网状裂缝形成。但地应力明显随着埋深的增大而增大，其中埋深小于 3000m 的焦页 1 井和焦页 8 井最小水平地应力小于 60MPa，而埋深大于 3500m 的焦页 81-2 井等 4 口井最小水平地应力都在 70MPa 以上（表 2-6）；地应力的增大也导致钻井施工难度增大，其中埋深小于 3000m 的焦页 1 井和焦页 8 井最高施工压力分别为 53.2 ～ 91.4MPa 和 62.9 ～ 83.7MPa，平均分别为 69.1MPa 和 69.6MPa，而埋深大于 3500m 的焦页 81-2 井最高施工压力为 70.1 ～ 95MPa，平均为 86.6MPa。

表 2-6　涪陵页岩气田五峰组—龙一段页岩地应力测试结果

构造	气藏单元	井号	井段（m）	最大水平地应力（MPa）	最小水平地应力（MPa）	水平应力差异系数
焦石坝构造	焦页 1—焦页 9 井区	焦页 1	2330 ～ 2395	53.4 ～ 55.5	48.7 ～ 49.9	0.10 ～ 0.14
		焦页 69-2	3521 ～ 3585	84.34	73.08	0.11
		焦页 81-2	3541 ～ 3717	77.44	69.22	0.11
		焦页 87-3	3616 ～ 3646	80.85	73.14	0.11
		焦页 9	3680 ～ 3718	84.10	76.12	0.10
平桥构造	焦页 8 井区	焦页 8	2781 ～ 2825	66.50	58.50	0.14

5. 气藏特征

1）气藏类型

涪陵页岩气田五峰组—龙一段气藏为似箱状断背斜型较高脆性矿物含量、中—高 TOC、中孔隙度、高含气性、高压的自生自储式连续性页岩气藏。具体特征表现为：

（1）干酪根碳同位素对比和气体组分碳同位素倒转显示（魏祥峰，等，

2016），页岩气来源于自身泥页岩层系烃源岩，为同源不同期混合气，页岩气层具有源储一体的特征。

（2）页岩储层发育大量纳米级孔隙，储层孔隙度较高，横向展布稳定；顶、底板岩性相对致密，有利于页岩气在页岩层内聚集。

（3）涪陵地区超2000km^{2}范围超300口页岩气探井和开发井钻遇气层，未见到明显的含气边界和气水界面，证实气藏储层具有大面积层状分布、整体含气的特点（图2-24、图2-25）。

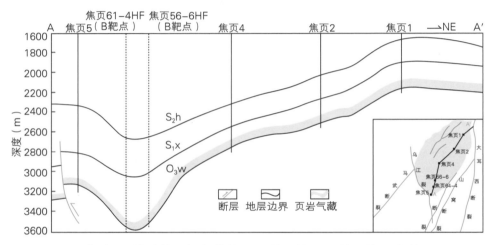

图2-24 涪陵焦石坝气藏焦页5井—焦页4井—焦页2井—焦页1井五峰组—龙一段气藏剖面图

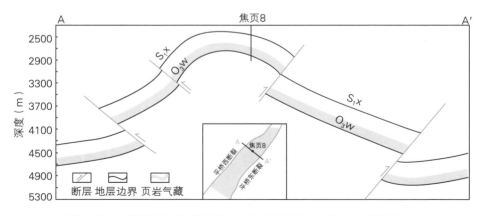

图2-25 涪陵平桥气藏过焦页8井五峰组—龙一段气藏剖面图

（4）气田单井产能需要水平井技术和大型水力压裂才能进行经济开
采，单井产能与水平井长、段数、簇数、压裂液和支撑剂规模呈一定的正
相关关系。

2）气藏要素、含气性及流体性质

（1）气藏要素。

涪陵页岩气田焦石坝气藏和平桥气藏都为连续型、中深层、低地温梯
度、高压页岩气藏。其中，焦石坝气藏含气面积 466.41km²，气藏含气高度
2200m，单元中部埋深为 3250m，平均地温梯度为 2.75℃/100m，地层压
力系数为 1.55（表 2-7）。平桥气藏含气面积 109.51km²，气藏含气高度
1500m，中部埋深为 3457m，平均地温梯度为 2.75℃/100m，压力系数为 1.56。

表 2-7　涪陵页岩气田焦石坝气藏焦页 1—焦页 9 井区、平桥气藏焦页 8 井区
气藏单元页岩气藏压力、温度统计

构造	气藏单元	含气面积（km²）	气层中深（m）	气层中深地层压力（MPa）	压力系数	气层中深地层温度（℃）	地温梯度（℃/100m）
焦石坝构造	焦页 1—焦页 9 井区	383.54	3250	43.87	1.55	96.65	2.75
平桥构造	焦页 8 井区	109.51	3457	52.90	1.56	112.07	2.75

（2）含气性及流体性质。

涪陵页岩气田在地层温度 85℃、地层压力 37MPa 下，五峰组—龙马
溪组页岩干样吸附气量主要介于 0.91 ~ 6.25m³/t，平均为 2.70m³/t。焦
页 1 井等井五峰组—龙一段在地层温度和压力条件下，干样吸附气量为
2.14 ~ 2.83m³/t，平衡水样吸附气量分别为 1.92 ~ 2.46m³/t，反映焦石坝
地区五峰组—龙一段泥页岩吸附气量较大。

涪陵页岩气田焦石坝气藏焦页 1 井等 8 口井 323 个现场含气量值主要
为 1.10 ~ 9.63m³/t，平均为 4.51m³/t，其中含气量不低于 2m³/t 的样品频

率达到 97.2%；南部平桥气藏含气量总体相对于焦石坝气藏略有偏低的现象，焦页 8 井 66 个现场含气量值主要为 1.88 ~ 6.89m³/t，平均为 3.1m³/t，其中含气量不低于 2m³/t 的样品频率达到 98.4%（图 2-26）。

两个气藏现场总含气量在纵向上都具有向页岩沉积建造底部层段明显增大的特征，在五峰组—龙一段—亚段最高，且现场总含气量与 TOC 呈良好的正线性相关关系。以焦页 8 井为例，五峰组—龙一段—亚段（①—⑤小层）现场总含气量为 3.28 ~ 6.89m³/t，平均为 4.27m³/t。龙一段二亚段、三亚段现场总含气量主要为 2.28 ~ 3.27m³/t 和 1.88 ~ 3.16m³/t，平均分别为 2.71m³/t 和 2.58m³/t（图 2-27）。

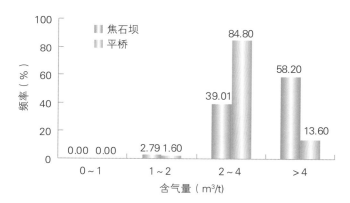

图 2-26　涪陵页岩气田五峰组—龙马溪组页岩气层总含气量直方图

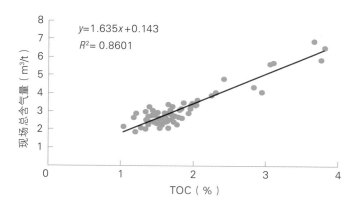

图 2-27　涪陵页岩气田焦页 8 井总含气量与 TOC 相关关系图

焦石坝气藏焦页 1—焦页 9 井区、平桥气藏焦页 8 井区气藏测试都未见水，返排液为压裂液；试采期间基本不产水或产少量的水，产少量水的试验分析结果显示同样多为压裂液。页岩气相对密度为 0.5593 ~ 0.5668，成分以甲烷为主，平均含量大于 98%，低含二氧化碳；不含硫化氢，为优质干气气藏（表 2-8）。

3）气藏测试及产能

截至 2018 年 12 月 31 日，涪陵页岩气田焦石坝产气区共测试 313 口井，均获得工业气流，最高测试产量为 $62.85 \times 10^4 m^3/d$（焦页 81-5HF 井），平均单井测试产量为 $24.2 \times 10^4 m^3/d$，已完成压裂井中最大绝对无阻流量 $155.83 \times 10^4 m^3/d$（焦页 8-2HF 井），平均单井绝对无阻流量为 $36.1 \times 10^4 m^3/d$；焦石坝产气区已建成 $83.3 \times 10^8 m^3/a$ 产能，日产气 $1436 \times 10^4 m^3$，已累计产气 $205.1 \times 10^8 m^3$。共投入试采的 311 口井，投产时间大于 1 年的有 258 口，占比 82.9%，生产时间最长的焦页 1HF 井累计生产 5.98 年；186 口井累计产量大于 $0.5 \times 10^8 m^3$，占比 59.8%，累计产气最高的焦页 6-2HF 井累计产气 $2.78 \times 10^8 m^3$。

截至 2018 年 12 月 31 日，平桥产气区共测试 67 口井，均获得工业气流，最高测试产量为 $89.5 \times 10^4 m^3/d$（焦页 200-1HF 井），平均单井测试产量为 $22.30 \times 10^4 m^3/d$，已完成压裂井中最大绝对无阻流量为 $148.8 \times 10^4 m^3/d$（焦页 200-1HF 井），平均单井绝对无阻流量为 $31.12 \times 10^4 m^3/d$；平桥产气区已建成 $16.94 \times 10^8 m^3/a$ 产能，已累计产气 $7.84 \times 10^8 m^3$，日产气 $385 \times 10^4 m^3$。共投入试采的 53 口井，投产时间大于一年的有 8 口井，占比 15.1%。生产时间最长的焦页 195-1HF 井累计生产 1.3 年；累计产气最高的焦页 200-1HF 井累计产气 $0.43 \times 10^8 m^3$。

（三）示范区主体技术

为了实现页岩气大规模工业化开采，涪陵国家级页岩气示范区创新建立了适合中国南方多期构造演化海相页岩气勘探开发的"一个理论、

表2-8 涪陵气田五峰组—龙马溪组页岩气藏天然气分析

构造	气藏单元	天然气组分（%） 甲烷	乙烷	丙烷	丁烷	氢	天然气相对密度	临界温度（K）	临界压力（MPa）
焦石坝构造	焦页1—焦页9井区	97.221~98.740 /98.145	0.404~1.090 /0.625	0.005~0.232 /0.032	0~0.028 /0.001	0~0.097 /0.009	0.5593 ~ 0.5668	189.7 ~ 191.6	4.490 ~ 4.635
		氦 0.031~0.095 /0.043	氧 0	氮 0.342~2.192 /0.888	二氧化碳 0~0.582 /0.254	硫化氢 0			
平桥构造	焦页8井区	98.338~98.464 /98.381	0.5593 ~ 0.5668	0.011~0.013 /0.012	0	0	0.5634 ~ 0.5645	191.0 ~ 191.2	4.492 ~ 4.633
		氦 0.041~0.045 /0.043	氧 0	氮 0.634~0.661 /0.648	二氧化碳 0.405~0.522 /0.480	硫化氢 0			

八大关键技术"，其中包括页岩二元富集理论、综合地质评价技术、开发设计优化技术、水平井优快钻井技术、水平井高效缝网压裂技术、页岩气排水采气工艺技术、动态监测技术、地面集输技术以及清洁生产技术。示范区建设过程中持续优化完善八大关键技术，技术适应性和可复制性不断增强，为川东南页岩气快速上产提供有力的技术支撑。

1. 页岩二元富集理论

形成了成烃控储和成藏控产的海相页岩二元富集理论。

1）深水陆棚相优质页岩发育是成烃控储的基础

通过对南方 8 套主要页岩沉积、地球化学特征分析及成因模式研究，发现深水陆棚相页岩不仅有机碳含量、内生硅质矿物含量高，而且二者具有良好的正相关耦合规律；其有机碳含量与生烃量、孔隙体积呈正相关，且脆性好，有利于页岩气生成、储集和压裂改造。通过离子束抛光扫描电镜和碳同位素分析，发现等效镜质组反射率为 2% ~ 3% 的深水陆棚相页岩有机质孔发育较好，不仅存在干酪根孔，而且新发现孔径较大的沥青孔，页岩气为原油、干酪根裂解形成的混合气，揭示了高演化页岩"干酪根、液态烃裂解生气，干酪根孔、沥青孔伴生发育"的机理。四川盆地五峰组—龙马溪组深水陆棚相优质页岩分布广、厚度大，是海相页岩气有利勘探层系（图 2-28）。

2）良好的保存条件是成藏控产的关键

通过页岩气藏形成演化史恢复，结合深水陆棚相区失利与高产页岩气井对比分析，发现气层压力系数与产量呈正相关关系，明确了顶底板、构造运动等保存条件对页岩气藏形成和改造的控制作用。五峰组—龙马溪组页岩顶底板条件优越，顶底板突破压力均较高的地层组合，从页岩生烃开始就能有效阻止烃类纵向散失，利于液态烃的滞留、相态转化及流体压力的保持。印支期以来构造作用的强度与时间控制了页岩气逸散方式及残留丰度，抬升剥蚀、断裂活动改变了盖层的完整性和顶底板的封闭性能；通过三轴物理模拟实验和渗透率的压力敏感性分析，发现了随埋深变浅页岩自身封闭性变差的规律，揭示了页岩气"早期滞留，晚期改造"的动态保存机理。建立了页岩气保存—逸散模型，顶底板好、埋深适中、远离剥蚀露头区和开启断裂的地区，保存条件好，有利于页岩气富集（图2-29、图2-30）。

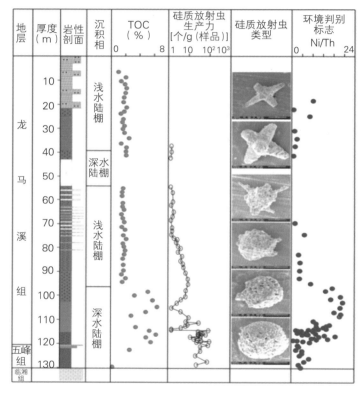

图2-28　石柱漆辽剖面五峰组—龙马溪组综合柱状图

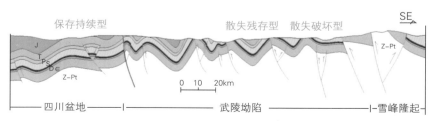

图2-29　南方地区页岩气保存—逸散模型

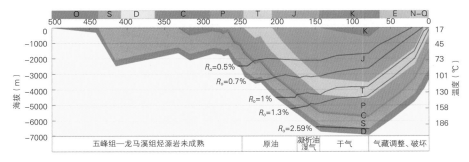

图 2-30　南方志留系成藏演化史图

3）构建中国南方海相页岩气战略选区评价体系

基于上述新认识，厘定出页岩有机碳含量、脆性指数、压力系数等 18 项具体参数（表 2-9），构建起"以深水陆棚相优质页岩为基础，以保存条件为关键，以经济性为目的"的战略选区评价体系，实现了从静态向动静结合评价的转变。通过量化评价，将勘探突破方向聚焦到四川盆地南部五峰组—龙马溪组深水陆棚相页岩，提出焦石坝区块是首选突破目标。

表 2-9　南方海相页岩气选区评价体系与参数权重

参数类型/权重	参数名称	权值	参数分级体系			
			0.75 ~ 1.0	0.5 ~ 0.75	0.25 ~ 0.5	0 ~ 0.25
优质泥页岩发育/（0.3）	页岩厚度	0.1	> 40m	30 ~ 40m	20 ~ 30m	10 ~ 20m
	有机碳含量	0.3	> 4%	2% ~ 4%	1% ~ 2%	< 1%
	干酪根类型	0.1	Ⅰ型	Ⅱ$_1$型	Ⅱ$_2$型	Ⅲ型
	成熟度（R_o）	0.1	1.2% ~ 2.5%	1.0% ~ 1.2% 或 2.5% ~ 3.0%	0.7% ~ 1.0% 或 3.0% ~ 3.5%	0.4% ~ 0.7% 或 3.0% ~ 4.0%
	脆性指数	0.3	> 60%	40% ~ 60%	20% ~ 40%	< 20%
	孔隙度	0.1	> 6%	4% ~ 6%	2% ~ 4%	< 2%
保存条件/（0.4）	断裂发育情况	0.2	断裂不发育	断裂较少	断裂较发育	断裂发育
	构造样式	0.1	褶皱宽缓	褶皱较宽缓	褶皱较紧闭	褶皱紧闭
	压力系数	0.4	> 1.5	1.2 ~ 1.5	1.0 ~ 1.2	< 1.0
	上覆盖层	0.1	侏罗系—白垩系	三叠系	二叠系	志留系
	顶底板	0.2	非常致密	致密	较致密	不致密/不整合面

续表

参数类型 / 权重	参数名称	权值	参数分级体系			
			0.75 ~ 1.0	0.5 ~ 0.75	0.25 ~ 0.5	0 ~ 0.25
经济性 / （0.3）	地表地貌条件	0.2	平原＋丘陵面积＞75%	平原＋丘陵面积50% ~ 75%	平原＋丘陵面积25% ~ 50% 中低山区为主	平原＋丘陵面积小于25%；以高山、高原和沼泽为主
经济性 / （0.3）	埋深	0.2	1500 ~ 3500m	3500 ~ 4500m	＞4500m 或 500~1500m	0 ~ 500m
	资源量	0.2	＞500×10^{8}m^3	（200 ~500）×10^{8}m^3	（100 ~200）×10^{8}m^3	＜100×10^{8}m^3
	产量	0.1	≥10×10^{4}m^3	（≥3 ~＜10）×10^{4}m^3	（≥0.3 ~＜3）×10^{4}m^3	＜0.3×10^{4}m^3
	水系	0.1	河流发育，有水库	河流较发育，邻近有水库	水系欠发育，仅有河流	无较大河流
	市场管网	0.1	市场发育，已有管网	邻近有管网	有市场，拟规划管网	无管网，市场不发育
	道路交通	0.1	国道、省道覆盖全区	国道、省道覆盖一半地区	县级道路覆盖全区	交通不发达

2. 综合地质评价技术

四川盆地长期以常规气勘探开发为主，没有针对页岩气开展过专门的地质研究和资源评价，缺乏相应的方法和技术体系。借鉴北美的经验做法，从无到有创造性地建立了适合中国南方多期构造演化、高—过成熟海相页岩气资源评价和有利区优选技术体系，应用该技术实施了资源和有利区评价，解决了能否开发、在哪里建产的问题。

1）页岩气层精细描述与评价技术

页岩气储层具有自生自储、富有机质、纳米级孔隙结构等区别于常规油气储层的特征，难以用常规岩石矿物学和储层物性测试手段有效观察和定量评测页岩矿物组分和孔隙结构，以致页岩非均质性评价一直成为页岩气地质研究的热点、难点问题之一。

页岩具有低孔隙度、低渗透率的物性特征，准确、有效地表征页岩微—纳米级孔隙结构的几何学（孔隙大小、孔径分布、孔隙形状）和拓扑学（孔隙连通性、润湿性）特征成为页岩气高效开发的重要地质理论基础。在孔隙结构几何学方面，涪陵页岩气田集成了氩离子抛光扫描电镜、微米 CT、纳米 CT、3D–FIB、高压压汞—液氮吸附联测、核磁共振等一系列技术方法，实现了页岩孔隙结构几何学特征的全尺度—多维度综合表征，揭示出龙马溪组海相页岩内孔隙类型多样（沥青球粒孔、气孔、粒间溶蚀孔、粒内孔、裂缝等），以纳米级孔隙为主。在孔隙结构拓扑学方面，通过采用接触角分析、纳米级示踪元素侵入等技术方法，有效表征了页岩不同孔隙体系（亲油、亲水）的连通性特征，揭示出龙马溪组海相页岩孔隙演化过程中具有强亲油、阶段性亲水特征。

在页岩矿物组分方面，鉴于页岩具有细粒沉积学的沉积结构和构造特征，涪陵页岩气田从宏观—微观、定性—定量多尺度综合分析入手，集成了大视域薄片鉴定、扫描电镜、X 射线衍射、阴极发光、能谱探测和 QEMSCAN 联合表征页岩矿物组分的定量测试体系，有效实现了页岩中细粒矿物含量和沉积构造（纹层）的综合表征，揭示出五峰组—龙一段下部硅质类页岩受生物硅质富集及次生成岩硅质两者共同影响。页岩矿物组分定量表征体系的建立为开展页岩岩相划分提供了技术基础，而岩相划分又是页岩气地质评价的重要因素指标之一。

页岩岩相因包含岩石类型、沉积结构／构造、有机／无机矿物等宏观、微观信息，使页岩岩相划分和展布规律成为页岩气勘探开发的基础性地质问题。综合考虑页岩岩石学、沉积环境等地质因素和生产实践经验，涪陵页岩气田创建了"矿物组成 + 岩性分级命名 + 有机碳含量"的页岩岩相综合划分体系。涪陵页岩气田对 7 口导眼取心井进行了目的层段的系统采样，页岩岩相自下至上可划分为硅质类页岩、混合类页岩和黏土类页岩三大类（图 2–31），利用岩相分级命名可进一步识别出 8 种主要岩相。岩相差异性发育特征受控于多样性沉积地质事件。借助古海洋氧化还原环境、古海洋生产力、米兰科维奇天文旋回等技术手段，揭示出五峰组—龙一段下部硅质类页岩发育受上奥陶统—下志留统火山事件影响显著，中部混合类页岩受沉积期底流事件影响，上部黏土类页岩受控于海平面下降引起的陆源碎屑物质输入（图2-32）。

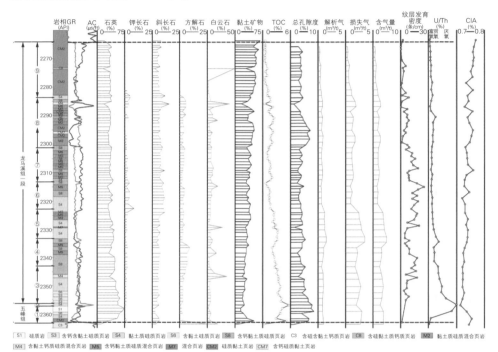

| S1 | 硅质页岩 | S3 | 含钙含黏土硅质页岩 | S4 | 黏土质硅质页岩 | S6 | 含黏土硅质页岩 | S8 | 含钙黏土硅质页岩 | C3 | 含硅含土质硅质页岩 | C8 | 含硅黏土钙质页岩 | M2 | 黏土质硅质混合页岩 |
| M4 | 含土钙质硅质混合页岩 | M5 | 含钙黏土硅质混合页岩 | M7 | 混合页岩 | CM2 | 钙质黏土页岩 | CM7 | 含钙硅质黏土页岩 |

图2-31 涪陵页岩气田典型井储层精细描述

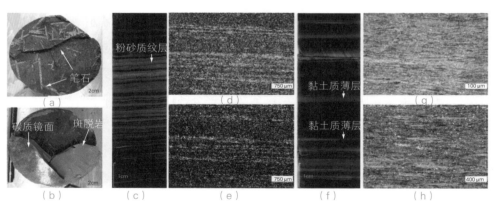

图2-32 涪陵页岩气田典型井不同岩相典型岩心镜下照片

（a）和（b）为硅质类页岩；（c）至（e）为混合类页岩；（f）至（h）为黏土类页岩

页岩气层精细描述与评价技术的建立，深化了页岩纵向非均质性认识，将页岩气层段进一步细分为 9 个小层，其中①—③小层为最优质含气页岩层，有效指导了开发井水平段设计及穿行轨迹调整。

2）页岩气层开发地质评价技术

涪陵页岩气田形成的地质背景复杂，具有地层老、热演化程度高、构造改造强、地表条件复杂等特点，与北美地区页岩气地质条件相比具有较大差异性，页岩气开发缺乏成熟可借鉴的技术与经验。经过 5 年的自主创新和引进消化再创新，创建了页岩气开发地质评价技术。

含气性和可压性是页岩气开发评价中最重要的两个参数，其中含气性是基础，可压性是保证。在含气性表征方面，优选两大类六参数指标，主要是直接指标和间接指标，直接指标包括气测显示、实测含气量和实测含气饱和度，间接指标包括孔隙度、电阻率和压力系数。

在页岩气藏具备足够含气丰度的前提下，工程工艺改造效果是影响页岩气井单井产能的主要控制因素，影响页岩改造效果的地质因素主要有地应力、天然裂缝。在前人主要考虑页岩脆性矿物、泊松比和杨氏模量的基础上，深化了埋深、天然裂缝、构造形态及完井品质对页岩可压性的影响，并结合涪陵页岩气田开发实践，优选出埋深、构造形态、曲率特征作为评价页岩可压性的主要指标。

3）页岩气"甜点"地震预测技术

通过岩石物理建模与分析研究，发现了密度与 TOC 更好的相关关系；发展全方位角道集优化与射线弹性阻抗反演技术，获得稳定的密度和高精度纵横波速度反演数据，形成叠前密度反演有机碳含量新技术，预测相对误差小于 2%，优质页岩厚度预测误差小于 1m（图 2-33）。研发岩相约束下的弹性参数直接反演技术，首次引入剪切模量、拉梅系数，突破 Rickman 方法，构建新的脆性指数预测模型，相对误差由 13% 降低到 3%。基于页岩气保存—逸散模型，发现经典 Fillippone 模型预测压力系数的偏差与顶板高角度裂缝密度存在正相关关系，建立新的预测模型，获得了相对准确的压力系数；构建了含气量与有机碳含量、压力系数新的表征关系和预测技术，落实高产富集带 326km²，探井成功率 100%，94.4% 的井获 $10 \times 10^4 m^3/d$ 高产页岩气流。

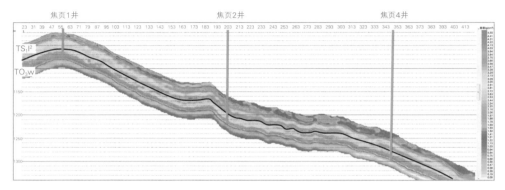

图 2-33　焦页 1—焦页 4 井叠前密度反演 TOC 剖面图

4）"六性"测井定量评价技术

开展富有机质页岩评价指标与测井信息敏感性研究，形成多参数叠合与交会法识别优质泥页岩的专利技术，有效解决了传统 ΔlgR 法识别高演化页岩气层和计算有机碳含量的不适用性，识别率 100%；应用物性覆压校正专利技术高精度刻度孔隙度，通过地层元素分析首次创建混合变骨架密度模型，克服了页岩多矿物背景下孔隙度计算不准的难题，相对误差小于 8%（图 2-34）；通过岩石密度与有机碳含量、含气性相关关系的研究，突破传统电阻率测井计算饱和度思路，形成密度测井多次方计算含气饱和度的新技术，解决了高演化页岩导电机理和孔隙结构复杂导致阿尔奇法、核磁共振测井法计算误差大的难题，绝对误差小于 3%（图 2-35）。通过"六性"参数研究，有效支撑了中国首个页岩气田探明储量计算、地球物理建模和气田开发。

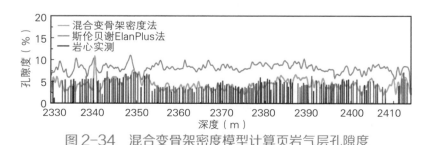

图 2-34　混合变骨架密度模型计算页岩气层孔隙度

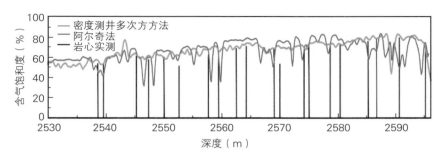

图 2-35　密度测井多次方计算页岩气层含气饱和度

3. 页岩气开发设计优化技术

1）页岩气多尺度、多流动机理

页岩气作为一种非常规油气资源，其储层特征与常规油气储层有较大的差别，具有特低孔隙度、特低渗透率及吸附气和游离气共存的特性。页岩气层要获得有效开发，需要进行水平井大规模压裂，压裂改造后的页岩气层相对于改造前孔渗结构更为复杂，其气体产出是微观孔喉、微裂缝、宏观裂缝以及水力裂缝等渗流通道一系列过程的耦合。页岩气在开发过程中不同尺寸孔缝介质中的流动状态和机理给气井产能预测、数值模拟及开发技术政策制定带来极大的挑战。

一般认为页岩气在页岩中存在解吸—扩散—滑脱—渗流 4 种流态。目前，国内页岩等温吸附实验主要开展低温、低压等温吸附实验，而高温、高压等温吸附实验及模拟开发过程的解吸附实验的相关研究基本未开展。针对五峰组—龙马溪组页岩高温、高压的特点，采用高精度磁悬浮天平的重量法测试系统，开展模拟地层温度和压力条件下等温吸附实验。实验结果表明，涪陵页岩气田五峰组—龙马溪组页岩在地层温压条件下，表现出较强的吸附能力。在页岩气开发过程中，页岩气解吸为吸附的逆过程，随着地层压力降低，页岩气便开始从页岩基质表面解吸并进入裂缝，最后流入井筒。等温吸附实验结果表明，五峰组—龙马溪组页岩在地层压力降低至 10 ～ 15MPa 时，吸附气开始大量解吸（图 2-36）。

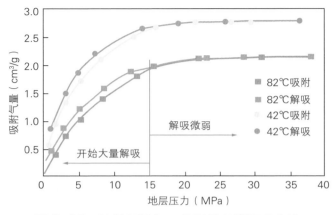

图 2-36　涪陵页岩气田典型井吸附解吸曲线

　　页岩属于典型的致密多孔介质，页岩气在其中的扩散从本质上来说是气体在多孔介质中的扩散，具体而言是在纳米级孔隙中的扩散。页岩气解吸后的扩散作用实质上是天然气从高分子密度区向低分子密度区的运动，是页岩气非常规特性的重要标志之一。扩散系数实验是直接测定页岩气扩散作用强弱以及影响因素的直接手段。涪陵页岩气田五峰组—龙马溪组页岩模拟地层条件下温度、压力和含水饱和度条件下的扩散系数测定实验结果表明，随着孔隙压力增加，甲烷有效扩散系数明显降低。

　　滑脱因子是能够直观且定量表征多孔介质气体滑脱效应的参数，通过对涪陵页岩气田五峰组—龙马溪组页岩开展不同回压条件下甲烷气体在页岩岩样中低速渗流实验发现，在同一回压条件下，随着孔隙压力增大，气测渗透率逐渐降低，滑脱效应减弱。

　　页岩气在多孔介质中的运移机制取决于气体分子运动自由程和多孔介质孔隙半径的比值，一般采用气体分子运动自由程与多孔介质孔隙直径的比值 Kn（克努森数）来判定流体在多孔介质中的运移传输机制。理论研究表明：（1）当 $Kn \leqslant 0.001$ 时，为达西流；（2）当 $0.001 < Kn \leqslant 0.1$ 时，为扩散流和滑脱流；（3）当 $0.1 < Kn \leqslant 10$ 时，为过渡流；（4）当 $Kn \geqslant 10$ 时，为分子流。为研究涪陵气田五峰组—龙马溪组页岩中不同尺

度孔隙中气体流动方式，将原始地层温度和压力代入 Kn，通过计算可知，当目的层页岩孔径大于 200nm 时，$Kn \leqslant 0.001$，页岩气流态为达西流；当孔径介于 2 ~ 200nm 时，$0.001 < Kn \leqslant 0.1$ 为扩散流和滑脱流（图 2-37）。

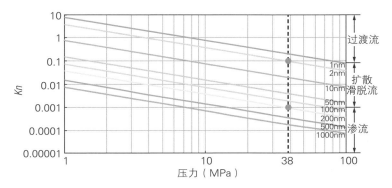

图 2-37　涪陵页岩气田储层温压条件下的气体流态识别图版

2）山地丛式水平井交叉布井模式

国外页岩气开发主要采用丛式布井，但水平井 A 靶之间的储量无法控制，造成地下资源浪费，加之山地地表平台选择困难，创新提出了山地丛式水平井交叉布井模式：两个钻井平台之间距离为水平段长度，两个平台双向实施四排水平井；相对于 1 台 6 井丛式布井，储量损失区面积减少 85.7%（图 2-38）。通过开展先导试验、微地震监测、干扰试井与数值模拟等研究，确定了富碳高硅的①—③小层为水平井最佳穿行层位、1500m

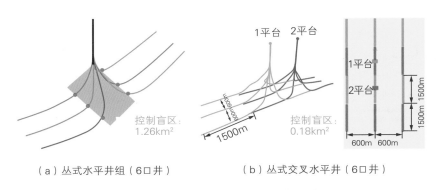

（a）丛式水平井组（6口井）　　　（b）丛式交叉水平井（6口井）

图 2-38　页岩气丛式交叉布井示意图

水平段长、400 ~ 600m 井距的整体分段压裂水平井开发井网，焦石坝区块井控储量增加 $300 \times 10^8 m^3$ 以上。

3）页岩气分段压裂水平井产能评价方法

气井产能是指一口井的产气能力大小，常规气井产能评价过程中通常采用测试产量和绝对无阻流量两个指标来衡量产能大小。常规气井一般采用二项式产能方程计算绝对无阻流量来表征气井产能，该方程是在假定气井在生产过程中处于拟稳态条件下推导出来的。国外页岩气田大量生产动态数据表明，页岩气井将长期处于不稳定线性流阶段，因此用二项式产能方程计算的绝对无阻流量来评价页岩气分段压裂水平井产能并不太合理。

流态识别是一种常用的气井动态分析方法，页岩气分段压裂水平井在生产过程中存在多种流态：（1）早期裂缝线性流；（2）基质—裂缝线性流；（3）基质线性流；（4）边界流。根据北美页岩气开发经验，页岩气井生产过程中长期处于基质线性流阶段。通过对涪陵页岩气田 200 多口气井稳产降压阶段的生产数据进行横坐标物质平衡时间、纵坐标规整化产量处理发现，页岩气井稳产阶段生产动态数据呈斜率为 $-1/2$ 直线，表现为典型的不稳定基质线性流特征（图 2-39），基于室内物理模拟和实际生产动态分析，推导出页岩气井不稳定线性流定产解析解产能方程。

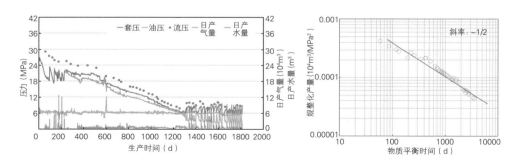

图 2-39　典型井生产曲线图及流态识别图版

涪陵页岩气井 200 多口井生产动态分析表明，页岩气井稳产降压阶段生产动态表现为不稳定基质线性流特征，基于以上认识所推导的页岩气井不稳定线性流定产解析解产能方程中既包含地质参数，又包含压裂改造效果参数，这个综合参数团命名为"页岩气井产能系数"。涪陵气田技术可采储量和产能系数呈现良好的正相关线性关系，说明页岩气井产能系数可以反映页岩气井可采储量大小，是表征页岩气分段压裂水平井产能非常有效的指标参数。

4）页岩气井生产动态分析技术

页岩气井生产动态分析、生产规律的预测是产能评价、可采储量评估的基础。国外页岩气井普遍采用放大压差方式生产，而涪陵气田分段压裂水平井采用定产方式生产。生产阶段主要包括稳产降压和定压递减两个阶段，其中稳产降压阶段产量为恒定配产，生产压力递减至外输压力。定压递减阶段又可分为连续生产和间歇生产两个阶段，在连续生产阶段，产量递减至连续携液产量，此后进入间歇生产阶段（图2-40）。

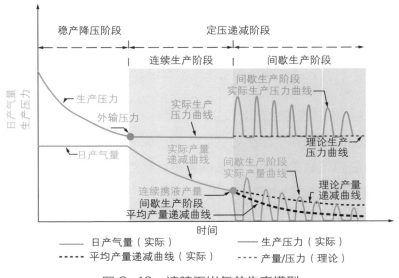

图2-40　涪陵页岩气井生产模型

（1）稳产降压阶段生产规律。

在气井稳产降压阶段，气井产气量为一恒定配产，随着累计产气量的增加，井底流压随产量的变化特征是该生产阶段的一个难点问题。

涪陵页岩气井生产动态表现为不稳定基质线性流特征，结合不稳定线性流方程，在典型井生产第一年期间井底流压拟合的基础上，对1年后稳产期间井底流压进行预测，结果表明，井底流压预测结果和实测结果吻合率大于90%，说明在稳产降压阶段，井底流压与产量的联动关系符合不稳定线性流方程（图2-41）。

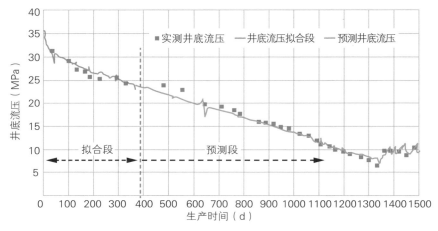

图2-41　典型开发井井底流压拟合及预测结果

（2）定压递减连续生产阶段生产规律。

涪陵气田页岩气井生产压力达到外输压力后，产量开始递减。Arps递减分析是目前油气藏工程用于递减规律研究最常用的方法，Arps递减分析是基于大量生产数据提出的一种统计学分析方法，根据递减类型可分为指数递减、双曲递减和调和递减3类。目前，涪陵气田气井处于产量递减初期，采用Arps递减分析方法对气田递减特征明显的井产量进行分析，页岩气井产量递减类型总体符合调和递减（图2-42），第一年气井平均递减率为60%，与北美页岩气递减特征基本一致（一般为50% ～ 80%，平均70%）。

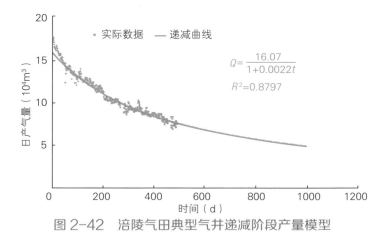

$$Q = \frac{16.07}{1+0.0022t}$$

$$R^2 = 0.8797$$

图 2-42　涪陵气田典型气井递减阶段产量模型

4. 水平井优快钻井技术

涪陵地区属于喀斯特地貌，地势陡峭，山体裂缝发育；地表地层及上部裂缝发育，溶洞及地下暗河分布广泛，二叠系裂缝发育，且部分含气层含硫化氢；志留系的坍塌压力与漏失压力之间的窗口窄，井壁容易失稳；目的层龙马溪组井页岩层理发育，易水化膨胀；长水平井摩阻扭矩大，易定向托压。通过对关键技术的研究攻关及产能建设示范应用，形成了钻井优化设计、"工厂化"钻井模式、井眼轨道设计等页岩气水平井优快钻井系列技术，实现了提速、提效、提产的目的。

1）页岩气水平井钻井优化设计技术

针对井壁失稳，建立了页岩地层井壁稳定性评价分析方法和坍塌压力计算模型，分析了焦石坝地区页岩地层坍塌压力随井眼轨迹变化规律，进行了钻井液安全密度和技术套管下深优化，形成了"导管 + 三开次"的井身结构方案（图 2-43）；基于地层漂移规律，建立了井眼轨道设计模型，形成了丛式水平井三维井眼轨道优化设计技术。

2）复杂山地工厂化高效钻井模式

针对山区钻前、钻井工程投资大的问题，通过研发和集成配套快速移动钻机及设备配套技术等核心技术，形成了复杂山地环境页岩气井工厂化高效钻井模式（图2-44）。普通井工厂化作业采用整拖钻井模式，钻完一口再钻下一口，钻机整体运移，可以节约搬迁时间，但不能有效发挥高速移动钻机的优势。涪陵页岩气田采用批量钻井模式，即依次进行一开、二开、三开作业，利用钻机快速平移系统实现钻机运移，钻井、固井、测井设备无停待，并可重复利用钻井液，尤其是三开油基钻井液的重复利用，大大节约了钻井液费用。工厂化钻井作业模式改变了油气行业传统钻井作业形式，实现了作业工序再造，缩短了中完作业时间，提高了钻机的利用率。

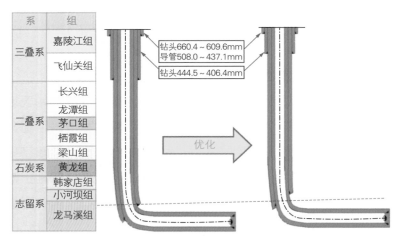

图2-43　涪陵页岩气井井身结构优化方案

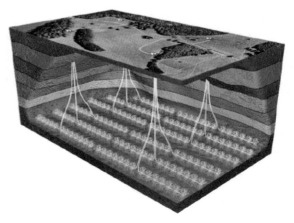

图2-44　涪陵页岩气田复杂山地工厂化钻井示意图

在试验的第一个平台，与同期井相比，搬迁时间同比缩短了 61.42%，钻进时间缩短了 23.21%，中完时间缩短了 55.51%，建井周期缩短了 35.71%，钻井液减少 41.46%。

3）"鱼钩形"化井眼轨道设计方案

常规工厂化平台下面的页岩气层未被水平段覆盖的空白区域多，储层资源量不能有效动用。为了最大限度地动用页岩气储层，考虑到涪陵地区山地环境的影响和限制，创新设计了"鱼钩形"井眼轨道方案，实现了储层资源量利用最大化（图 2-45）。

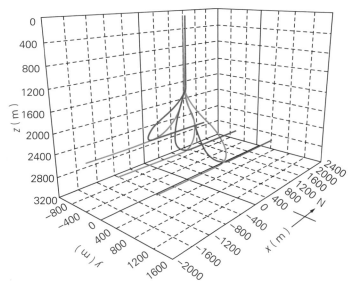

图 2-45 "鱼钩形"井眼轨道设计方案

4）适于溶洞暗河地层的清水强钻钻井技术

涪陵地区地表复杂，浅表地层溶洞、暗河、裂缝发育；嘉陵江组、飞仙关组存在水层，长兴组、茅口组局部地区含浅层气，局部含 H_2S。常规钻井容易发生失返性漏失，污染地下水系；空气钻井技术由于地层出水、漏失失返等原因，被迫中途放弃。2013 年，先后采用了常规钻井 + 堵漏、空气钻井、泡沫钻井等技术，但都没有见到良好的效果，复杂处理周期长。在此基础上逐步摸索出了清水强钻钻井技术，既实现了安全快速钻井，又满足了清洁、低成本钻井的需求，而且大大推进了涪陵页岩气田钻井施工进度。

5）低成本井眼轨迹控制技术

在井眼轨迹控制上，采用国产低成本的"大功率螺杆+MWD+自然伽马"的导向工具，研发和优选了切削PDC钻头、混合定向钻头、低摩阻稳定器和水力振荡器等降摩提速工具，采用多功能钻具组合及匹配钻井参数复合钻井技术，实现了定向、稳斜"一趟钻"，不仅提高了气层穿行率和复合钻井比例，而且由于替代进口高成本的旋转导向工具，降低了施工成本。

与同平台井相比，一开钻速提高近4倍，定向段PDC钻头提速87.1%，水平段五峰组提速130%，螺杆寿命在150h以上。一期产建阶段定向段平均复合钻井比例达82%，水平段复合钻井比例达98%。

6）国产低成本油基钻井液技术

针对涪陵页岩地层井壁失稳、国外油基钻井液成本居高不下等问题，开展了页岩气低成本油基钻井液研究和现场应用。研制和研发了油基钻井液关键处理剂、乳化剂、润湿反转剂和降滤失剂；研发了国产"四低三高"油基钻井液体系，该体系具有低滤失、低黏度、低加量、低成本、高切力、高破乳电压、高稳定性的显著特点。

该钻井液在涪陵页岩气田进行了全面推广应用，性能稳定、井眼清洁良好，水平段延伸率已达到3065m。与邻区国外公司施工的井相比，在钻井效率、防漏堵漏和回收再利用等方面均具有显著优势，成本同比降低40%以上（表2-10）。

表2-10　国内外油基钻井液应用效果对比

对比项目	油水比	配制成本（元/m³）	通井时间（d）	下套管
国外油基钻井液	80：20	9000	16.04	一次到底
涪陵油基钻井液	75：25	6000	2～4	一次打底

5. 水平井高效缝网压裂技术

页岩压裂的目标在于实现有效改造体积最大化，改造体积内裂缝复杂程度最大化。通过水平井分段压裂改造后可以更大程度地沟通未动用的气层，极大地提高气藏的采出程度，因此与其密切联系的压裂工艺参数优化方法就显得尤为重要，为了更好地指导现场压裂优化设计与施工，针对焦石坝页岩储层具体特点，结合裂缝起裂、延伸扩展机理和压裂前综合评价研究，构建了适应于涪陵页岩气层的"纵向分小层、平面分区域及井组整体拉链压裂"三层次水平井缝网压裂改造思路和工艺参数优化方法，全面提升了压裂技术适应性，大幅度提高了单井产量。在相关技术配套上，自主研发了配套压裂液体系，优选了适应不同闭合压力支撑剂组合以及桥塞分段核心工具，打破了国外产品垄断，实现了核心技术自主化、国产化。针对涪陵地区山地复杂地形，大力推广"工厂化"压裂模式，一方面利用裂缝应力干扰提高改造效果；另一方面解决了受井场面积制约，施工效率较低的问题。

1）纵向分小层差异化设计方法

涪陵页岩储层总体上脆性好、地应力差异小，然而具体到纵向上各个小层，页岩储层品质（矿物组分、物性、沉积结构、天然裂缝等）存在一定差异，压裂工艺参数需进行针对性优化设计。结合纵向上不同小层层理、脆性等储层特征差异，将裂缝延伸机理、穿行轨迹与参数设计相结合，以混合压裂＋组合加砂为主体改造模式，以减阻剂和胶液等不同黏度液体多阶段交替注入、段塞式加砂为主体泵注工艺，形成了不同小层"六参数"3类施工工艺及参数体系（表2-11），实现页岩储层改造体积和裂缝复杂程度的最大化。

例如，针对③、④小层层理缝发育的情况，缝高扩展相对较好，可利用低黏度滑溜水和高排量相结合的办法，增加储层的横向波及体积，从而增加裂缝的复杂度，提高压裂增产效果。应用纵向分小层差异化设计方法，主体区147口试气井的平均绝对无阻流量高达 $50.7 \times 10^4 m^3/d$。

表 2-11　不同层段施工工艺及参数设计推荐

小层	施工工艺	泵注程序	施工参数
五峰组（①小层）	考虑观音桥段影响前置胶液扩缝、减阻剂形成缝网	四段式"酸液＋前置胶液＋减阻剂＋胶液"；"100目＋40～70目＋30～50目"3种粒径支撑剂组合	单段2簇，排量12～14m³/min，簇间距25～35m，段间距35～45m，单段液量1700～1800m³，单段砂量50～60m³
龙马溪组（③、④小层）	减阻剂造复杂缝	三段式"酸液＋减阻剂＋胶液"；"100目＋40～70目＋30～50目"3种粒径支撑剂组合	单段3簇，排量12～14m³/min，簇间距20～30m，段间距30～40m，单段液量1600～1900m³，单段砂量60～80m³
龙马溪组（⑤小层）	前置胶液造复合枝状缝	四段式"酸液＋前置胶液＋减阻剂＋胶液"；"100目＋40～70目＋30～50目"3种粒径支撑剂组合	单段3簇，排量12～14m³/min，簇间距20～30m，段间距30～40m，单段液量1600～1900m³，单段砂量60～80m³

2）平面细分区针对性压裂工艺

由于平面上不同区域的地质特征差异明显，需综合考虑井网部署、地质及工程精细分区与改造工艺相匹配，结合不同区域构造形态、裂缝及地应力分布情况优选针对性改造工艺。针对一期产建区不同区域构造、裂缝等地质特征变化，形成针对层理缝发育层段的人造复杂缝网；大尺度裂缝发育区采用增压扩缝；裂缝、应力环境复杂区则采用"近井控缝＋远井扩缝"3套侧重点各不相同的压裂改造思路及工艺模式，全面提高了单井产能，如图2-46所示。随着开发区域由一期产建区向二期区域扩展，将复杂缝形成主控影响因素分析作为地质工程一体化设计的关键点。在一期主体区脆性、地应力差异系数等指标基础上，引入埋深、曲率、构造应力等因素作为重要评价参数，拓展了压裂前综合评价方法。其中，江东区块针对埋深和构造应力环境变化，在张性应力和挤压应力精细分区基础上，采用"控近扩远促转向"和"降压促缝增强度"两套改造思路，优化不同地质条件下的压裂工艺，累计施工24井次，张性应力区的单井平均测试产量

由 $16.3 \times 10^4 m^3/d$ 提高至 $33.3 \times 10^4 m^3/d$，挤压应力区由 $14.8 \times 10^4 m^3/d$ 提高至 $23.3 \times 10^4 m^3/d$。

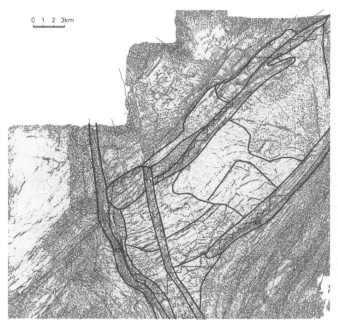

图2-46 基于曲率属性的精细分区平面图（焦石坝三维区 TO_3w 上浮 8ms 时窗）

3）水平井组拉链压裂工艺参数协同优化技术

工厂化压裂模式下多井同步／拉链压裂是一种新型的压裂工艺，一方面该技术能够在配对井之间有效控制裂缝连通，形成网络裂缝，进而实现增加储层改造体积和提高采收率的目的；另一方面采用工厂化作业模式，可大幅度提高作业效率（图2-47）。

基于多井、多裂缝动态扩展模拟模型，结合涪陵焦石坝区块储层地质特征参数及岩石力学参数，分析压裂参数对诱导应力场变化的具体影响，综合考虑区域"天然裂缝、地应力展布、井间裂缝干扰机理"，建立了以交叉立体布缝为核心的多井压裂一体化设计技术，可促使井间、段间水力裂缝扩展过程中相互作用，增加裂缝复杂程度及改造体积。具体思路及技术方法包括以下3个方面：

（1）天然裂缝识别。根据断层／天然裂缝分布密度、方向、产状特征，调控工艺参数。

（2）地应力分析。依据地应力强度和方向，预判人工裂缝延伸方向和缝网展布。

（3）立体布缝。在天然裂缝识别和地应力分析基础上，综合考虑邻井空间位置、穿行小层、井间／缝间裂缝展布及应力干扰，优化工艺参数。

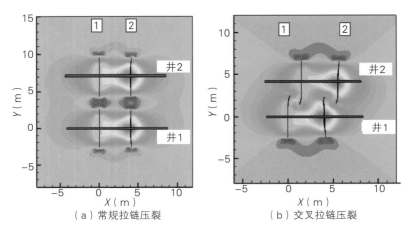

（a）常规拉链压裂 　　　　　　　（b）交叉拉链压裂

图 2-47　常规拉链与交叉拉链不同压裂模式下井间裂缝展布模拟结果

考虑复杂山地环境影响，井场面积常常受限，无法同时布置多套压裂车组，采用拉链式压裂为主的压裂模式，该模式主要是 A、B 两口井压裂和泵送作业同步进行，交替作业，互不交叉，可提高施工时效，如图 2-48 所示。截至 2018 年底，该技术已在涪陵区块 100 多个平台压裂施工中现

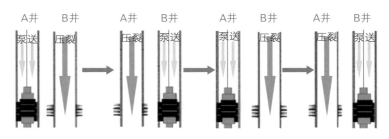

图 2-48　两口井拉链压裂作业运行示意图

场应用，单平台单日最多压裂 8 段，单平台最多压裂 98 段，相比单井压裂模式施工周期缩短 30% ～ 40%。

4）页岩气压裂配套材料体系研发与性能评价

结合涪陵页岩气田压裂施工特点，要求压裂液具有如下特点：配制简便，减阻效果好，有利于储层保护。因此，结合储层特征和现场压裂施工需求，研发了一套速溶、低摩阻、低伤害的减阻剂配方，即 0.08% ～ 0.1% 减阻剂 +0.2% ～ 0.3% 防膨剂 +0.1% 增效剂 +0.02% 消泡剂，如图 2-49 所示，满足了涪陵焦石坝页岩造缝及现场工艺要求，起到了良好的作用。

图 2-49 自主研发的减阻剂体系

减阻剂性能评价结果表明，各项指标均达到或超过国外同等水平，且成本相比降低 60%，在此基础上制定了涪陵页岩气田压裂用减阻剂技术规范，见表 2-12。

表 2-12 涪陵页岩气田压裂减阻剂技术指标

项目	指标
外观	乳白色或无色均匀液体
25℃下的密度（g/cm³）	0.96 ～ 1.08
pH 值	6.5 ～ 7.5
溶胀时间（s）	≤ 120
表观动力黏度（mPa·s）	6 ～ 9
耐温性（℃）	≥ 130
表面张力（mN/m）	≤ 28
界面张力（mN/m）	≤ 3
防膨体积（mL）	≤ 3

续表

项目	指标
与返排液配伍性	混合后放置 12h 无沉淀物、无絮凝物、无悬浮物
放置稳定性	常温下放置 10d 不出现沉淀、絮凝或分层
减阻率（%）	＞ 70

支撑剂主要铺置于压裂形成的人工裂缝中，其作用为保持裂缝闭合状态下的导流能力，进而达到增产效果。支撑剂与储层匹配与否、能否满足施工需求至关重要，储层条件下支撑剂的完整性、导流能力的高低，是评价支撑剂的重要指标之一，同时需考虑支撑剂能否满足多级裂缝系统支撑的要求。涪陵焦石坝地区五峰组—龙马溪组储层埋藏 2300 ~ 3500m，其闭合应力为 52 ~ 76MPa。结合国内外页岩气支撑剂选型经验，以储层闭合压力为指标对支撑剂种类进行初选，覆膜砂及低密度陶粒均可满足要求（表 2-13）。

表 2-13　不同压裂支撑剂适用条件统计

支撑剂类型（粒径）	适用条件
覆膜砂（40 ~ 70 目、30 ~ 50 目）	深度＜ 3200m，闭合应力＜ 69MPa
低密度陶粒（40 ~ 70 目、30 ~ 50 目）	深度 3200 ~ 3500m，闭合应力＞ 69MPa
覆膜陶粒（40 ~ 70 目、30 ~ 50 目）	深度＞ 3500m，闭合应力＞ 69MPa

5）长水平井泵送桥塞—射孔联作工艺及配套工具

由于涪陵气田水平井段长度为 1500 ~ 2000m，与其他分段压裂管柱技术相比，泵送桥塞—射孔联作技术具有无级数限制、排量不受管柱内径限制、施工效率高等优点，是支撑涪陵页岩气分段压裂技术关键工艺之一。常用的泵送桥塞—射孔联作管柱主要由电缆头、接箍定位仪（CCL）、射孔枪、多级点火头、桥塞坐封工具、桥塞等组成，如图 2-50 所示。该管柱利用电缆连接工具串，在直井段内利用枪身自重下放到斜井段后，通过向井中泵入减阻剂，推动井下工具串至设计位置。到达设计深度后，通电坐封桥塞并丢手，启动多级点火装置，逐级完成分簇射孔，随后通过电缆取出工具串，对该射孔段进行压裂，压裂结束后重复上述步骤即可实现全井筒分段压裂。

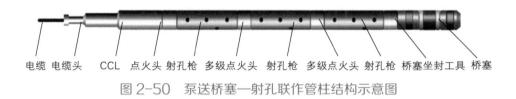

电缆　电缆头　CCL　点火头　射孔枪　多级点火头　射孔枪　多级点火头　射孔枪　桥塞坐封工具　桥塞

图 2-50　泵送桥塞—射孔联作管柱结构示意图

桥塞作为分段压裂关键工具，是一次性使用工具，要求使用方便、成本低廉，井底的工作环境要求桥塞能耐 150℃高温，并且能耐油、水介质的长期浸泡。根据工具特点及要求，首先设计了密封系统、锚定系统、丢手机构等结构部件；桥塞在坐封、射孔和压裂时，所受的各种机械作用对材料的力学性能提出要求；根据复合材料桥塞的工作环境对材料的物理、化学性能要求，自主研制了轻质铸铁卡瓦复合材料桥塞、全复合材料桥塞具体结构，打破了国外公司的产品垄断，填补了国内页岩气工程技术装备自主化"最后一块拼图"。

研制的轻质铸铁卡瓦复合材料桥塞、全复合材料桥塞具体结构如图 2-51 和图 2-52 所示，不同类型桥塞主要性能参数见表 2-14。

图 2-51　轻质铸铁卡瓦复合材料桥塞

图 2-52　全复合材料桥塞

表 2-14　不同系列桥塞性能参数

桥塞类型	规格（in）	适用的套管壁厚（mm）	桥塞尺寸（mm）			坐封力（kN）	工作压差（MPa）	工作温度（℃）
			外径	内径	总长			
实心结构	$5\frac{1}{2}$	6.99 ~ 10.54	110.7	井	822.5	149	70	150
空心结构	4	5.6 ~ 14	81	19.1	668.8	117	70	150
	$4\frac{1}{2}$	5.21 ~ 8.56	91.7	19.1	576.1	117	70	150
	5	5.59 ~ 11.1	99.6	19.1	634.5	117	70	150
	$5\frac{1}{2}$	6.99 ~ 10.54	110.7	25.4	767.8	149	70	150
	7	8.05 ~ 13.72	152.4	38.1	978.7	248	70	150

6）页岩气开发废液处理与循环利用技术

由于页岩气田压裂规模较大，单井压裂液用水量为（3 ~ 4）×$10^4 m^3$，为了践行绿色清洁低碳的发展理念，构建环境友好型社会，针对返排液量较大的特点，开展了包括水型、矿化度、悬浮物等返排液特征以及矿化度、pH 值、细菌等重复配液影响因素研究。建立了以 pH 值调节、絮凝沉降和杀菌的三级综合化学处理流程和标准，如图 2-53 所示。返排液处理后的核心参数为 pH 值调至 8 左右，絮凝剂浓度为 20 ~ 50mg/L，助凝剂 CPAM 加量为 3 ~ 5mg/L，杀菌剂为 100mg/L，处理时间大于 2d，该方法已在气田全面推广应用。

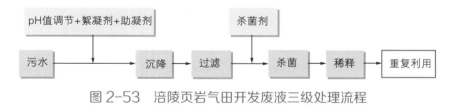

图 2-53　涪陵页岩气田开发废液三级处理流程

由于涪陵页岩气田地处山区、交通不便，为了提高废液处理效率，减少转运过程中可能处理的"跑冒滴漏"情况，研制了国内首套模块化压裂返排液处理装置，如图 2-54 所示。该装置采用一体化处理装备，将处理工艺流程中的加药、絮凝、沉淀、过滤等工序组合在同一装置内，每小时处理水量为 20 ～ 35m³。该套装置材料对水质无污染、对人体无害，处理后液体性能满足环保要求。同时，将处理后返排液用清水稀释后用于压裂现场重复利用，各项施工参数平稳，能够满足重复利用要求。截至 2018 年底，已处理并重复利用钻井、压裂、采气过程中废液 300×10⁴m³ 以上，重复利用率达 100%，实现了零污染、零排放。

图 2-54　涪陵页岩气田开发废液模块化处理装置

6. 页岩气排水采气工艺技术

面对页岩气井在低压低产阶段易间歇生产、易水淹、生产时率低等难点，形成了以柱塞气举为主，泡沫排水采气、压缩机气举为辅，优选管柱、电动潜油泵、涡流排水采气等其他类型工艺灵活运用的集成化排采工艺体系。

1）柱塞气举

柱塞气举是间歇气举的一种特殊形式，柱塞作为一种固体的密封界面，将举升气体和被举升液体分开，阻挡积液下落，减少滑脱损失，提高举升效率。柱塞气举在页岩气井中的应用已形成井口和柱塞改造技术、地面智能控制技术、井下温压测试技术等一系列突破性技术，并形成了适合于页岩气井柱塞气举选井方法及运行制度。

涪陵页岩气田在实际应用过程中，通过优化井口流程、研发弹块式变径组合柱塞，攻克了常规柱塞无法适用于页岩气井井下变径、井口存在大阀的问题。并分区域开展高水气比、中水气比气井现场试验，边试验边评价，探索不同类型气井的柱塞运行制度优化方法。截至 2018 年底，气田已实施的柱塞气举措施有效率达 85% 以上。

2）泡沫排水采气

泡沫排水采气具有设备简单、施工容易、见效快、成本低等优点。通过向井底积液中加入泡沫排水剂，降低液体表面张力，在气流的搅动下产生丰富的泡沫，降低油管内混合流体的密度，从而减小井底回压，有效提高气体带液能力。

涪陵页岩气田在实际应用过程中，室内实验与现场评价相结合，优化了起泡剂、消泡剂加注比例，改进了消泡流程，研制了新型消泡装置，现场应用效果较好。

3）压缩机气举

该措施主要利用地面注入井内的高压气体与气层产出液在井筒中充分混合，通过气体的膨胀使井筒中的混合液密度降低，从而将流到井内的液体举升到地面。压缩机气举是气田最早开展规模化应用的主要措施之一，其灵活性及有效性保障了气田的平稳生产。同时现场还开展了气举＋泡排、气举＋柱塞、气举＋增压等组合排采工艺，提高了压缩机气举工艺的适应性及多面性。

7. 动态监测技术

动态监测技术是气田开发的"眼睛"，录取的资料是否准确有效是影响气田及气藏认识的重要因素。为规范涪陵页岩气田动态监测和分析管理，加强气田开发过程监控，提高气田开发管理水平，依据《中国石化油气田开发管理纲要》中气藏工程和采气生产管理规定，以及中华人民共和国石油天然气行业标准中有关气井动态监测和分析的规范标准，根据页岩气藏开发的实际需要，按照"以点带面、分区分块、各类型兼顾"的原则，重点加强气井的压力、温度、产量和流体物理性质的资料录取和动态监测。

目前，涪陵页岩气田开展的动态监测项目主要有五大方面，主要包括生产动态监测、试井、产出流体监测、生产测井监测和专项监测。

1）生产动态监测

气井采气动态资料主要包括压力和温度资料。生产动态监测主要包括井下或井口压力监测、井下或井口温度监测。涪陵页岩气田气井井口压力监测使用精度不低于 1.5% 的压力表或压力变送器，记录生产油压、套压值；气井井口温度监测使用温度变送器或分度值为 1℃的温度计，记录井口温度值。井下压力监测主要采用电缆钢丝测试工艺，将高精度存储式压力计下入井下，录取压力、温度数据，计算气井压力梯度、温度梯度，推算气层中深处压力和温度。

2）试井

在气田整个勘探开发过程中，试井发挥着不可或缺的作用。从一个新区块的发现开始，直到气田开发生产的整个过程中，在确定气井产能、了解储层参数、进行气田开发方案设计和开发后动态分析等方面，都离不开试井工作。涪陵页岩气田的试井工作吸收了常规气藏试井的宝贵经验，不断探索了以产能试井、压力恢复试井为主，微注入测试和干扰试井为辅的试井系列，为气井合理配产、储层评价奠定了坚实的基础。

3）产出流体监测

涪陵页岩气田产出流体监测与常规天然气基本一致，主要包括天然气常规分析、水常规分析及 PVT 分析，分析手段与方法无较大变化。

焦石坝区块五峰组—龙马溪组天然气组分分析显示，天然气中以甲烷为主，甲烷含量稳定在 98% 附近。二氧化碳含量为 0 ~ 0.4%，相对密度为 0.56。随着生产时间的延长，各组分含量稳定，天然气类型为干气。在实际钻井、测试过程中，均未见硫化氢，气样分析结果也显示涪陵五峰组—龙马溪组下部目的层段不含硫化氢等有毒有害气体。

采用乌江清水作为压裂措施水的气井，水组分分析显示总矿化度初期增长较快，主要是气井目的层中的可溶矿物成分溶解于压裂液中导致氯离子和钠钾浓度增长所致，在达到溶解平衡后，总矿化度保持平稳，平均总矿化度在 26000mg/L 左右，采出水的水型由初期的压裂措施水的地表水型硫酸钠或碳酸氢钠水型转化为氯化钙型。焦石坝区块页岩气井产出水的钙镁离子、pH 值随时间无变化趋势，基本平稳。

4）生产测井监测

目前，涪陵页岩气田广泛应用 FSI 生产测井工艺，其测试仪器主要采用流体扫描成像仪，可通过微转子流量计直接测量气相速，以及光学和电阻探针计算持水率。仪器主要利用电缆下入，在直井段利用重力下放，水平段主要采用爬行器为前进动力。现场应用该测试进行产出剖面资料的录取，一方面能够判断不同小层产气状况，为层位穿行提供依据；另一方面能够判断水平段持水率状况，为方案部署提供依据。

5）专项监测

（1）微地震监测。

在页岩气井压裂过程中，通常要使用压裂监测技术监测裂缝走向和展布情况，进而验证和修正压裂中使用的模型，优选压裂液，优化液量、砂量和泵注程序，指导其他气井的压裂优化设计等。常用的裂缝监测方法主要是微地震监测，该方法的优点是不占用井资源，采集方便快捷；但由于地层吸收、传播路径复杂等因素，地面监测所得到的资料存在信噪比低、定位可靠性差等缺点。通过涪陵现场的长期试验，该方法适用于环境噪声较小的地区。

（2）示踪剂监测。

示踪剂监测技术是结合监测时间及示踪剂检测精度，在压裂井中注入一种水溶性示踪剂，在周围监测井中连续取水样，检测所取水样中示踪剂的浓度，并绘制出时间和示踪剂浓度关系曲线，从而为判断井间连通性提供依据。

示踪剂监测具有无放射性、无污染、安全稳定性好、用量少、种类多，并能做到多种微量元素示踪剂同步应用、大批量同步快捷测样等特点。该方法目前已广泛应用于涪陵页岩气田开发调整过程，用于监测井间连通性，为井距优化提供支撑。

8. 地面集输技术

针对页岩气井投产初期压力高、产出水返排率差异大、分布范围广等特点，结合涪陵喀斯特地貌、山地—丘陵地形，按照"流程标准化、设备通用化、单体橇装化、装置序列化、管理智能化、用地集约化"思路，定型了"两级布站、湿气集输、集中脱水、定期清管"集输工艺，建立了2井式、4井式、6井式和8井式标准化4种规格的标准化集气站，以及 $5 \times 10^8 m^3/a$ 和 $10 \times 10^8 m^3/a$ 两个序列的标准化脱水装置；并逐步建成了集输能力为 $1500 \times 10^4 m^3/a$ "环网＋枝状"气田集输管网（图2-55），地面工程总成本节约30%，单井集输半径达到4km，可以实现气田分段接入、分区切断功能。同步实施以通信系统、数据采集与监测控制（SCADA）系统为重点的信息化建设，初步建成集监视、监控、调度、管理、决策于一体的数字化气田。

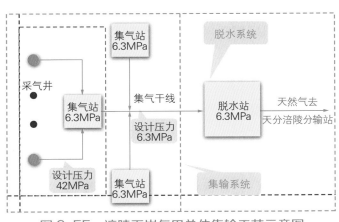

图2-55 涪陵页岩气田总体集输工艺示意图

9. 清洁生产技术

2014年4月，涪陵页岩气示范区正式启动清洁生产工作，下发清洁生产文件和相关规定，邀请清洁生产专家来工区授课、培训，同时指导公司开展清洁生产工作。2015年10月，示范区完成了清洁生产内部审核，编写完成《清洁生产审核报告》《清洁生产实用技术汇编》等。本轮清洁生产审核共产生方案219项，实施212项，其中实施无/低方案179项，实施中高费方案33项。获得经济效益1.6亿元，形成了包括工厂化钻井模式、网电钻机推广应用、油基钻井液回收利用技术、水平井电缆牵引器、压裂井工厂化模式等17项清洁生产实用技术，为中国石化页岩气行业的清洁生产工作做出了积极贡献。其中，在噪声控制、"三废"治理及污染物减量方面取得可喜成绩，具体如下：

（1）噪声控制。

为消除和减缓噪声扰民问题，中国石化重庆涪陵页岩气勘探开发有限公司（以下简称涪陵页岩气公司）制定了工区环保禁令，严禁在晚上10点至早上6点动用高噪声机具作业，要求钻前土方施工机具和试气压裂不在晚上10点至早上6点作业，确保附近村民正常休息不受影响。要求钻井队选用自带消声器的固定机械设备（柴油动力机、发电机组），并加装减振基座，有效控制噪声。同时大力推广应用网电钻机，有效控制噪声。实际噪声监测数据显示，网电钻机场界噪声基本符合国家《建筑施工场界环境噪声排放标准》。要求集气站进行技术改造，将水套炉换热系统改为两级节流换热系统，并用吸声棉包裹管网，可降低噪声5～10dB。

（2）废气处理及减排。

减排、控制采气过程的甲烷气体。采用密闭集输流程，对含气返排液进行气液分离，分离后的气体进入管网输送。建设橇装式、快装式地面压缩天然气（CNG）装置，对新区块探井的产出气及时进行充装外销。制定集输流程中闸阀、管线、设备的检漏维修程序标准，并严格实施，避免异常泄漏。在集输管网、场站设置放空燃烧塔（筒），一旦发生异常放空，即可实现快速自动点火，有效避免甲烷气体直接排放。

减排、控制试气甲烷气体。改进试气求产进站测试流程，加装背压阀，实现"边测试边进站生产"，最大限度回收甲烷气体，减少放喷时间。"页岩气地面流程测试系统"已获国家实用新型专利授权。

减排、控制柴油机组燃烧废气。推广使用网电钻机及电动压裂机组替代柴油驱动钻机及柴油压裂车，降低能耗，也可相应减少温室气体、固体颗粒物和硫化物的排放量。

在钻井施工中，严格执行长明火制度，燃烧浅层气，避免浅层气直接排放污染环境。

（3）废水处理及利用。

涪陵页岩气公司始终把水体保护作为环保工作的重中之重，遵循"减量化—再利用—再循环"的原则，在源头防控、过程保护、循环利用等方面做了大量扎实有效的工作，在不破坏地下水资源的前提下，实现了工业废水的全部回收利用。主要做法如下：

①施工全过程注重清洁生产，采取污水重复利用和节水减排措施，有效减少污水产生量。

②通过优化钻井、试气施工设计，同时通过井身结构的"瘦身"，实现压裂液量优化，单井清水用量减少12%。

③生产中严格控制钻井、压裂和采气废水产水的总量，平均单井钻井废水约500m³，平均单井试气废水低于1200m³（平均返排率4%），平均单井采气废水2m³/d。

④所有钻井液都在密闭循环系统中，经回收处理后循环使用。

⑤油基钻井液钻进时，将钻机主体设备、通道、栏杆表面覆盖薄膜，保持设备表面清洁，减少擦洗设备废水产生量。

⑥钻井废水、压裂返排液、采气伴生水经处理检测合格后，按一定比例混合新鲜水配制压裂液，在压裂施工中重复利用，工业废水回用率100%，实现工业废水零排放。

（4）废渣处理及利用。

每个钻井平台建设配套的钢筋混凝土结构的废水池和清水池，并采取防渗措施，经清水承压试验合格后投入使用。废水基钻井液、水基钻屑在废水池内进行固化处理，固化标准执行 Q/SH 0099.1—2009《川东北地区天然气勘探开发环保规范钻井与井下作业》、Q/SH 3140 0116—2015《页岩气田钻井和试气环保技术要求》、Q/SH 3140 0068—2015《页岩气田固体废物管理规范》。油基钻井液经钻井液循环系统回收处理后，全部循环利用。油基钻屑坚持"不落地、无害化处理"原则，严禁排入废水池，与水基钻屑严格实行分开收集、分类处理；对收集、转运、存放到无害化处理的全过程实施监管，实行拉运联单制度，进行内部批次跟踪监测和第三方质量检测，建立各项台账；委托专业环保公司进行专业化治理，通过热解吸工艺，分离油基钻屑中的废油并回收利用，处理后的钻屑含油率小于 0.3%，远远低于 2% 的行业标准，处于国际先进水平。为充分利用钻屑，变废为宝，涪陵页岩气公司大力开拓钻屑资源化利用渠道，从固化填埋到制砖、做混凝土，现如今已打通了水基钻屑干粉、油基钻屑灰渣制作水泥关键环节，取得了地方环保部门认可，已大批量开展水泥窑协同处置，制作水泥等建材。

页岩气的绿色开发一直是气田建设任务中的重中之重，为切实打造绿色企业典范，涪陵页岩气示范区牢固树立"决不以牺牲环境为代价去换取一时的经济增长"等理念，始终把安全环保、绿色低碳放在首位，坚持资源开发与生态保护并重，严格审批程序，强化 HSE 体系建设和全员 HSE 管理，积极推进示范基地安全、高效、绿色建设，着力打造绿色低碳工程、生态和谐工程、环保示范工程，气田配套了包括钻井工厂化模式、压裂井工厂化模式、网电钻机推广应用、油基钻井液回收利用、压裂液重复利用等适应于页岩气开采特点的 17 项清洁生产实用技术，为页岩气绿色开发保驾护航。同比 2014 年开发初期，气田网电使用率由 26% 提升为 90%；油基钻井液回收利用率由 23% 提升为 100%；油基钻屑处理达标率 100%；压裂废液单井产生量由 2000t 下降为 1500t；采出水回用率为 100%；实现了无井喷失控事故、无工业火灾事故、无环境污染事故、无上报安全环保责任事故的"四无"目标。

（四）示范区开发设计

在涪陵页岩气产能建设过程中，始终坚持以经济可采储量最大化为中心，按照"整体部署、分批实施、试验先行、先肥后瘦、及时优化"的总体原则，持续优化开发方案设计。

涪陵页岩气示范区开发设计主要包括气藏工程设计、钻井工程设计、完井及增产改造工程设计、采气工程设计和地面工程设计。

1. 气藏工程设计

页岩气主要采用大规模水平井分段压裂进行开发，其开发技术政策主要包括开发方式、水平段穿行层位、水平段长度、合理井距、布井方式以及生产方式。涪陵气田开展了大量的现场试验，在此基础上通过地质研究、数值模拟等手段，形成了页岩气高效开发技术政策优化技术。

1）开发方式

涪陵气田直井与水平井压裂恢复试井和产能试井评价对比显示，水平井压裂后地层有效渗透率是直井的 45 ~ 300 倍，测试产量达 6000 ~ 12000 倍，说明长水平段分段压裂，可大幅度改善储层渗流能力，提高单井生产能力，是页岩气开发的有效方式。

2）水平段穿行层位

涪陵气田单井水平井段①—③小层穿行长度与单井测试产量呈正相关，且水平井段穿行位置越靠近 38m 优质页岩气层段底部，测试产量越高，说明五峰组—龙马溪组①—③小层底部为水平井轨迹最优穿行位置。

3）水平段长度

涪陵气田气井随着试气井段长度增加，测试产量增加，1500m 左右水平段长度井产量较高，同时目前现钻井和压裂工程工艺技术对 1500m 水平段适应性较好，并且 1500m 水平段经济性和产量之间可以达到良好的平衡。因此，目前涪陵气田主要采用 1500m 水平段长度。

4）合理井距

通过单井经济极限井距分析，并结合微地震监测人工裂缝长度、单井数值模拟以及生产动态，认为涪陵气田合理的开发井距为 400 ~ 600m。

5）生产方式

从应力敏感和现场管理两个方面分析，涪陵气田页岩气井宜采用"先定产降压、后定压递减"的方式生产。

2. 钻井工程设计

1）井身结构与完井方式

根据涪陵焦石坝区块的地质特征，采用"导管 + 三开次"井身结构（图 2-56）：钻头程序 $\phi 609.6mm \times \phi 406.4mm \times \phi 311.2mm \times \phi 215.9mm$；套管程序 $\phi 473.1mm \times \phi 339.7mm \times \phi 244.5mm \times \phi 139.7mm$；完井方式采用套管射孔 + 分段压裂完井。

地层		
系	组	代号
三叠系	嘉陵江组	T_1j
	飞仙关组	T_1f
二叠系	长兴组	P_2ch
	龙潭组	P_2l
	茅口组	P_1m
	栖霞组	P_1q
	梁山组	P_1l
石炭系	黄龙组	C_2h
志留系	韩家店组	S_2h
	小河坝组	S_1x
	龙马溪组	S_1l

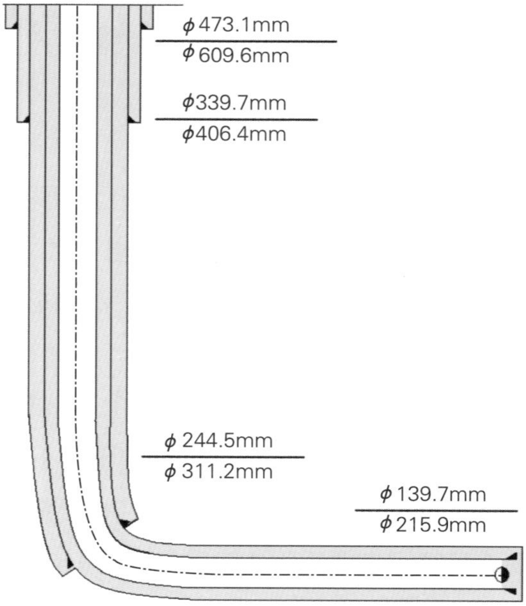

图 2-56　井身结构示意图

2）轨道设计

采用中曲率半径、双增剖面（"直—增—稳—增—水平段"剖面）设计，造斜段造斜率控制在 0.08°/m ~ 0.22°/m 之间，水平段造斜率控制在 0.1°/m 以内；在地面条件允许的情况下，靶前位移不小于 350m；造斜点一般选在地层较稳定、可钻性好的井段。

3）钻井方式

上部采用"PDC 钻头 + 清水钻"，下部采用"高效 PDC 钻头 / 混合钻头 + 螺杆 + 低密度水基钻井液"；水平段采用"高效 PDC 钻头 + 耐油螺杆 + 水力振荡器 + 油基钻井液"。

4）固井水泥浆体系

ϕ339.7mm 套管采用低密度柔性防气窜水泥浆体系；ϕ244.5mm 套管采用防气窜水泥浆体系；ϕ139.7mm 套管采用弹韧性防气窜水泥浆体系。

5）钻机及井控装置

（1）以水平井最大载荷为依据，兼顾名义钻深选择钻机，为确保安全钻井，推荐采用配备顶驱的轨道钻机。目前，涪陵页岩气示范区钻机为 ZJ50 和 ZJ70D 系列钻机。

（2）按预测井底最大地层压力，选用防喷器组合，节流、压井管汇。目前，以 35/70MPa 压力等级为主；根据后期改造井口压力选用套管头压力级别。目前，套管头压力级别以 105MPa 为主，少数区块压力等级为 140MPa；生产套管采用页岩气专用套管。

3. 采气工程设计

1）完井及射孔方式

（1）完井方式：采用 ϕ139.7mm 套管射孔完井方式，完井管柱采用套管完井桥塞分段压裂管柱，如图 2-57 所示，生产管柱选用 ϕ73mm 油管，管柱下至靶点附近。

（2）射孔方式：采用电缆传输泵送桥塞—射孔联作技术，第一段位于水平井趾端，电缆射孔无法泵送到位，一般采用连续油管传输射孔枪射孔，桥塞采用可钻式复合桥塞。

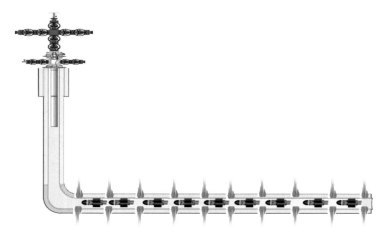

图 2-57　套管水平井完井桥塞分段压裂管柱示意图

（3）采气井口：根据气田最高关井井口压力、增产措施压力和气体组分，确定采用 KQ78/65-105DD 级采气井口装置。

2）增产措施

（1）改造技术。

采用水平井分段压裂改造技术，按水平段长 1000 ~ 1500m，分为 15 ~ 22 段、每段 2 ~ 3 簇进行压裂施工。液体采用滑溜水 + 线性胶体系，每段压裂液规模为 1600 ~ 2000m³；支撑剂采用 70 ~ 140 目、40 ~ 70 目和 30 ~ 50 目 3 种粒径支撑剂组合，根据不同深度闭合压力优选覆膜砂、陶粒等低密度支撑剂组合方式，每段支撑剂规模为 50 ~ 75m³。

（2）射孔技术。

采用多簇射孔 + 桥塞压裂联作工艺，电缆射孔与下桥塞井下工具串总成（以 3 簇射孔枪为例）：马笼头 +CCL+ 多级射孔接头 +1.3m 射孔枪（装弹长度 1.0m）+ 多级射孔接头 +1.3m 射孔枪 + 多级射孔接头 +1.3m 射孔枪 + 液压桥塞坐封工具 + 桥塞，共计长 8.5m，最大外径为桥塞外径，射孔参数见表 2-15。

表 2-15 涪陵页岩气田射孔参数

参数	数值	参数	数值
射孔段数（级）	15	射孔簇数（簇）	2 ~ 3
簇间距（m）	20	相位角（°）	60
孔密（孔/m）	20	每簇长度（m）	1 ~ 1.5

（3）压裂后返排工艺。

根据不同井口压力选取不同尺寸油嘴放喷，采用 8 ~ 12mm 油嘴获取不同测试制度下稳定产量。排液期间每小时记录一次出口液量、油压、套压及含砂量情况。若未满足排液要求，必要时可采用液氮助排或膜制氮车连续排液。

3）采气工艺设计

（1）管柱选择。

由于涪陵页岩气中不含 H_2S，计算 CO_2 分压为 0.06MPa，结合储层主体流体性质和生产条件、油管强度，选择 N80 油管即可满足要求。考虑井筒气液两相流，选用 ϕ73mm 油管可满足携液采气要求，同时不会发生冲蚀现象（表 2-16），可满足气井安全生产要求。

表 2-16 不同井口压力、油管尺寸下的气井冲蚀临界流量数据

井口压力（MPa）	不同内径油管气体冲蚀临界流量（$10^4 m^3/d$）		
	50.67mm	62mm	76mm
2	11.86	18.02	25.87
10	28.36	42.32	63.84
18	38.20	57.16	85.21
26	44.06	65.83	98.23

（2）防腐及水合物预防。

采气过程中需考虑 CO_2 腐蚀，主要是天然气中 CO_2 溶于水生成碳酸而引起电化学腐蚀钢材（油管、套管）。根据气田防腐经验，可加注缓蚀剂；同时，在作业施工后尽可能排尽酸液，防止井筒积液提高防腐效果。根据

气藏温度、压力参数，现场常用加热水套炉提高温度的方法，以及加注甲醇、乙二醇作为防冻剂来预防水合物的形成。

4. 地面工程设计

针对页岩气前期压力高、产出水返排率高、区域范围大、山区地形复杂等特点，形成了适应山区复杂地形的"两级脱水、两级布站、气液分输、定期清管"的湿气集输工艺和"环网＋枝状布置"技术。

（五）示范区建设成效

1. 高速高效建成百亿立方米大气田

2013 年 1 月 9 日，焦页 1HF 井投入试采，日配产 $6 \times 10^4 m^3$，随后启动焦石坝区块试验井组开发，相继开展不同井距、井网、水平段长度等一系列试验和一期产建区整体评价。截至 2013 年底，累计产气 $1.42 \times 10^8 m^3$，实现当年开发、当年生产、当年见效。根据开发试验井组和一期产建区整体评价取得的认识，按照"整体部署、评价先行、分步实施"的思路，将一期产建区分为试验井组和北、中、南 4 个产建区，由北向南稳步推进，滚动评价建产。截至 2015 年底，顺利建成 $50 \times 10^8 m^3/a$ 产能，年产量攀升至 $31.67 \times 10^8 m^3$，增长 22 倍。在抓好一期焦石坝区块产建开发的同时，按照"先期评价、优化调整、滚动实施"的思路，分步推进二期江东、平桥区块产能建设，截至 2016 年底，年产气量达到 $50 \times 10^8 m^3$，气田累计产气 $94 \times 10^8 m^3$。截至 2017 年底，年产气量攀升至 $60.04 \times 10^8 m^3$，比 2015 年增长近 2 倍，气田累计建成产能 $100 \times 10^8 m^3/a$。与开发方案设计对比，方案设计 2016 年达到产量峰值，2017 年开始递减，实际生产则是在 2017 年达到产量峰值，且累计产气量比方案超产 $24.2 \times 10^8 m^3$。涪陵页岩气田历年产能、产量如图 2–58 所示。2017 年 12 月 27 日，国土资源部、重庆市国土局中国石化在涪陵页岩气勘查开发示范基地建设总结会上，评价认为："三方圆满完成示范基地建设任务，取得了我国页岩气勘查开发的重大突破。"截至 2018 年底，气田年产气

$60.2 \times 10^8 m^3$，累计产气近 $215 \times 10^8 m^3$，国内页岩气产量第一。

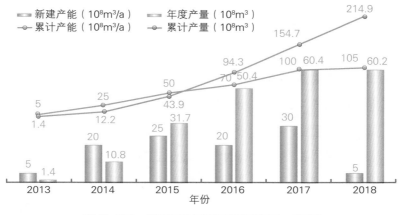

图 2-58　涪陵页岩气田历年产能、产量

2. 坚持技术自主创新，领跑国内页岩气开发

（1）创新集成的南方海相页岩气田高效开发五大技术体系，提升了气田开发效果，同时培育了页岩气开发创新团队。先后创造了水平井段最长（3065m）、单井压裂段数最多（29 段）、单井钻除桥塞最多（25 个）等多项国内页岩气开发纪录。"涪陵大型海相页岩气田高效勘探开发"荣获国家科技进步一等奖，"涪陵页岩气压裂配套工艺技术及应用""涪陵页岩气田水平井优快钻井技术研究与应用"荣获重庆市科技进步一等奖，"南方海相页岩气富集机理、关键技术与涪陵气田的发现""涪陵页岩气田地质评价技术及开发技术政策"分别荣获中国石油化工集团公司科技进步特等奖、一等奖。涪陵页岩气开发评价技术研究创新团队、页岩气水平井压裂工艺技术研发创新团队均获评中国石油化工集团公司优秀创新团队。

（2）制定了一系列页岩气开发技术标准，为国内页岩气开发形成了一套较为完善的制度规范。先后参与制定能源行业页岩气技术标准 35 项，完成制定中国石油化工集团公司一级企业标准 2 项，制定并发布局级企业标准 116 项，编制印发国内首套页岩气勘探开发井控实施细则、首套陆地工厂化钻井作业规范、首套页岩气压裂试气作业指导书，形成了具有涪陵页岩气开发特色、科学合理、管用有效的制度标准体系，促进了产建开发的标准化施工、流程化操作、规范化运行，为国内其他页岩气田规范开发提供参考。

3. 探索高效生产组织运行模式

（1）创新工厂化生产组织模式，显著提升气田开发效率和效果。通过推广该模式，钻井从初期同平台 1 ~ 2 部钻机，到同平台多口井流水线、批量化作业，平均单井钻井周期较初期缩短一半；压裂从初期单井压裂到多井交叉压裂、同步压裂（图 2-59），平均单井压裂试气周期较初期缩短一半，平均单井测试产量显著提升。同时，通过丛式井设计、工厂化施工，单井土地征用面积较常规节约 30%。该模式被国土资源部列入《矿产资源节约与综合利用先进适用技术推广目录》，"井工厂管理模式在特大型页岩气田开发中的构建与应用"获评中国石油化工集团公司管理现代化创新一等奖。

图 2-59　涪陵气田工厂化压裂施工现场

（2）地面工程"四化建设"成效显著。通过标准化设计、标准化建设、标准化采购和信息化提升，强化地面工程细节管理和过程控制，从管理、技术、标准化 3 个方面进行优化改进，实现了同类气藏地面工艺流程、布局、设备设施等设计标准、建设标准和外观标志的统一化、通用化；按照"单元划分、功能定型、设备橇装、工厂预制、快速组装"原则开展模块化建设，进行工厂化预制、并行作业、插件化现场安装，有效降低了工作强度，缩短了施工周期，提升了工程质量，节约了建设用地。集气站、脱水站现场安装工作量减少53%（图2-60），现场无损检测工作量减少82%，焊接一次合格率在96%以上，单位工程质量合格率达100%。一期产建地面工程施工周期比计划缩短32%，节约用地260多亩。试验井组、北区、中区、南区产能建设项目均获评中国石油化工集团公司优质工程奖，地面工程获评优秀创效工程一等奖，焦石坝区块一期工程产能建设项目获2018—2019年度国家优质工程金奖。

图2-60　涪陵气田标准化设计集气站

4. 打造安全绿色企业典范

严守安全绿色开发红线，气田建设全过程零事故、零污染。涪陵气田大规模产建开发，施工队伍多、用工种类多、大型设备多，加上气田地处长江经济带，分布在崇山峻岭的武陵山脉，山高坡陡、河流纵横，地下溶洞多、暗河多，安全环保压力居高不下。对此，涪陵气田建设过程中，牢固树立习近平总书记"发展决不能以牺牲安全为代价"的红线意识和"绿水青山就是金山银山"的发展理念，通过严格承包商管理和产建施工全过程监管，连续6年无井喷失控事故、无工业火灾事故、无环境污染事故、无上报安全环保责任事故，发布了中国首个页岩气开发环境、社会、治理报告和环境保护白皮书（图2-61），涪陵气田被国土资源部评价为创造了中国页岩气开发的"绿色典范"（图2-62），涪陵页岩气勘探开发有限公司先后获评中国石油和化工行业绿色工厂、重庆市五年一度的安全生产先进集体、重庆市环保诚信企业。

图2-61　中国石化页岩气开发环境、社会、治理报告和环境保护白皮书

图2-62　绿色气田——涪陵页岩气田

5. 推进工程降本、单井钻采成本显著下降

在实行油公司管理、创新技术工艺、优化生产模式的基础上，强化精益管理，突出投资优化，严格成本管控，加快产销衔接，实现了产能建设、开发质量、经济效益齐头并进，单井钻采成本持续下降。

一期焦石坝区块产建井已发生成本主要包括钻前工程、钻井工程、采气工程和地面建设工程。已发生页岩气井平均单井成本为 7940 万元，平均单井钻采成本为 7125 万元。其中，钻前工程费用 350 万元，占比 4.41%；钻井工程费用 3513 万元，占比 44.24%；采气工程费用 3262 万元，占比 41.08%；地面建设工程费用 815 万元，占比 10.27%。钻井费用和压裂费用占较大比例。

2013 年，示范区工程起步阶段，单井成本较高，平均单井成本达到 7800 万元左右；2014—2015 年，随着产建各方面管理制度逐渐完善，钻井工程通过推广"导管 + 二开"井身结构、上提二开中完井深、减少技术套管下深、水平段"一趟钻"技术、长水平段降摩减扭轨迹控制技术（优化钻头选型，旋转导向，低摩阻稳定器，水力振荡器，复合钻杆，高油水比油基钻井液，定测录导一体化技术）、长水平井特色完井配套技术（模拟通井、加装特殊扶正器、环空预应力固井技术、钻杆传输首端射孔）、规模应用"工厂化"模式等。试气工程上通过优化压裂设计、分段分簇，提高措施效果，自研压裂材料体系等，单井成本相比 2013 年下降 10%；自 2016 年以来，钻井工程通过学习曲线编制全国首个页岩气钻井工程定额，试气工程通过"少段多簇 + 投球转向""趾端滑套 + 可溶桥塞"、电动压裂车组等措施进一步降低成本，单井成本进一步下降，降幅相比开发初期超过 15%（表 2-17）。

二期江东、平桥及老区开发调整等区块近期通过设计优化、应用简化压裂液体系、优化支撑剂体系等降本措施，成本下降成果显著，2018 年平均单井投资控制在 5500 万元左右，同比下降 400 万 ~ 500 万元（每米综合成本下降 1000 元）；按 1500m 水平段折算，可研批复投资平均单井控制在 4700 万元左右（表 2-18）。

表 2-17　涪陵页岩气田钻采工程成本投资额
变化进展（2013—2018 年）

单位：万元 / 井

项目	第一阶段 （2013 年）	第二阶段 （2014—2015 年）	第三阶段 （2016—2018 年）
钻前工程	600 ~ 800	300 ~ 500	150 ~ 250
钻井工程	3800 ~ 4000	3300 ~ 3500	2600 ~ 2800
试气工程	3200 ~ 3500	3000	2300 ~ 2500

表 2-18　涪陵页岩气田二期区块钻采工程成本变化进展

区块	井深 （m）	平均水平段长 （m）	钻井工程 （万元）	试气工程 （万元）	合计 （万元）
江东	5340	1500	3697	3434	7131
平桥	5071	1500	3171	2867	6038
焦石坝区块开发调整	4946	2284	2934	2637	5571
（1500m 折算）					
焦石坝区块开发调整	4946	1500	2646	2066	4712

一期焦石坝区块项目实施后，2013—2017 年采用实际气价，2018 年及以后采用预算气价 1247 元 /10^{3}m^3（不含税）评价时，项目税后财务内部收益率为 19.8%，高于可研批复财务内部收益率 11.9%，高于行业基准收益要求。

二、长宁—威远页岩气示范区建设实践

（一）示范区概况

1. 示范区的建立

为落实《页岩气发展规划（2011—2015 年）》，加快页岩气勘探开发技术集成和突破，推动中国页岩气产业化发展，2012 年 3 月，国家发改委和国家能源局批复设立"长宁—威远国家级页岩气示范区"，面积 6534km²（其中长宁区块 4230km²，威远区块 2304km²）。示范区建设目标为：建立海相页岩气勘探开发技术及装备体系；探索形成市场化、低成本运作的效益开发模式；研究制定页岩压裂液成分、排放标准及循环利用规范；长宁—威远示范区探明页岩气地质储量在 $3000 \times 10^8 m^3$ 以上，建成产能在 $20 \times 10^8 m^3/a$ 以上。

2. 示范区地理概况

长宁—威远国家级页岩气示范区位于川南地区。其中，长宁区块位于四川省宜宾市高县、珙县、筠连县、长宁县、兴文县境内。工区地貌以中—低山地和丘陵为主，地面海拔 400 ~ 1300m。区内年平均气温 17 ~ 18℃，年平均降水量 1050 ~ 1618mm。区内发育有长江、金沙江、南广河和洛浦河等水系；威远区块位于四川省内江市威远县、资中县及自贡市荣县境内。工区地表发育低山、丘陵两大地貌区，地面海拔 200 ~ 800m。区内年平均气温 18℃，年均降雨量在 1000mm 左右。区内水系丰富，发育有威远河、鸟龙河和越溪河等河流。

3. 示范区勘探开发历程

中国石油作为国内页岩气勘探开发的先行者，历经十余年的不懈探索，填补了国内页岩气勘探开发的空白，已圆满完成了评层选区、先导试验和示范区建设，极大地促进了中国页岩气的快速发展，当前迈入了工业化开采新时期（图 2-63、表 2-19）。

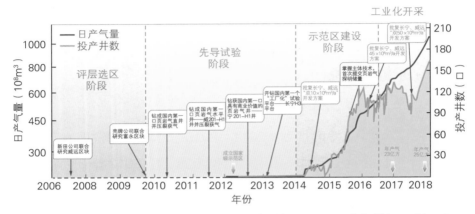

图 2-63　2006—2018 年中国石油西南油气田公司页岩气勘探开发历程

表 2-19　中国石油西南油气田页岩气勘探开发历程

阶段	年份	重点工作及标志性成果
地质评价阶段 （2006—2009 年）	2006	在国内率先开展页岩气地质综合评价和野外地质勘查
	2007	与美国新田公司在威远地区开展了页岩气联合研究
	2009	与壳牌公司在"富顺—永川"区块进行页岩气联合评价
先导试验阶段 （2009—2013 年）	2010	钻成国内第一口页岩气直井——威 201 井并压裂获气
	2011	钻成国内第一口页岩气水平井——威 201-H1 井并压裂获气
	2012	钻获国内第一口具有商业价值页岩气井——宁 201-H1 井
	2013	开钻国内第一个工厂化试验平台——长宁 H2 平台、长宁 H3 平台
示范区建设阶段 （2014—2016年）	2014	完成国内第一个页岩气开发方案编制； 建成国内第一条页岩气外输管道——长宁外输管线
	2015	建成中国石油第一个测试日产量超 100×10⁴m³ 的页岩气平台——长宁 H6 平台
	2016	建成中国石油第一个测试日产量超 150×10⁴m³ 的页岩气平台——长宁 H9 平台

续表

阶段	年份	重点工作及标志性成果
快速上产阶段 （2017—2018年）	2017	完成长宁、威远"双50×10^{8}m^3/a"开发方案的编制
	2018	编制《川南地区页岩气中长期发展规划》

4. 示范区储量申报情况

2015年和2017年，中国石油西南油气田公司（以下简称西南油气田公司）在长宁、威远区块累计提交探明储量2673.59×10^{8}m^3。其中，长宁区块宁201井区提交含气面积91.17km^2，探明地质储量834.64×10^{8}m^3，技术可采储量208.66×10^{8}m^3；威远区块威202井区、威202H9井区和威204井区累计提交含气面积225.92km^2，探明地质储量1838.95×10^{8}m^3，技术可采储量435.65×10^{8}m^3（表2-20）。

表2-20 长宁—威远国家级页岩气示范区探明储量统计

区块		含气面积 （km^2）	探明地质储量 （10^{8}m^3）	技术可采储量 （10^{8}m^3）
长宁	宁201井区	91.17	834.64	208.66
威远	威202井区	48.23	273.51	68.38
	威202H9井区	60.47	360.96	90.24
	威204井区	117.22	1204.48	277.03
	合计	225.92	1838.95	435.65
合计		317.09	2673.59	644.31

5. 示范区开发现状

通过长宁和威远示范区建设，目前示范区页岩气地质认识清楚、资源落实，技术成熟、管理适应、体系完善、国家重视、地方支持，大规模快速上产的条件已经成熟。西南油气田公司正全力以赴推动技术进步、管理创新、深化评价、规模上产，力争实现页岩气更大发展的目标。2017年8月，中国石油天然气集团公司批复了长宁、威远"双 $50 \times 10^8 m^3/a$"开发方案，目标是到 2020 年达产 $100 \times 10^8 m^3$。

1）长宁区块

长宁区块分别于 2014 年、2016 年和 2017 年设计了 $10 \times 10^8 m^3/a$、$30 \times 10^8 m^3/a$ 和 $50 \times 10^8 m^3/a$ 三轮建产方案，2020 年前累计开钻平台 67 个，开钻 451 口井。截至 2018 年底，已开钻平台 67 个，开钻 261 口井，完钻 148 口井，完成压裂 110 口井，完成测试 98 口水平井，累计获测试产量 $2272.20 \times 10^4 m^3/d$，平均测试产量 $23.20 \times 10^4 m^3/d$，最高测试产量 $62.2 \times 10^4 m^3/d$。已投产 107 口页岩气水平井，日产气 $710 \times 10^4 m^3$，2018 年产气 $17.12 \times 10^8 m^3$，历年累计产气 $48.62 \times 10^8 m^3$。

2）威远区块

威远区块分别于 2014 年、2016 年和 2017 年设计了 $10 \times 10^8 m^3/a$、$15 \times 10^8 m^3/a$ 和 $50 \times 10^8 m^3/a$ 三轮建产方案，2020 年前累计开钻平台 72 个，开钻 410 口井。截至 2018 年底，已完成开钻平台 64 个，开钻 257 口井，完钻 199 口井，完成压裂 154 口井，完成测试 134 口水平井，累计获测试产量 $2224.98 \times 10^4 m^3/d$，平均测试产量 $16.60 \times 10^4 m^3/d$，最高测试产量 $50.71 \times 10^4 m^3/d$。已投产 152 口页岩气水平井，日产气 $770 \times 10^4 m^3$，2018 年产气 $13.63 \times 10^8 m^3$，历年累计产气 $41.69 \times 10^8 m^3$。

（二）示范区地质特征

1. 构造特征

1）区域构造及断层特征

长宁区块位于川南低陡构造带和娄山褶皱带交界处，威远区块主要位于川西南低褶构造带。

长宁区块发育向斜构造及多个不同规模的背斜构造，其中建武向斜为一近东西向宽缓向斜，为目前主力建产区；背斜构造中长宁背斜构造规模最大，其核部在喜马拉雅期遭受剥蚀而出露中寒武统，背斜轴向整体呈北西西—南东东向，南西翼较平缓，北东翼较陡（图2-64）。受多期构造影响，长宁区块五峰组—龙马溪组主要发育北东—南西、近东西向两组断裂体系，均为逆断层，断层规模以中小断层为主，多数消失在志留系内部；威远区块内，以乐山—龙女寺古隆起为构造背景，整体表现为由北西向南、东方向倾斜的大型宽缓单斜构造，局部发育鼻状构造（图2-65）。地层整体较为平缓，倾角小，断裂整体不发育。

2）构造演化特征

四川盆地大地构造位置处在扬子准地台偏西北侧，属扬子准地台的一个次级构造单元，其在印支期初具盆地雏形，后经喜马拉雅旋回形成现今构造面貌。其构造演化过程大致可以划分为6个构造旋回，即扬子旋回、加里东旋回、海西旋回、印支旋回、燕山旋回及喜马拉雅旋回（图2-66）。

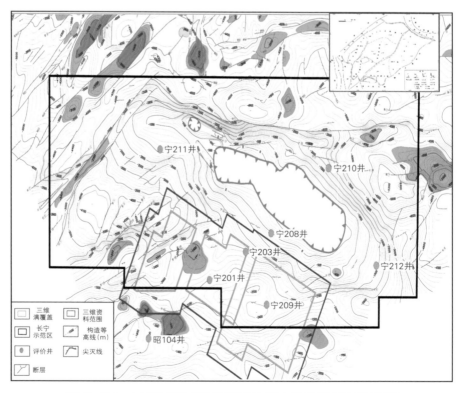

图2-64 长宁示范区奥陶系五峰组底界地震反射构造图

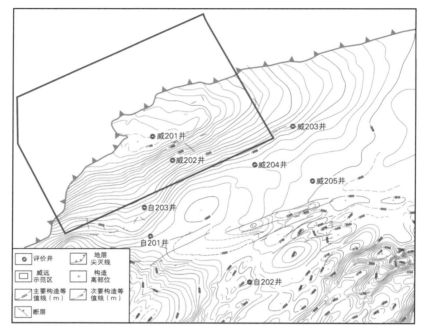

图 2-65 威远示范区奥陶系五峰组底界地震反射构造图

处于扬子克拉通盆地发展—定型期的五峰组—龙马溪组沉积于晚奥陶世凯迪期—早志留世鲁丹期、埃隆期及特列奇早期，即在加里东旋回的都匀运动之后、晚加里东运动之前。而晚加里东运动造成江南古陆东南方向的华南地槽全面回返，使整个下古生界褶皱变形，并形成了乐山—龙女寺古隆起，由此造成川西、川中及川北大部分地区的五峰组—龙马溪组遭到隆升剥蚀。在此之后，五峰组—龙马溪组先后经历了三期沉降与抬升（图 2-67）：

（1）志留纪末期，五峰组底部埋深超过 2400m，后经过柳江运动和云南运动抬升，造成区域整体剥蚀约 800m，导致泥盆系—石炭系缺失。

（2）早、晚二叠世之间的东吴运动造成五峰组—龙马溪组缓慢沉降，并在晚印支运动期间发生短暂抬升剥蚀。

（3）受燕山旋回各个构造幕影响，侏罗纪—白垩纪进入快速沉降期，最大埋深约 6000m。此后进入喜马拉雅旋回，新近纪以前的喜马拉雅运动早期是四川盆地局部构造形成的主要时期，地层快速隆升剥蚀近 3000m。

地层层序				地层符号	地层剖面	厚度（m）	同位素年龄（Ma）	构造旋回	构造运动
界	系	统	组						
新生界	第四系			Q		0~380		喜马拉雅旋回	喜马拉雅运动晚期
	新近系			N		0~300	1.6		
	古近系			E		0~800	23		喜马拉雅运动早期
中生界	白垩系			K		0~2000	65	燕山旋回	燕山运动中期
	侏罗系	上统	蓬莱镇组	J_3p		650~1400	136		
		中统	遂宁组	J_2sn		340~500			
			沙溪庙组	J_2s		600~2800			
		下统	自流井组	J_1z		200~900			印支运动晚期
	三叠系	上统	须家河组	T_3x		250~3000	203	印支旋回	
		中统	雷口坡组	T_2l			235		印支运动早期
		下统	嘉陵江组	T_1j		900~1700			
			飞仙关组	T_1f					
古生界	二叠系	上统		P_2		200~500	250	海西旋回	东吴运动
		下统		P_1		200~500	258		云南运动
	石炭系	中统	黄龙组	C_1		0~90	295		加里东运动
	志留系	中统	回星哨组	S_2hx		0~1500	355	加里东旋回	
			韩家店组	S_2h					
		下统	小河坝组/石牛栏组	S_1x/S_1s					
			龙马溪组	S_1l					都匀运动
	奥陶系			O		0~600	435		
	寒武系	上统	洗象池组	$\mathcal{E}_3x$					
		中统	高台组	$\mathcal{E}_2g$		0~2500			
		下统	龙王庙组	$\mathcal{E}_1l$					
			沧浪铺组	$\mathcal{E}_1c$					
			筇竹寺组	$\mathcal{E}_1q$			540		桐湾运动
元古宇	震旦系	上统	灯影组	Z_2dn		200~1100	650	扬子旋回	
		下统	陡山沱组	Z_1d		0~400	850		澄江运动
	前震旦系			AnZ					晋宁运动

图 2-66　四川盆地地层与年代构造演化综合剖面

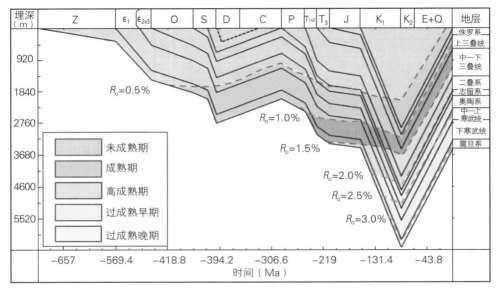

图 2-67　威 201 井埋藏史曲线图

2. 地层特征

1）地层层序

长宁、威远地区除缺失泥盆系和石炭系外，其余地层层序正常，主要钻遇侏罗系—奥陶系（表 2-21）。其中，上奥陶统五峰组—下志留统龙马溪组为连续沉积地层，是现阶段页岩气开发的目标层。

表 2-21　长宁—威远地区钻遇地层简表

界	系	统	组	代号	主要岩性	厚度（m）	构造旋回
上古生界	侏罗系	中统	沙溪庙组	J_2s	紫红色、灰绿色、深灰色泥岩，灰绿色粉砂岩，黑色页岩及薄层灰岩	0 ~ 425.6	燕山旋回
		下统	凉高山组	J_1l			
			大安寨段—马鞍山段	J_1dn—J_1m			
			东岳庙段	J_1d			
			珍珠冲段	J_1z			

续表

界	系	统	组	代号	主要岩性	厚度（m）	构造旋回
上古生界	三叠系	上统	须家河组	T_3x	细中粒石英砂岩及黑灰色页岩不等厚互层夹薄煤层	0 ~ 434.5	印支旋回
		中统	雷口坡组	T_2l	深灰色、褐灰色泥—粉晶云岩及灰质云岩，灰色、深灰色、浅灰色粉晶灰岩，云质泥岩，夹薄层灰白色石膏	0 ~ 106.5	
		下统	嘉陵江组	T_1j	泥—粉晶云岩及泥—粉晶灰岩、石膏层，夹紫红色泥岩、灰绿色灰质泥岩	0 ~ 541	
			飞仙关组	T_1f	紫红色泥岩，灰紫色灰质粉砂岩、泥质粉砂岩及薄层浅褐灰色粉晶灰岩，底部泥质灰岩夹页岩及泥岩	0 ~ 487	
	二叠系	上统	长兴组	P_2ch	灰色含泥质灰岩及浅灰色灰岩，中下部为黑灰色、深褐灰色灰岩、泥质灰岩夹页岩	0 ~ 60.5	海西旋回
			龙潭组	P_2l	上部为灰黑色页岩、黑色碳质页岩夹深褐色凝灰质砂岩及煤；中部为深灰色、灰色泥岩夹深灰褐色、灰褐色凝灰质砂岩；下部为灰黑色页岩、碳质页岩夹黑色煤及灰褐色凝灰质砂岩；底为灰色泥岩（含黄铁矿）	0 ~ 142	
		下统	茅口组	P_1m	浅海碳酸盐岩沉积，褐灰色、深灰色、灰色生物灰岩	0 ~ 306	
			栖霞组	P_1q	浅灰色及深褐灰色石灰岩，深灰色石灰岩含燧石	0 ~ 133	
			梁山组	P_1l	灰黑色页岩	0 ~ 21	

续表

界	系	统	组	代号	主要岩性	厚度（m）	构造旋回
下古生界	志留系	中统	韩家店组	S_2h	灰色、绿灰色泥岩，灰质泥岩夹泥质粉砂岩及褐灰色灰岩	0 ~ 619	加里东旋回
		下统	石牛栏组	S_1s	顶部为灰色灰质粉砂岩；上部为深灰色灰质页岩、页岩及灰色灰质泥岩夹灰色灰岩、泥质灰岩；中部为灰色灰岩；下部为灰色泥质灰岩	0 ~ 375	
			龙马溪组	S_1l	上部为灰色、深灰色页岩，下部为灰黑色、黑色碳质、硅质页岩	0 ~ 525	
	奥陶系	上统	五峰组	O_3w	灰黑色页岩，顶部为含介壳泥灰岩	0 ~ 13	
			临湘组	O_3l	深灰色灰岩、生物灰岩	0 ~ 35.92	

　　五峰组—龙马溪组在四川盆地分布稳定，地层界限清楚。五峰组底部以深灰色含介形类和少许笔石的泥岩相与下伏临湘组含三叶虫化石的瘤状灰岩相区分。五峰组主要岩性为深灰色、黑色富有机质硅质页岩，顶部沉积一套潮坪相富含赫南特贝动物群的介壳泥灰岩层——观音桥层。龙马溪组底部沉积一套黑色含大量笔石化石的富有机质页岩，与观音壳层的分界明显。

　　长宁、威远地区龙马溪组顶部与上覆地层接触关系不同。长宁地区龙马溪组顶部与下志留统石牛栏组整合接触（图2-68），石牛栏组整体属于碳酸盐岩台地相沉积，钙质成分增加，含大量腹足、棘屑等浅水生物；威远地区龙马溪组顶部与下二叠统梁山组呈假整合接触（图2-69）。梁山组整体属于碳酸盐斜坡相沉积，底界岩性以碳质泥页岩为主，含煤线，在威远地区厚度为2 ~ 6m。

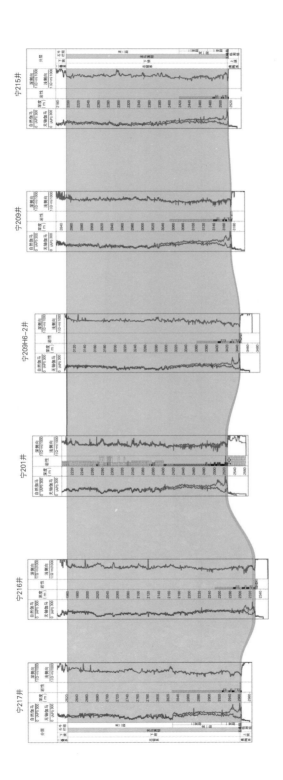

图 2-68 长宁区块五峰组—龙马溪组区域地层对比图

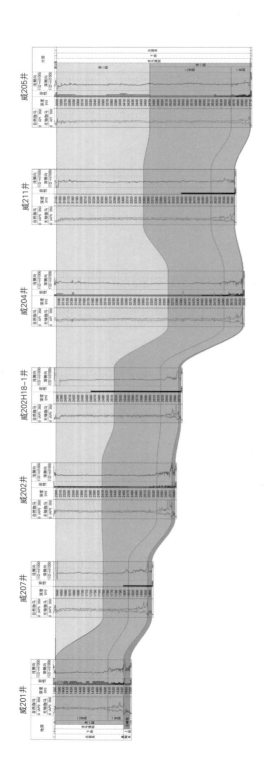

图 2-69 威远区块五峰组—龙马溪组区域地层对比图

长宁区块内，长宁背斜受喜马拉雅运动影响遭受剥蚀，其核部出露中寒武统，现今龙马溪组残余厚度主要为 200 ~ 350m，五峰组厚度一般介于 2 ~ 13m；威远区块内，受加里东运动影响，乐山—龙女寺古隆起范围内地层普遍缺失，开发区块内龙马溪组残余厚度主要为 180 ~ 450m，五峰组厚度一般介于 1 ~ 9m。

龙马溪组内部为水体持续变浅的进积式沉积旋回，旋回内部有一次短时期水体缓慢下降到迅速抬升阶段，依据旋回分界将龙马溪组自下而上分为龙一段和龙二段两个次级反旋回，岩性以龙二段底部灰黑色页岩与下伏龙一段黑色页岩—灰色粉砂质页岩相间的韵律层分界。长宁地区旋回变化特征较威远地区突出，较易分界；龙二段少见笔石，多以个体较小、破碎的单体笔石等发育，上部浅水腹足等生物发育，龙一段包含龙马溪组 70% 以上的笔石分布，种类多样，个体分异大。GR 曲线在龙一段顶部为持续线性降低的钟形，到达分界线迅速突变抬升，之后又是一个持续线性降低的钟形特征（图 2-70）。

2）目的层埋深

长宁区块五峰组底界埋深主要介于 1500 ~ 4000m，长宁背斜及南翼地区埋深普遍小于 3500m，背斜以北和以西埋深逐渐增大（图 2-71）；威远区块五峰组底界埋深为 1500 ~ 4000m，由威远背斜自北西向南、东方向埋深逐渐增加（图 2-72）。

3）小层划分

前已述及，龙一段为持续海退的进积式反旋回，依照次级旋回和岩性特征，可将其自下而上分为龙一$_1$亚段和龙一$_2$亚段两个亚段。龙一$_2$亚段为高位体系域逐渐海退的沉积旋回，出现大段砂泥质互层或粉砂质夹层岩性组合，笔石数量少，龙一$_2$亚段顶部发育大段砂泥质互层或夹层，底部以深灰色页岩与下伏龙一$_1$亚段灰黑色页岩分界，厚度为 150 ~ 200m；龙一$_1$亚段为一套富有机质黑色碳质页岩，页理发育，富含大量形态各异的笔石化石，含黄铁矿结核和条带，厚度为 30 ~ 57m。

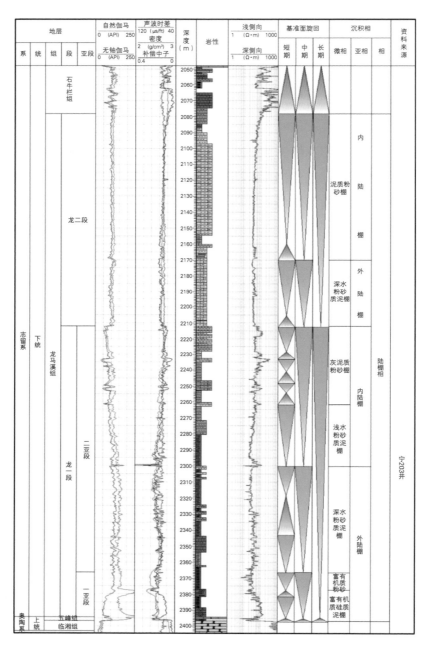

图 2-70　长宁、威远区块典型井五峰组—龙马溪组主要界面特征综合柱状图

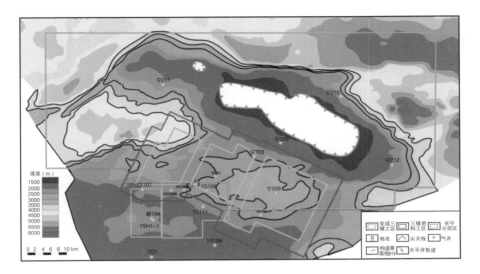

图 2-71　长宁区块五峰组底界埋深图

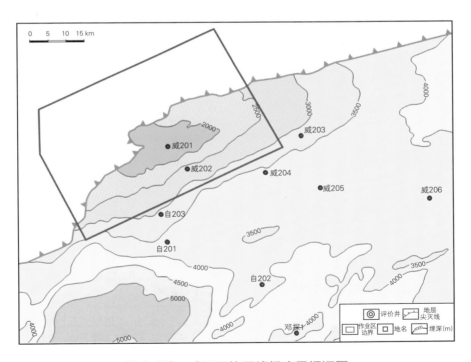

图 2-72　威远区块五峰组底界埋深图

五峰组—龙一$_1$亚段是目前四川盆地页岩气主要目的产层，其中龙一$_1$亚段为持续海退的进积式反旋回，利用岩石学特征、沉积构造特征、古生物和电性特征将其划分为 4 个小层，自下而上依次为龙一$_1^1$、龙一$_1^2$、龙一$_1^3$ 和龙一$_1^4$ 小层；五峰组不做小层划分（表 2-22、图 2-73）。

表 2-22　五峰组—龙马溪组小层划分方案

地层				特征	厚度范围（m）
系	组	段	小层		
志留系	龙马溪组	龙一段	龙二段	龙二段底部灰黑色页岩与下伏龙一段黑色页岩—灰色粉砂质页岩相间的韵律层分界	100～250
			龙一$_2$亚段	岩性以龙一$_2$亚段底部深灰色页岩与下伏龙一$_1$亚段灰黑色页岩分界，自然伽马、声波整体低于五峰组—龙一$_1$亚段，密度整体高于五峰组—龙一$_1$亚段，有机碳含量五峰组—龙一$_1$亚段整体高于 2%	100～150
			龙一$_1^4$小层	厚度大，自然伽马为相对龙一$_1^3$ 小层低平的箱形，自然伽马介于 140～180API，声波、补偿中子、有机碳含量低于龙一$_1^3$ 小层，密度高于龙一$_1^3$ 小层	6～25
			龙一$_1^3$小层	标志层，黑色碳质、硅质页岩，自然伽马陀螺形凸出于龙一$_1^4$ 小层和龙一$_1^2$ 小层，自然伽马介于 160～270API，高声波，低密度，有机碳含量与自然伽马形态相似	3～9
			龙一$_1^2$小层	厚度较大，黑色碳质页岩，自然伽马相对龙一$_1^3$ 小层、龙一$_1^1$ 小层呈低平类箱形特征，与龙一$_1^4$ 小层类似，自然伽马 140～180API，有机碳含量分布稳定，低于龙一$_1^1$ 小层、龙一$_1^3$ 小层	4～11
			龙一$_1^1$小层	标志层，黑色碳质、硅质页岩，自然伽马在底部出现龙马溪组内最高值，在 170～500API，自然伽马最高值下半幅点为龙一$_1^1$ 小层底界	1～4
奥陶系	五峰组			顶界为观音桥段介壳灰岩，厚度不足 1m，以下为五峰组碳质、硅质页岩；界限为自然伽马指状尖峰下半幅点，高自然伽马划入龙马溪组	0.5～15

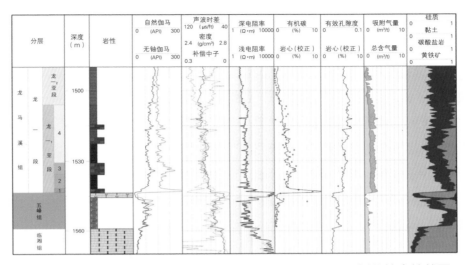

图 2-73　长宁—威远区块典型井五峰组—龙一₁亚段小层划分综合柱状图

　　需要说明的是，中国石油和中国石化两家单位对目的层的小层划分侧重点存在差异，针对四川盆地及其周缘五峰组—龙马溪组小层划分有所不同，也是因为古沉积环境和位置不同，不同地区间存在相变（表 2-23）。

表 2-23　长宁—威远和涪陵五峰组—龙马溪组小层划分方案对比

长宁—威远区块				涪陵区块			
组	段	亚段	小层	组	段	亚段	小层
龙马溪组	龙二段			龙马溪组	龙三段		
	龙一段	龙一$_2$亚段			龙二段		
		龙一$_1$亚段	龙一$_1^4$小层		龙一段	三亚段	⑨
							⑧
			龙一$_1^3$小层			二亚段	⑦
							⑥
			龙一$_1^2$小层			一亚段	⑤
							④
			龙一$_1^1$小层				③
							②
五峰组	观音桥段			五峰组	观音桥段		①
	下亚段				下亚段		

3. 沉积特征

1）沉积演化

五峰组沉积时期（凯迪期—赫南特期），受晚加里东运动影响，华夏板块与扬子板块碰撞拼合作用减缓，四川盆地及邻区形成了"三隆夹一坳"的古地理格局。龙马溪组沉积早期（鲁丹期—埃隆早期）继承了这一古地理格局，同时冰川消融造成全球海平面快速上升，整个川南地区整体处于大面积缺氧的深水陆棚沉积环境（图2-74）；龙马溪组沉积中晚期（埃隆中期—特列奇期），扬子板块与周边板块的碰撞拼合作用加剧，沉降中心向川中和川北迁移，海平面大幅度下降，四川盆地在这一时期从半深水陆棚向钙质浅水陆棚转化。

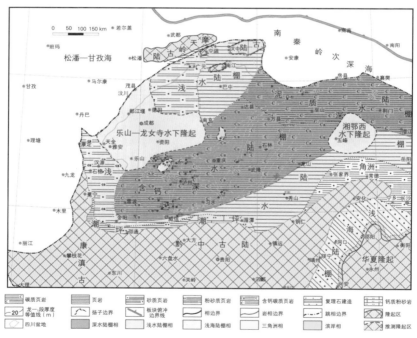

图 2-74　上扬子地区五峰组—龙马溪组早期岩相古地理图

2）沉积相及沉积微相划分

长宁、威远地区在五峰组—龙马溪组沉积时期属于陆棚相（可分为深水陆棚亚相和浅水陆棚亚相），五峰组—龙一$_1$亚段整体处于深水陆棚亚相。

通过薄片鉴定、岩心观察及其所含古生物特征，在长宁、威远地区五峰组—龙马溪组中识别出 7 种沉积微相。其中，五峰组发育 1 种微相类型，即富有机质硅质泥棚微相；龙马溪组发育 7 种微相类型，除富有机质硅质泥棚外，还包括泥质粉砂棚微相、灰质粉砂质泥棚、灰泥质粉砂棚微相、浅水粉砂质泥棚微相、深水粉砂质泥棚微相、富有机质粉砂质泥棚微相，其中富有机质硅质泥棚和富有机质粉砂质泥棚微相为页岩气层最有利的沉积微相类型。

4. 储层特征

1）岩石矿物特征

（1）岩石类型。

长宁、威远地区五峰组—龙一$_1$亚段主要为呈薄层或块状产出的暗色或黑色细颗粒的泥页岩，在化学成分、矿物组成、古生物、结构和沉积构造上丰富多样。储层岩石类型主要为含放射虫碳质笔石页岩、碳质笔石页岩、含骨针放射虫笔石页岩、含碳含粉砂泥页岩、含碳质笔石页岩以及含粉砂泥岩（图 2-75）。

（a）黑色碳质页岩，水平层理，515.79～2519.89m，龙一$_1^2$小层，宁201井　（b）灰黑色粉砂质泥岩，构造缝被方解石全充填，2521.18～2521.23m，五峰组，宁201井　（c）富笔石页岩，3525.2～3525.4m，龙一$_1^2$小层，威204井

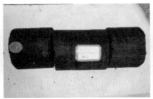

（d）黑色碳质页岩，页理发育，3514.66～3514.96m，龙一$_1^3$小层，威204井　（e）黑色碳质页岩，页理发育，3504.58～3504.88m，龙一$_1^4$小层，威204井　（f）深灰黑色泥岩夹极薄层粉砂岩，水平层理，3702.57～3702.72m，龙一$_1^1$小层，威205井

图 2-75　长宁、威远地区五峰组—龙一$_1$亚段岩石类型

（2）矿物组成。

长宁、威远地区五峰组—龙一₁亚段页岩矿物组成（图2-76）以硅质矿物（石英、长石）为主，含量介于10.2%～89.9%，平均占50.9%；其次是方解石和白云石，平均含量分别为16.2%和10.4%；黄铁矿含量小于5%；黏土矿物平均含量为20.5%，以伊利石和伊蒙混层为主，其次为绿泥石，不含蒙脱石。

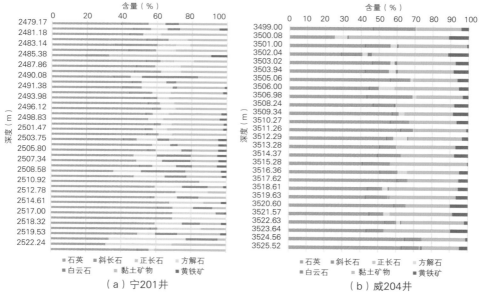

图2-76　长宁、威远区块五峰组—龙马溪组矿物成分分布图

（3）脆性矿物特征。

脆性矿物主要包括石英、长石和碳酸盐矿物（方解石、白云石），其含量直接关系到泥页岩裂缝的发育情况，脆性矿物含量越高，页岩脆性越强，越容易在外力作用下形成裂缝，利于压裂改造。长宁区块五峰组—龙一₁亚段各小层脆性矿物含量均值介于65.5%～80.4%，威远区块五峰组—龙一₁亚段各小层脆性矿物含量均值介于59.3%～73.9%。整体而言，脆性矿物含量呈现自上而下逐渐增高的特点，五峰组、龙一₁¹小层和龙一₁²小层含量较高，龙一₁³小层和龙一₁⁴小层含量较低（表2-24）。

表 2-24 长宁、威远区块五峰组—龙一$_1$亚段各小层脆性矿物统计 单位：%

地层		长宁区块		威远区块	
		区间	平均值	区间	平均值
龙一$_1$亚段	龙一$_1^4$小层	58.6 ~ 74.4	65.5	52.5 ~ 70.5	60.9
	龙一$_1^3$小层	57 ~ 79.6	66.9	49.6 ~ 70.2	59.3
	龙一$_1^2$小层	74 ~ 87.1	80.4	54.3 ~ 79	65.4
	龙一$_1^1$小层	70.8 ~ 84.4	76.6	55.7 ~ 75.6	68.1
五峰组		58.9 ~ 86.5	73.9	49.8 ~ 85.3	73.9

2）有机地化特征

有机地化特征主要包含有机质含量、有机质类型和有机质成熟度等评价指标。

（1）有机质含量。

长宁区块五峰组—龙一$_1$亚段各小层 TOC 均值介于 2.7% ~ 5.8%，威远区块五峰组—龙一$_1$亚段各小层 TOC 均值介于 2.7% ~ 5.6%。整体而言，TOC 自上而下逐渐增大，龙一$_1^1$小层 TOC 最高，龙一$_1^4$小层最低（表 2-25）。

表 2-25 长宁、威远区块五峰组—龙一$_1$亚段各小层 TOC 统计 单位：%

地层		长宁区块		威远区块	
		区间	平均值	区间	平均值
龙一$_1$亚段	龙一$_1^4$小层	2.3 ~ 3.1	2.7	2.2 ~ 3.1	2.7
	龙一$_1^3$小层	3.3 ~ 5.0	4.2	2.4 ~ 4.2	3.4
	龙一$_1^2$小层	3.4 ~ 4.8	4.1	2.2 ~ 4.1	3.1
	龙一$_1^1$小层	4.6 ~ 7.0	5.8	3.8 ~ 7.7	5.6
五峰组		2.4 ~ 4.7	3.8	2.2 ~ 6.2	3.7

（2）有机质类型及成熟度。

有机质类型不仅可以影响烃源岩的产气量，还会影响有机质的吸附能力。长宁、威远地区页岩干酪根类型以Ⅰ型为主，组分以腐泥组和沥青组为主，其中腐泥组含量为 78% ~ 90%，沥青组含量为 10% ~ 22%，不含壳质组、镜质组和惰质组。

有机质成熟度指标为镜质组反射率（R_o）。长宁地区五峰组—龙马溪组页岩 R_o 为 2.6% ~ 3.2%，威远地区五峰组—龙马溪组页岩 R_o 为 1.8% ~ 2.5%，均达到高—过成熟阶段，以产干气为主。

3）储集物性特征

页岩中孔隙空间是页岩气的重要储集空间，基质孔隙发育程度直接关系到页岩气的资源规模及勘探开发价值。长宁、威远地区五峰组—龙一₁亚段页岩的储集特征从微观孔隙特征和孔隙度两个方面分析。

（1）孔隙类型。

长宁、威远地区五峰组—龙一₁亚段页岩储层储集空间可划分为孔隙和微裂缝两大类（表 2-26）。孔隙按其成因可分为有机孔和无机孔（粒间孔、粒内溶孔、晶内溶孔、晶间孔、生物孔）等。通过大量岩心、薄片及扫描电镜的观察分析，区内五峰组—龙马溪组页岩裂缝较发育，根据其成因可分为构造缝、成岩缝、溶蚀缝及生烃缝。

表 2-26　长宁、威远地区五峰组—龙一₁亚段页岩储集空间类型划分

储集空间类型			特征简述	影响因素
孔隙	矿物基质孔	粒间孔	沉积时颗粒支撑，多为不规则状、串珠状或分散状，多为黏土矿物颗粒间的微孔或石英、方解石等堆积体之间的孔隙	与沉积作用有关，矿物颗粒呈分散状分布，不易形成颗粒支撑
		粒内溶孔	不稳定矿物长石、黏土矿物等易溶部分溶蚀形成的粒内孤立孔隙，呈港湾状、蜂窝状或分散状	随有机酸的产生而增多
		晶内溶孔	方解石晶体或晶粒内部被选择性溶蚀所形成的孔隙	与有机质成熟过程中产生的酸性水或有机酸有关
		晶间孔	黄铁矿晶间微孔隙，分散状分布	与黄铁矿的沉淀有关
	有机孔	有机质孔	有机质大量生烃后有机质体积缩小及气体排出，呈蜂窝状、线状、串珠状等	有机质含量、热演化程度
		生物孔	生物遗体中的空腔或与生物活动有关的产物	与生物体数量和生物活动有关

储集空间类型		特征简述	影响因素
微裂缝	构造微缝	构造应力造成的岩石破裂，走向与构造应力方向有关	构造运动
	溶蚀缝	流体沿裂缝流动过程中，对两侧围岩中易溶组分进行溶蚀，多呈港湾状	溶蚀作用
	成岩收缩缝	成岩过程中脱水、干裂或重结晶	随埋深和成岩作用而增多
	生烃缝	干酪根成熟后生成大量油气，出现异常高压排烃作用，在岩石的薄弱面形成大量的微裂缝	随埋深作用而增多

页岩孔隙按其孔径大小一般分为微孔（小于 2nm）、介孔（2 ~ 50nm）和宏孔（大于 50nm）。聚焦离子束扫描电镜（FIB-SEM）能够真实地还原页岩孔隙三维结构特征，由此表征页岩样品的微观孔隙特征。以长宁区块宁203 井为例，通过扫描电镜观察，页岩储层内无机孔比较分散，而有机孔相对集中。有机孔或被黏土包裹，或与黏土矿物、黄铁矿混杂。有机孔孔径较小，以微孔和介孔为主，而无机孔孔径相对较大，以宏孔为主（图 2-77）。

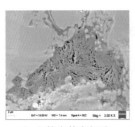
（a）蜂窝状有机孔

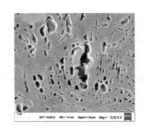
（b）有机孔数量多、孔径较大

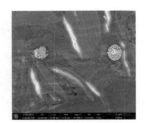
（c）微裂缝

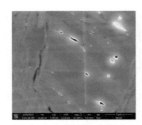
（d）方解石粒内溶孔

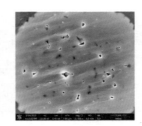
（e）黄铁矿粒内孔

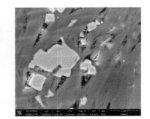
（f）各类孔隙交织

图 2-77 宁 203 井 FIB-SEM 扫描电镜照片

（2338.22 ~ 2338.25m，龙一段，TOC=0.95%，R_o=2.75%，总孔隙度 =3.79%）

（2）孔隙结构特征。

页岩气主要以游离态和吸附态形式赋存于泥页岩中，其中赋存于微—介孔隙中的页岩气主要以吸附态赋存于有机质颗粒、黏土矿物颗粒及孔隙表面之上，而宏孔隙和微裂缝中的页岩气则主要以游离态存在于岩石孔隙与裂隙中。针对微孔、介孔和宏孔3种孔隙的特点，一般分别采用二氧化碳吸附法、氮气吸附法和高压压汞法进行测定（图2-78）。

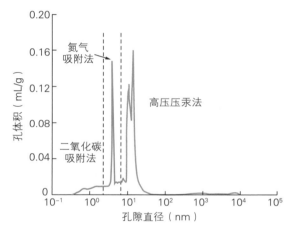

图2-78　四川盆地龙马溪组页岩孔体积随孔隙直径的变化情况

依据吸附实验，采用多点 BET 模型线性回归求得比表面积，BJH 模型求得孔径分布。以长宁地区为例，宁 203 井龙马溪组富有机质页岩样品氮气吸附实验结果显示：微孔累计比表面积所占比例大，介于 0 ~ 13m²/g，介孔累计比表面积介于 2 ~ 7m²/g，宏孔累计比表面积在 1cm²/g 左右 [图 2-79（a）]；微孔孔体积所占比例大，在 1.2nm 和 1.5nm 存在两个非常明显的峰，对应的最大孔体积分别为 0.049mL/g 和 0.031mL/g，其次为孔径为 2 ~ 50nm 的介孔，一般孔径对应的孔体积为 0.002 ~ 0.003mL/g，而宏孔所占孔体积比例较小 [图 2-79（b）]。以上实验结果表明，高—过成熟度的富有机质页岩（样品 R_o 在 2.7% 左右）孔隙中的微孔最为发育，其次为介孔，且总体上 TOC 越高的样品比表面积越大。总体上，高成熟的富有机质页岩受有机质演化的影响，以有机孔为主的微孔所占比例越来越大。

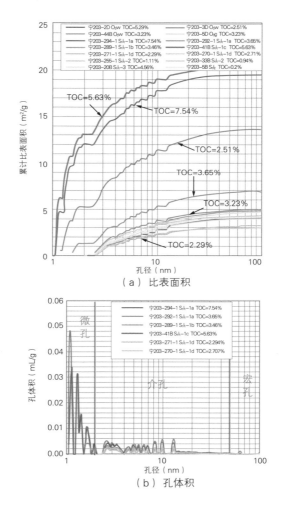

图 2-79　宁 203 井页岩储层样品孔径分布图

（氮气吸附法，样品 R_o 在 2.7% 左右）

（3）孔隙度。

长宁区块五峰组—龙一$_1$亚段各小层孔隙度均值介于 4.8% ～ 5.7%，威远区块五峰组—龙一$_1$亚段各小层孔隙度均值介于 4.9% ～ 6.3%。整体而言，龙一$_1{}^1$小层和龙一$_1{}^3$小层孔隙度较高（表 2-27）。

表 2-27　长宁—威远区块五峰组—龙一$_1$亚段各小层孔隙度统计　　　单位：%

地层		长宁区块		威远区块	
		区间	平均值	区间	平均值
龙一$_1$亚段	龙一$_1{}^4$小层	2.6～7.5	5.3	4.3～7.8	5.8
	龙一$_1{}^3$小层	3.5～8.8	5.7	4.2～7.5	6.1
	龙一$_1{}^2$小层	2.6～6.7	4.8	3.5～8.0	5.5
	龙一$_1{}^1$小层	2.7～8.5	5.4	3.6～9.2	6.3
五峰组		2.2～7.9	4.9	3.5～7.1	4.9

（4）渗透率。

长宁区块单井五峰组—龙一$_1$亚段实测平均基质渗透率介于 0.0000714～0.000148mD，平均为 0.000102mD；威远区块单井五峰组—龙一$_1$亚段实测平均基质渗透率为 0.0000234～0.00038mD，平均为 0.00016mD（表 2-28）。

表 2-28　长宁、威远区块页岩渗透率测试成果　　　单位：mD

区块	井号	渗透率范围	平均渗透率
长宁	宁201	0.0000318～0.000242	0.000148
	宁203	0.0000109～0.000045	0.000107
	宁208	0.000052～0.000715	0.0000714
	宁209	0.00000236～0.001250	0.000106
	宁210	0.0000213～0.000148	0.0000974
	宁211	0.000095～0.000602	0.0000835
	宁212	0.000053～0.000296	0.000103
	平均	—	0.000102

区块	井号	渗透率范围	平均渗透率
威远	威 201	0.0000289 ~ 0.0000572	0.0000395
	威 202	0.0000106 ~ 0.000525	0.00015
	威 203	0.0000519 ~ 0.000602	0.0000234
	威 204	0.000095 ~ 0.000602	0.00038
	威 205	0.000095 ~ 0.000476	0.000205
	平均	—	0.00016

此外，通过对威 203 井水平渗透率与垂向渗透率测定，发现水平渗透率远大于垂向渗透率，这可能与页岩水平层理发育相关（表 2-29）。

表 2-29　威 203 井五峰组—龙一$_1$亚段水平渗透率与垂向渗透率比

岩心深度 （m）	层位	垂向渗透率 $K_{垂向}$ （mD）	水平渗透率 $K_{水平}$ （mD）	$K_{水平}/K_{垂向}$
3172.83 ~ 3173.06	龙一$_1^2$	0.0014	0.5288	371.6
3174.59 ~ 3174.79	龙一$_1^2$	0.00075	0.9556	1273.0

（5）含气饱和度。

长宁区块五峰组—龙一$_1$亚段各小层含气饱和度均值介于 54.2% ~ 64.6%，威远区块五峰组—龙一$_1$亚段各小层含气饱和度均值介于 56.2% ~ 64.7%。整体而言，龙一$_1^1$小层含气饱和度最高（表 2-30）。

表 2-30　长宁—威远区块五峰组—龙一$_1$亚段各小层含气饱和度统计　单位：%

地层 / 小层	长宁区块		威远区块	
	区间	平均值	区间	平均值
龙一$_1^4$小层	48.1 ~ 72.5	59.5	39.0 ~ 73.5	58.1
龙一$_1^3$小层	28.0 ~ 71.3	59.2	41.3 ~ 73.7	56.2

地层 / 小层	长宁区块		威远区块	
	区间	平均值	区间	平均值
龙一 $_1^2$ 小层	28.7 ~ 81.7	63.8	35.4 ~ 73.1	57.1
龙一 $_1^1$ 小层	25.6 ~ 81.9	64.6	42.8 ~ 84.8	64.7
五峰组	14.2 ~ 78.0	54.2	38.9 ~ 78.8	62.5

（6）裂缝特征。

裂缝作为页岩储层除孔隙外另一个重要的储集空间，其分布特征（产状、密度、组合特征、张开程度）对于页岩气的流动及后期压裂效果评价均有重要作用。裂缝发育特征主要受构造作用、岩石力学特征、岩性和矿物成分等因素影响。根据裂缝倾角的大小可分为水平缝（层间缝）和高角度缝（垂直缝、斜交缝）两类。长宁、威远地区五峰组—龙马溪组受多期构造应力作用，且脆性矿物含量高，易在外力作用下形成裂缝。页岩储层中的裂缝可通过岩心观察、测井方法来识别。

以长宁地区宁 203 井为例，根据岩心裂缝统计表（表 2-31）可看出，五峰组—龙一段黑色页岩段及薄层灰岩中裂缝较发育，总缝密度达 3.3 ~ 50 条 /m，多被方解石全充填，说明黑色页岩段易在构造力的作用下产生裂缝。构造裂缝常成组成对出现，或呈网状分布，延伸较远，具有穿层性，裂缝主要被方解石和黄铁矿充填（图 2-80、图 2-81）。

表 2-31　宁 203 井龙一段岩心裂缝统计

井段 （m）	段长 （m）	裂缝密度 （条 /m）	裂缝条数			填充程度
			缝宽 >5mm	缝宽 1 ~ 5mm	缝宽 <1mm	
2214.02 ~ 2214.10	0.08	12.5	0	1	0	方解石全充填
2214.71 ~ 2214.98	0.27	7.4	0	0	2	方解石全充填
2217.03 ~ 2217.14	0.11	9.09	1	0	0	方解石全充填

续表

井段 （m）	段长 （m）	裂缝密度 （条/m）	裂缝条数			填充程度
			缝宽 >5mm	缝宽 1~5mm	缝宽 <1mm	
2227.99 ~ 2228.29	0.3	3.33	0	1	0	方解石全充填
2228.29 ~ 2228.34	0.05	20	0	1	0	方解石全充填
2228.34 ~ 2228.40	0.06	16.67	0	0	1	方解石全充填
2228.40 ~ 2228.51	0.11	9.09	0	1	0	方解石全充填
2228.51 ~ 2228.56	0.05	20	0	1	0	方解石全充填
2231.27 ~ 2231.45	0.18	5.56	1	0	0	方解石全充填
2247.52 ~ 2247.61	0.09	11.11	0	0	1	方解石全充填
2328.05 ~ 2328.10	0.05	20	0	0	1	方解石全充填
2328.10 ~ 2328.19	0.09	11.11	0	0	1	方解石全充填
2328.19 ~ 2328.34	0.15	6.67	0	0	1	方解石全充填
2328.34 ~ 2328.41	0.07	14.29	0	0	1	方解石全充填
2331.41 ~ 2331.63	0.22	4.55	0	0	1	方解石全充填
2331.96 ~ 2332.26	0.3	3.33	0	0	1	方解石全充填
2332.26 ~ 2332.35	0.09	11.11	0	0	1	方解石全充填
2332.35 ~ 2332.37	0.02	50	0	0	1	方解石全充填
2332.37 ~ 2332.46	0.09	11.11	0	0	1	方解石全充填
2332.46 ~ 2332.53	0.07	14.29	0	0	1	方解石全充填
2332.53 ~ 2332.59	0.06	16.67	0	0	1	方解石全充填
2332.59 ~ 2332.61	0.02	50	0	0	1	方解石全充填

图 2-80　网状缝（宁 201 井，
龙马溪组，2493.6m）

图 2-81　斜交缝（宁 203 井，
龙马溪组，2326.9~2327m）

　　FMI 成像测井资料识别的裂缝类型包括高导缝和高阻缝，两种裂缝均属于以构造作用为主形成的天然裂缝，高阻缝裂缝间隙被高电阻率矿物（方解石）部分或全部充填，高导缝未充填。以长宁区块宁 209 井为例，其五峰组—龙马溪组裂缝整体发育程度较强，以高导缝为主（图 2-82）。

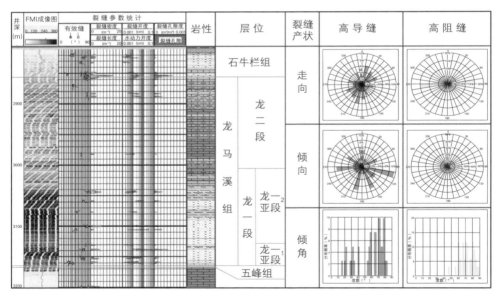

图 2-82　长宁区块宁 209 井五峰组—龙马溪组 FMI 裂缝特征

　　4）地质力学特征

　　页岩气藏开发实践表明，页岩的岩石力学性质影响了天然裂缝的发育特征，也是影响页岩气藏压裂效果的重要因素之一。

（1）岩石力学特征。

长宁、威远地区龙马溪组三轴抗压强度为 97.7 ~ 265.75MPa，平均值为 205.66MPa；杨氏模量为 11.0 ~ 45.9GPa，平均值为 27.3GPa；泊松比为 0.174 ~ 0.285，平均值为 0.223（表 2-32）。总体显示较高的杨氏模量和较低的泊松比特征，页岩具有较好的脆性。

表 2-32　长宁、威远地区典型井三轴岩石力学实验数据

区块	井号	深度 （m）	抗压强度 （MPa）	杨氏模量 （GPa）	泊松比
长宁	宁201	2479.44 ~ 2479.73	265.752	45.9	0.255
	宁203	2325.64 ~ 2325.91	246.941	26.2	0.201
威远	威203	3138.2 ~ 3177.7	97.7	10.96	0.285
	威204	3502.6 ~ 3695.0	189.117	20.26	0.174
	威205	3502.6 ~ 3695.2	228.773	33.37	0.198

（2）地应力特征。

页岩气勘探开发中的许多问题与地应力有关。地应力场状态、地层的岩石力学性质决定着水力压裂的裂缝形态、方位、高度和宽度，最终影响到压裂的增产效果。

长宁、威远地区龙马溪组最小水平主应力梯度为 0.021 ~ 0.027MPa/m；最大水平主应力梯度为 0.0227 ~ 0.055MPa/m；垂向应力梯度为 0.019 ~ 0.026MPa/m（表 2-33）。长宁、威远地区水平应力差为 12.4 ~ 18.7MPa，水平应力差值适中，有利于形成较为复杂的裂缝网络（表 2-34）。

地应力方向对于水平井轨迹的方位选择起着至关重要的作用。长宁、威远地区开展的多井次地应力方向实验结果表明（表 2-35），示范区内各井区之间龙马溪组最大主应力方向存在明显差异。

表 2-33　长宁、威远地区典型井龙马溪组地应力大小实验数据

井号	井深 （m）	最小水平 主应力梯度 （MPa/m）	最大水平 主应力梯度 （MPa/m）	垂向应力梯度 （MPa/m）
宁 201	2479.44 ~ 2479.73	0.027	0.055	0.023
威 201	1526.45 ~ 1556.34	0.023	0.0309	0.019
自 201	3657.33 ~ 3663.23	0.021	0.0227	0.026

表 2-34　长宁、威远地区典型井地应力大小对比　　　　单位：MPa

井号	最大主应力	最小主应力	水平应力差
威 202	70.0	54.0	16.0
威 204	86.7	68.0	18.7
宁 201	57.0	44.6	12.4

表 2-35　长宁、威远地区地应力方向实验数据

区块	井号	地层	最大水平主应力方向
长宁	宁 201	龙马溪组	NE99°
	宁 210	龙马溪组	NE30°
	宁 211	龙马溪组	SE120°
	宁 212	龙马溪组	NE45°
威远	威 201	龙马溪组	NE115°
	威 204	龙马溪组	E90°
	自 201	龙马溪组	NE101°

5. 气藏特征

1）气藏类型

依据 DZ/T 0254—2014《页岩气资源 / 储量计算与评价技术规范》的
定义，长宁区块为向斜型高脆性矿物含量、高 TOC、高孔隙度、高含气性、

高压力系数的自生自储式连续性页岩气藏，威远区块表现为单斜坡型高脆性矿物含量、高 TOC、高孔隙度、高含气性、高压力系数的自生自储式连续性页岩气藏。具体特征表现为：

（1）页岩储层为连续沉积的富有机质页岩，长宁—威远页岩气田龙马溪组具有深水陆棚相沉积特征，自下而上可分为龙一段和龙二段，龙一段又可分为两个亚段，下部龙一$_1$亚段岩性主要为黑色、灰黑色页岩，上部龙一$_2$亚段岩性以粉砂质泥岩与泥质粉砂岩为主。优质页岩厚度大，纵向上连续无隔层，横向上大面积连续分布。

（2）气源来自暗色富有机质页岩，自生自储。气源对比显示，长宁—威远页岩气田五峰组—龙马溪组页岩气来源于自身页岩层系烃源岩，具有储源一体的特征。

（3）页岩储层发育大量纳米级孔隙，储层孔隙度较高，横向展布稳定。长宁页岩气田五峰组—龙一段页岩储集空间以 1.5 ~ 50nm 的纳米级孔隙为主，裂缝较为发育；储层物性较好，纳米级孔隙中有机质孔发育，有利于天然气赋存。威远页岩气田五峰组—龙马溪组页岩储层物性较好，发育大量微小孔隙，储集空间以 50nm ~ 1μm 的宏孔为主，有利于天然气赋存。

（4）长宁页岩气田已获测试产量的 144 口水平井大部分获中高产，试采压力、产量较稳定，表明储层含气性较高；威远页岩气田 207 口投产井中大部分获中高产，试采压力、产量稳定，表明其龙马溪组具有较高的页岩气产能。

（5）气藏储层具有大面积层状分布、整体含气的特点（图 2-83、图 2-84）：①钻井揭示，各井页岩储层岩性以及电性等对比性强；②页岩储层横向展布稳定，纵向上连续，中间无隔层；③长宁、威远页岩气田已投产井测试均未见水，试采同样未见水，测井解释均无水层，未见到明显的含气边界和气水边界；④长宁、威远页岩气田五峰组—龙一段页岩储层的分布明显受有利沉积相带展布的控制。

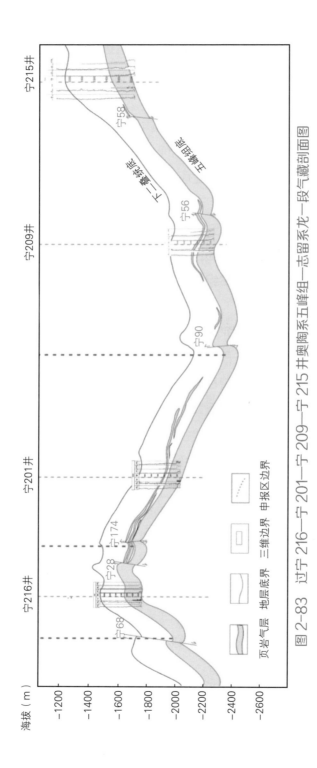

图2-83 过宁216—宁201—宁209—宁215井奥陶系五峰组—志留系龙一段气藏剖面图

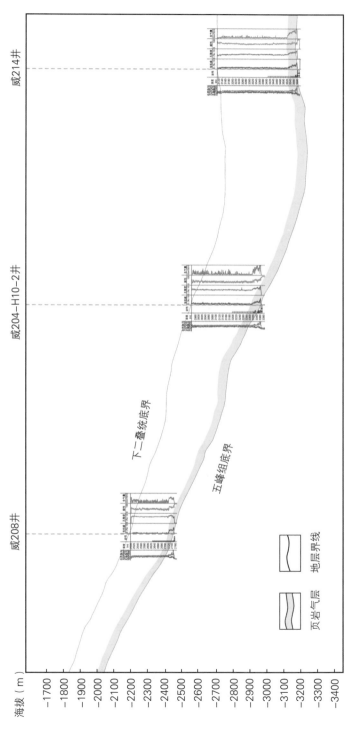

图 2-84 过威 208—威 202H10-2—威 214 井奥陶系五峰组—志留系龙—段气藏剖面图

2）流体性质

长宁、威远地区五峰组—龙马溪组页岩气烃类组成以甲烷为主（97.2% ~ 98.7%），重烃含量低；天然气成熟度高，干燥系数（C_1/C_{2+}）高，长宁地区介于 134.6 ~ 282.9，威远地区介于 138.4 ~ 205.6；CO_2 含量为 0.24% ~ 1.32%。此外，还含有微量氦气、氢气和氮气，不含硫化氢。天然气相对密度介于 0.561 ~ 0.572（表 2-36）。

表 2-36 长宁、威远地区五峰组—龙一 $_1$ 亚段天然气组成分析数据

区块	井号	天然气组成（%）								相对密度	干燥系数
		氦	氢	氮	二氧化碳	硫化氢	甲烷	乙烷	C_{3+}		
长宁	宁 201	0.023	0.002	0.412	0.521	0	98.505	0.435	0.031	0.565	198.2
	宁 203	0.028	0.036	0.513	0.842	0	98.194	0.335	0.012	0.5669	282.9
	宁 209	0.021	0.05	0.399	0.46	0	98.697	0.341	0.01	0.5626	278.0
	宁 210	0.062	0.032	2.117	0.347	0	97.215	0.712	0.01	0.5678	134.6
威远	威 201	0.06	0.01	0.52	0.24	0	98.69	0.46	0.02	0.5613	205.6
	威 202	0.03	0	0.22	0.7	0	98.33	0.68	0.03	0.566	138.4
	威 203	0.03	0	0.62	0.99	0	97.76	0.55	0.03	0.5698	168.5
	威 204	0.05	0	0.64	1.32	0	97.48	0.49	0.02	0.5727	191.1

3）温度、压力特征

长宁区块实测产层中深地层压力为 31.57 ~ 61.02MPa，地层温度为 87.02~110.6℃；威远区块实测产层中深地层压力为 35.13 ~ 73.31MPa，地层温度为 99.91~133.92℃（表 2-37）。

地层压力系数是页岩气保存条件评价的综合指标。页岩气藏相比常规油气藏具有特殊性，是生储盖三位一体的地质体，决定了其保存条件的评价也有所不同。常规油气藏为外源性，保存条件好可能表现为超压，也可能表现为低压。页岩气藏为内源性，作为烃源岩的页岩生烃造成孔隙压力增大而

形成异常高压，在异常压力和烃浓度差的作用下，烃类的运移总是指向外面，如果气藏封闭性不好，页岩气排出过快造成压力大幅度降低，甚至形成低压；反之，则会保持较高的地层压力。因而，地层压力系数对页岩气的保存条件具有良好的指示作用（图 2-85）。长宁、威远地区五峰组—龙马溪组压力系数较高，长宁区块压力系数介于 1.35 ~ 2.03，威远区块压力系数介于 1.4 ~ 1.99，表明长宁、威远地区页岩气保存条件较好（表 2-37）。

4）含气性特征

页岩含气量是指每吨页岩中所含天然气折算到标准温度和压力条件下（101.325kPa，0℃）的天然气总量。页岩含气量作为页岩气评层、选区的重要指标，是页岩气资源量 / 储量计算的关键参数，也是页岩气井产量和产气特征的重要影响因素。

表 2-37　长宁、威远地区实测地层温度、压力和压力系数统计

区块	井号	产层中深（m）	压力（MPa）	温度（℃）	压力系数
长宁	宁 201	2506	49.877	93.82	2.03
	长宁 H2-1	2243.66	39.66	—	1.8
	宁 201-H1	2418.5	47.29	—	1.98
	长宁 H3-1	2419	45.73	—	1.93
	长宁 H3-2	2430	45.74	—	1.92
	宁 203	2385	31.57（未稳）	87.02	1.35
	宁 209	3112.5	61.024	110.6	2.00
威远	威 202	2565	35.13	99.91	1.4
	威 203	3149	54.32	111.4	1.77
	威 204	3494	67.27	118.65	1.96
	威 205	3676	65.71	122.72	1.82
	威 206	3760	73.31	133.92	1.99

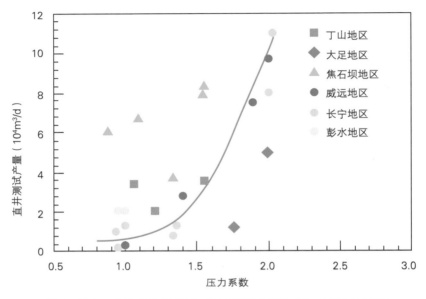

图 2-85　四川盆地页岩气直井测试产量与压力系数关系图

含气量的测定方法分为现场解吸法和等温吸附实验法。现场解吸法实测的总含气量为解吸气量、残余气量和损失气量之和（详见 SY/T 6940—2013《页岩气含量测定方法》）。等温吸附实验法计算的总含气量为吸附气含量与游离气含量之和。其中，吸附气含量可以根据实验得到的等温吸附曲线获得不同样品在不同压力（深度）下的最大吸附气量，也可通过实验确定该页岩样品的兰格缪尔方程计算参数（详见 GB/T 19560—2008《煤的高压等温吸附试验方法》）；游离气含量为页岩有效孔隙中游离态气体含量。

（1）页岩含气量现场解吸特征。

现场实测含气量数据显示（表 2-38），长宁、威远地区五峰组—龙一₁亚段页岩表现出较好的含气性，长宁区块五峰组—龙一₁亚段页岩实测含气量均值介于 1.96 ~ 3.18m³/t，威远区块五峰组—龙一₁亚段页岩实测含气量均值介于 2.78 ~ 3.86m³/t。

表 2-38　长宁、威远区块五峰组—龙一₁亚段现场实测含气量统计

区块	井号	层段	实测含气量范围（m³/t）	实测含气量平均值（m³/t）	样品个数（个）
长宁	宁 201	五峰组—龙一₁亚段	1.81 ~ 2.09	1.96	3
	宁 203	五峰组—龙一₁亚段	2.46 ~ 4.06	3.18	5
	宁 209	五峰组—龙一₁亚段	2.49 ~ 3.38	2.87	5
威远	威 201	五峰组—龙一₁亚段	1.21 ~ 5.01	2.78	12
	威 202	五峰组—龙一₁亚段	2.39 ~ 6.05	3.86	8
	威 204	五峰组—龙一₁亚段	2.68 ~ 3.21	2.92	6

（2）页岩等温吸附特征。

等温吸附实验是模拟页岩在地层温度下，页岩吸附量随压力变化的特征。地层压力对应等温吸附曲线上的吸附量即为地层条件的吸附气量，兰格缪尔等温吸附方程如下：

$$V_S = \frac{p_0 V_L}{p_0 + p_L}$$

式中　V_S——吸附气量，m³/t；

　　　V_L——兰氏体积，m³/t；

　　　p_L——兰氏压力，kPa；

　　　p_0——地层压力，kPa。

通过等温吸附实验，可以拟合得到不同有机碳含量条件下的兰氏体积，结合井底压力，可以计算吸附气量，从而评价页岩的吸附能力。实验结果（表 2-39）显示，长宁区块兰氏体积平均值介于 2.85 ~ 3.48m³/t，吸附气量平均值介于 2.07 ~ 3.05m³/t；威远区块兰氏体积平均值介于 1.51 ~ 3m³/t，吸附气量平均值介于 1.29 ~ 2.68m³/t。表明长宁、威远区块五峰组—龙一₁亚段页岩吸附能力强。

表 2-39　长宁页岩气田五峰组—龙一段页岩等温吸附实验结果平均值统计

区块	井号	层位	测试温度（℃）	兰氏体积（m³/t）	兰氏压力（MPa）	吸附气量（m³/t）
长宁	宁203	五峰组—龙一段	79.6	2.85	12.92	2.07
	宁201	五峰组—龙一段	75.0	3.48	6.91	3.05
威远	威201	五峰组—龙一段	60	1.51	2.41	1.29
	威202	五峰组—龙一段	90	2.7	7	2.25
	威203	五峰组—龙一段	95	3	6.5	2.68
	威204	五峰组—龙一段	95	2.2	8.5	1.95

吸附气量受 TOC 和温度影响较大。一般情况下，当温度一定时，TOC越高，页岩的吸附能力越好（图 2-86）。

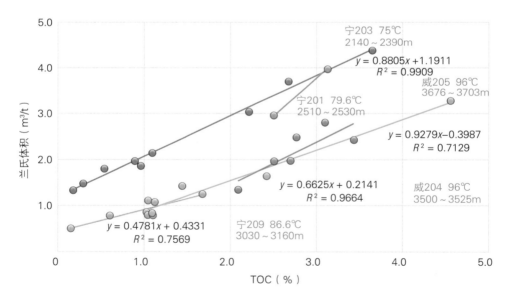

图 2-86　长宁、威远区块 TOC 与页岩兰氏体积的关系图

（3）含气量。

长宁区块五峰组—龙一₁亚段各小层总含气量均值介于 4.1 ~ 5.5m³/t，

威远区块五峰组—龙一$_1$亚段各小层总含气量均值介于 4.5 ~ 6.6m³/t。整体而言，龙一$_1^1$小层总含气量最高（表 2-40）。

表 2-40 长宁、威远区块五峰组—龙一$_1$亚段各小层总含气量统计 单位：m³/t

地层		长宁区块		威远区块	
		区间	平均值	区间	平均值
龙一$_1$亚段	龙一$_1^4$小层	2.0 ~ 6.7	4.1	1.8 ~ 7.1	4.6
	龙一$_1^3$小层	2.6 ~ 7.8	4.9	2.6 ~ 7.2	5.3
	龙一$_1^2$小层	2.2 ~ 9.0	4.7	2.4 ~ 8.0	4.9
	龙一$_1^1$小层	2.3 ~ 9.6	5.5	2.7 ~ 10.2	6.6
五峰组		1.6 ~ 7.8	4.1	2.3 ~ 6.7	4.5

5）储层厚度

页岩储层的受控因素较多，大致可以分为生气潜力、储集物性、可压裂性和含气性四大类别，分别选取 TOC、孔隙度、脆性指数和含气量 4 项储层参数将页岩储层由好变差分为 Ⅰ 类储层、Ⅱ 类储层和 Ⅲ 类储层，其中Ⅰ 类储层和 Ⅱ 类储层为优质页岩储层，Ⅲ 类储层为一般页岩储层（表 2-41）。Ⅰ + Ⅱ 类储层钻遇率，尤其是 Ⅰ 类储层钻遇率，可以为实现页岩气井高产奠定坚实的地质基础。

表 2-41 四川盆地五峰组—龙马溪组页岩储层分类标准

参数	页岩储层		
	Ⅰ 类储层	Ⅱ 类储层	Ⅲ 类储层
TOC（%）	≥ 3	2 ~ 3	1 ~ 2
有效孔隙度（%）	≥ 4	3 ~ 5	1 ~ 3
脆性指数（%）	≥ 55	45 ~ 55	30 ~ 45
总含气量（m³/t）	≥ 3	2 ~ 3	1 ~ 2

长宁区块五峰组—龙一$_1$亚段各小层 I + II 类储层厚度均值介于 1.8 ～ 14.4m，威远区块五峰组—龙一$_1$亚段各小层 I + II 类储层厚度均值介于 2.3 ～ 16.7m（表 2-42）。整体而言，纵向 I + II 类储层厚度分布稳定，横向分布连续（图 2-87、图 2-88）。

其中，I 类储层主要分布于龙一$_1^1$小层—龙一$_1^3$小层，II 类储层主要分布于五峰组中上部和龙一$_1^4$小层，即有利储集段具有一定的层位性。这是由于页岩储层的纵向分布特征主要受沉积演化的控制，五峰组为持续海进的退积式正旋回，即自下而上水体逐渐变深；而龙一$_1$亚段为持续海退的进积式反旋回，即自下而上水体逐渐变浅。水体较深时可为页岩储层段的沉积提供较大的可容纳空间，水体处于静水、低能的环境中，有利于有机质的保存；而水体变浅时，可容纳空间变小，不利于页岩储层的形成，且沉积环境由缺氧的还原环境向氧化环境演化，不利于沉积有机质的保存。海平面相对升降幅度、频率及持续时间决定了页岩储层段的发育程度及规模，因此在龙一$_1^1$小层—龙一$_1^3$小层最易形成优质页岩储层，其中龙一$_1^1$小层和龙一$_1^2$小层是长宁区块的最优靶体，龙一$_1^1$小层是威远区块的最优靶体。

表 2-42　长宁、威远区块五峰组—龙一$_1$亚段各小层 I+II 类储层厚度统计

单位：m

地层		长宁区块		威远区块	
		区间	平均值	区间	平均值
龙一$_1$亚段	龙一$_1^4$小层	0 ～ 23.2	14.4	0.5 ～ 25.3	16.7
	龙一$_1^3$小层	1.7 ～ 11.8	6.1	2.8 ～ 14.3	6.7
	龙一$_1^2$小层	4.2 ～ 11.8	7.9	2.7 ～ 11.8	6.0
	龙一$_1^1$小层	1.0 ～ 4.6	1.8	1.0 ～ 6.9	3.9
五峰组		0 ～ 8.1	3.3	0 ～ 5.8	2.3

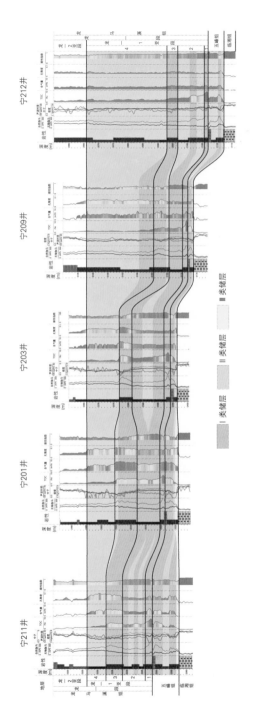

图 2-87 长宁地区典型评价井五峰组—龙—₁亚段Ⅰ类、Ⅱ类、Ⅲ类储层精细划分与连井对比

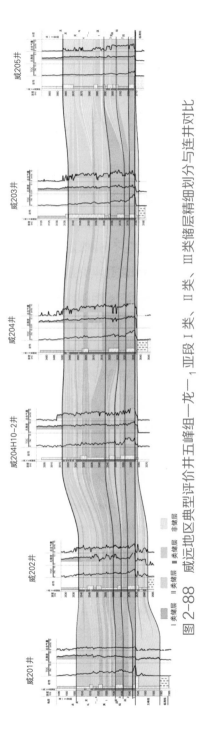

图 2-88 威远地区典型评价井五峰组—龙—₁亚段Ⅰ类、Ⅱ类、Ⅲ类储层精细划分与连井对比

（三）示范区主体技术

川南地区龙马溪组页岩气资源量巨大，但相比北美地区页岩气田地质条件复杂、地面条件较差，对页岩气勘探开发技术要求比较高。为了实现工业化大规模开采，长宁—威远国家级页岩气示范区通过不懈探索和持续攻关，从无到有，创新建立了适合中国南方多期构造演化海相页岩气勘探开发六大关键技术，包括综合地质评价技术、页岩气开发优化技术、水平井优快钻井技术、水平井体积压裂技术、水平井工厂化作业技术以及高效清洁开采技术。示范区建设过程中持续优化完善六大关键技术，技术适应性和可复制性不断增强，为川南页岩气快速上产提供了有力的技术支撑。

1. 综合地质评价技术

四川盆地长期以常规气勘探开发为主，没有针对页岩气开展过专门的地质研究和资源评价，缺乏相应的方法和技术体系。借鉴北美的经验做法，通过地质评价和先导试验阶段总结，创新建立了适合中国南方多期构造演化、高—过成熟海相页岩气资源评价和有利区优选技术体系，应用该技术开展了资源评价和有利区优选，确定了资源规模与开发建产区。

1）页岩气分析实验技术

由于页岩具有纳米级孔隙发育、有机质大量散布、气源多成因等特点，传统分析实验技术已无法全面分析页岩储层特征，通过国外先进实验分析仪器的引进、消化与吸收，系统建立了页岩气分析实验技术体系，形成了页岩岩石矿物学、有机地球化学、含气性、物性、岩石力学和地应力分析等关键实验技术，其中包括脉冲衰减法、颗粒法等渗透率测试技术，高压压汞、液氮吸附、低温二氧化碳吸附等孔隙结构分析技术以及 FIB 三维立体重构等微观结构可视化技术。

2）地震储层预测技术

为解决示范区"地表主要出露石灰岩，地形起伏大，激发接收条件差"的技术难题，在常规地震预测技术的基础上，发展了复杂山地石灰岩出露区三维地震采集技术，有效提高了采集资料品质。通过精细表层结构调查、复杂山地石灰岩出露区观测系统设计与测试技术相结合进行三维地震采集设计，建立了三分量多波采集处理技术，可以获得更丰富的地震信息，为地震处理解释精度提高奠定了基础。地震频带由 10 ~ 60Hz 拓宽至 8 ~ 70Hz。同时，发展完善了页岩气各向异性及叠前深度偏移处理技术，提高了成像精度，断点更清楚，深度偏移计算效率提高3.6倍。攻关形成了页岩气三维地震精细构造、小断层、埋深解释、特征参数及裂缝预测技术，深度误差小于 0.5%，主要评价参数符合率达到80%。通过攻关，形成了多波联合反演页岩储层预测技术，多波联合反演相对于单一纵波反演，横波阻抗反演结果更稳定、分辨率更高，对龙马溪组底部优质页岩层的刻画更加清楚（图 2-89）。

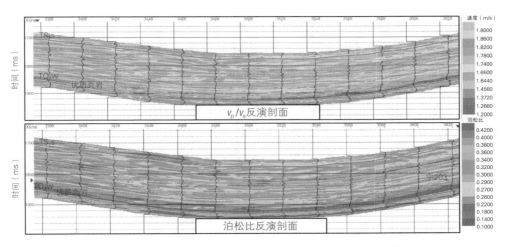

图 2-89　多波联合与单一纵波叠前反演 v_p/v_s 剖面对比图

3）测井储层评价技术

为解决"页岩气深层长水平段测井采集困难，常规测井方法耗时长、成本高"的难题，通过不断探索与实践，完善存储式常规测井仪器系列和配套测井采集工艺，建立了页岩气测井储层评价技术，提高了作业能力和效率。建立的页岩气水平井测井解释技术，实现了矿物组分、孔隙度、TOC、含气量、脆性指数等关键评价参数精细计算（图 2-90）。开展页

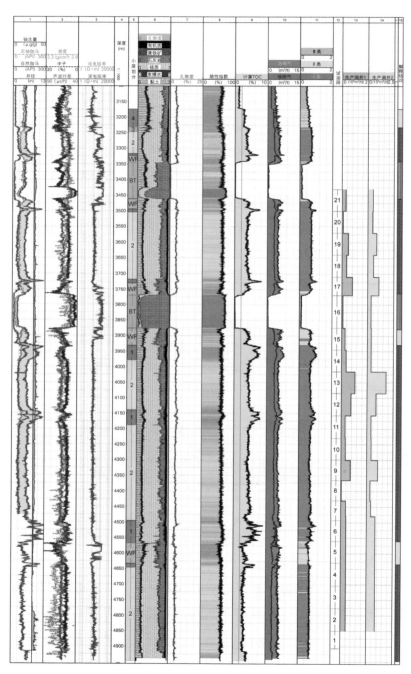

图 2-90　长宁 H3-4 井页岩气储层测井综合评价成果图

岩岩电和岩石物理实验工作，建立了页岩岩石力学动静态转换、吸附气等参数的计算模型，计算的 TOC 等页岩气特征参数与岩心实验对比误差小于 10%，测井解释符合率达到 90% 以上。

4）评层选区技术

借鉴北美成熟的页岩气评层选区方法和指标体系，创新建立了适合中国南方多期构造演化、高—过成熟海相页岩气评层选区技术体系，尤其突出了保存条件等关键指标（表 2-43）。应用评层选区技术明确了五峰组—龙一$_1$ 亚段是最有利的开发层系，优选出长宁、威远、富顺—永川 3 个有利区和宁 201、威 202-204 井区两个建产区。

表 2-43　南方海相页岩气选区评价参数与北美评价参数对比

序号	评价项目	南方海相有利区优选指标	北美有利区优选指标
1	有机碳含量（%）	>2	
2	成熟度（%）	>1.35	
3	脆性矿物含量（%）	>40	
4	黏土矿物含量（%）	<40	<30
5	孔隙度（%）	>2	
6	渗透率（nD）	>100	
7	含水饱和度（%）	<45	<40
8	含气量（m³/t）	>2	—
9	埋深（m）	<4000	—
10	优质页岩厚度（m）	>30	
11	压力系数	>1.2	—
12	距剥蚀线距离（m）	>7~8	—
13	距断层距离（m）	>700	—
14	地震资料	二维	—
15	地面条件	可批量部署平台	—

2. 页岩气开发优化技术

依托常规气藏开发理念和技术，针对页岩气独特的流动和生产等特征，创新建立了独具特色的页岩气开发优化技术，解决了页岩气藏如何规模有效开发的难题。

1）地质工程一体化建模技术

针对示范区建设过程中存在的"Ⅰ类储层钻遇率较低、井筒完整性较差和体积压裂效果有待提高"等难题，借鉴国外地质工程一体化理念，发展完善了页岩气地质工程一体化建模技术。建立了涵盖构造、储层、天然裂缝、地质力学等各种要素的地质工程一体化模型，定量刻画了储层关键地质和工程参数在三维空间的展布规律，实现了页岩气藏的可视化，打造"透明页岩气藏"（图2-91）。

2）地质工程一体化设计技术

应用地质工程一体化模型，优化井位部署和井眼轨迹设计，实现水平段沿"甜点"钻进；同时，为井下定向钻具组合优选、地质导向方案设计、

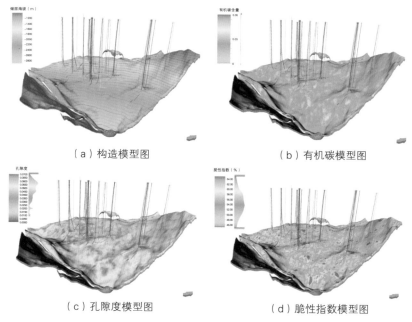

（a）构造模型图　　　　　　　　（b）有机碳模型图

（c）孔隙度模型图　　　　　　　（d）脆性指数模型图

图2-91　宁201井区地质工程一体化三维模型图

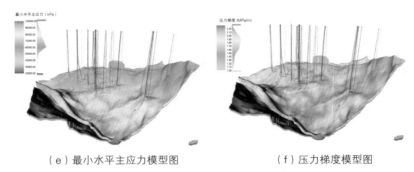

（e）最小水平主应力模型图　　　　　（f）压力梯度模型图

图 2-91　宁 201 井区地质工程一体化三维模型图（续）

钻井液密度窗口优化等钻井工程应用提供最直观的依据，也可预判可能发生井漏、滤失、套损等工程问题的位置，指导钻完井、压裂等工程实施，为确保井眼轨迹平滑、提高Ⅰ类储层钻遇率奠定基础。

3）渗流与试井分析技术

页岩中含有大量的吸附气，且微孔和介孔发育，页岩气流动机理特殊，不同于常规气藏，不但有渗流，还存在扩散流动，故传统渗流与试井分析技术已不适用，鉴于此，建立了页岩气水平井分段压裂渗流的物理数学模型，分析了分段压裂水平井压力动态响应特征，形成了适用于四川盆地五峰组—龙马溪组页岩分段压裂水平井的试井分析技术（图 2-92）。定量解释的压裂后裂缝参数与地层压力，为优化页岩气开发方案提供了重要依据。

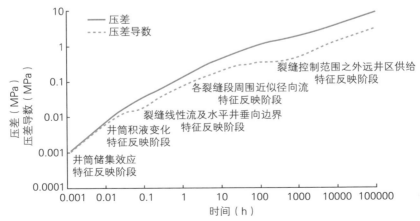

图 2-92　页岩分段压裂水平井典型双对数试井曲线的阶段特征示意图

图 2-93　页岩气井返排评价
指标体系示意图

4）产能评价与动态分析技术

页岩气井受储层人工裂缝、吸附气解吸及特殊流动机理影响，投产初期与中后期的产量递减趋势差异大，表现出初期递减指数变化较快、后期趋于稳定的特征，因此传统递减分析方法不再适用，而现有的商业软件一般基于渗流模型增加页岩气解吸—扩散理论，或借用煤层气理论，难以真实、客观地反映页岩气流动机理与生产动态规律。基于此，对经典的产量递减分析方法进行创新性改进，建立了符合页岩气水平井生产特征的产量递减分析和 EUR 评价方法，并预测了 3 个井区超过 100 余口页岩气井的产量、递减规律及 EUR，有效地指导了开发生产。以分段压裂水平井返排特征为基础，研究了返排规律和返排影响因素，建立了返排评价指标体系（图 2-93、表 2-44），据此可以客观地评价页岩气水平井的压裂效果和生产效果。

表 2-44　长宁区块宁 201 井区气井返排评价指标

分类	Ⅰ类储层（好）	Ⅱ类储层（中）	Ⅲ类储层（差）	与生产情况关联度（%）
见气时间（d）	< 1	1 ~ 2	> 2	82.64
30d 返排率（%）	< 10	10 ~ 15	> 15	86.81
达到最大产气量时的返排率（%）	< 10	10 ~ 20	> 20	88.19
水气比降为 1 的时间（d）	< 50	50 ~ 100	> 100	86.81

3. 水平井优快钻井技术

积极试验集成钻井工艺技术，持续改进井身结构，优化井眼轨迹，自主研制油基钻井液，形成页岩气水平井优快钻井工艺技术，有效减少了钻井复杂，基本解决了页岩层水平段钻井井壁失稳、井眼轨迹控制难度大、机械钻速低、油基钻井液依靠引进等问题，实现了安全快速钻井的目标。

1）井身结构设计技术

针对旋转导向、气体钻井提速技术、页岩层水平段井壁稳定性以及大规模体积压裂的要求对井身结构进行了优化。井身结构为"三开三完"常规井身结构，采用 ϕ 139.7mm 油层套管，可以满足 15m³/min 大排量体积压裂的需要。宁 201 井区技术套管上移至韩家店组顶，为韩家店组—石牛栏组难钻地层采用氮气钻井创造条件，威 201、威 202 井区技术套管上移至龙马溪组顶，充分发挥旋转导向工具提速作用。增下导管解决了宁 201 井区部分山地井表层漏垮复杂难题，长宁 H13 平台地表为须家河组堆积体，漏、垮、出水、卡钻频繁，井身结构调整为增下 3 层导管。

2）井眼轨迹设计技术

针对旋转导向和气体钻井提速的需求，优化形成以"双二维" 为主，龙马溪组顶集中增扭为辅的丛式井组大偏移距三维井眼轨迹设计方案。将造斜点下移至龙马溪组层段，增斜率提高至 8°/30m，韩家店组—石牛栏组难钻地层不定向，采用气体钻井提速；采用高造斜率旋转导向工具进行增斜扭方位着陆段作业，井下作业风险显著降低；水平段采用旋转导向或螺杆钻具组合进行钻进。"双二维"井眼轨迹方案将三维井眼轨迹剖面分解为"双二维"井眼剖面，上部"预增斜"即完成横向位移，降低了井碰风险，在水平段所在铅垂面内完成增斜及水平段作业，理论上可避免扭方位，减小摩阻，井眼轨迹控制难度降低，实钻狗腿度较低（图 2-94）。

3）钻井提速技术

通过持续优化，形成了以"个性化 PDC 钻头 + 长寿命螺杆、旋转导向、油基钻井液、气体钻井"为核心的钻井提速技术。形成成熟的个性化 PDC 钻头序列，威远平均机械钻速提高 107%，长宁平均机械钻速提高 61.8%，长宁 H3-5 井创造 5 只 PDC 钻头钻完全井进尺的纪录。针对表层易恶性井漏，采用气体钻井技术提速、治漏，同比常规钻井，单井减少漏失 2242m³。上部地层采用 PDC 钻头 + 螺杆 +MWD 防碰绕障提速，同比

PDC 钻头，机械钻速提高 30%。韩家店组—石牛栏组高研磨地层开展气体钻井提速，机械钻速同比常规钻井提高 2 倍以上，节约钻井周期 10d 以上。造斜段应用旋转导向技术，平均机械钻速提高 52%。

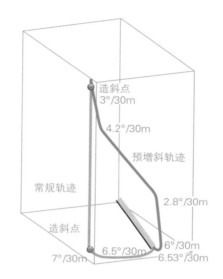

图 2-94   "双二维"与龙马溪组顶集中增扭井眼轨迹设计对比图

4）钻井液技术

基于页岩储层失稳机理，吸收、消化国内外先进技术，自主研发并批量生产出乳化剂、封堵剂、降滤失剂等 6 种关键处理剂，并形成了白油基钻井液体系，性能达到国际大公司同等水平，现场应用 42 井次，单井油基钻井液（按 300m³ 消耗计算）费用相比引进可降低 21%。为缓解油基岩屑环保处理压力，进一步扩大高性能水基钻井液应用范围，截至 2018 年 12 月 31 日，已在长宁—威远区块 21 口井水平段中获得成功应用，提高了机械钻速，缩短了钻井周期，降低了环保风险。

5）地质工程一体化导向技术

全面推广"自然伽马 + 元素录井 + 旋转导向"页岩气水平井地质工程一体化钻井技术，显著提高了 I 类储层钻遇率。长宁区块由 47.3% 提高到 96.5%，威远区块由 37.1% 提高到 94.9%。足 201-H1 井为目前国内最深页岩气井，垂深 4374.35m，完钻井深 6038m，水平段长 1503m，应用"自然伽马 + 元素录井 + 旋转导向"地质工程一体化技术，储层钻遇率达 100%，其中 I 类储层占比 96.4%， II 类储层占比 3.6%，无 III 类储层。

4. 水平井体积压裂技术

从借鉴北美体积压裂设计技术起步，逐步形成了页岩气地质工程一体化精细压裂设计技术，形成埋深 3500m 以浅体积压裂工艺技术（密切割 + 高强度加砂 + 暂堵转向）及施工配套技术，基本解决了水平应力差大、缝网形成困难等压裂难题，有效提高了储层改造体积和裂缝复杂程度，单井产量大幅度提高。并且，实现了压裂关键工具与液体的国产化，大幅度降低了作业成本。

全面推广地质工程一体化精细压裂设计技术，提高压裂方案的针对性。综合利用三维地震预测、录井、测井、固井等成果对水平段的储层品质和完井品质进行综合评价，根据评价结果进行精细分段。将物性参数相近、应力差异较小、固井质量相当、位于同一小层的井段作为同一段进行压裂改造（图 2-95）。优选脆性高、含气量高、最小水平主应力低的位置进行射孔，平台相邻井之间采用错位布缝。对于水平段偏离优质页岩的井段采用定向射孔，确保优质页岩有效改造。根据不同压裂段的储层特征，差异化设计压裂液和支撑剂组合、排量及泵注程序。对于天然裂缝发育井段，采用前置胶液并提高 70 ~ 140 目石英砂用量，支撑天然裂缝，降低滤失量。对于井眼偏离优质页岩的井段，采用前置胶液，扩展缝高。对于位于优质页岩的井段，全程采用滑溜水段塞式注入。

通过页岩露头压裂模拟实验和矿场对比试验，明确了采用低黏滑溜水体系，有利于沟通天然裂缝和提高储层改造体积；簇间距由初期的 25 ~ 35m 逐渐优化为 20 ~ 25m，有效利用缝间应力干扰形成复杂裂缝。施工排量由前期平均 8 ~ 10m^3/min 提高到 12 ~ 14m^3/min，进一步提高了单孔流量，确保了每簇射孔孔眼被有效改造，提高了缝内净压力。压裂过

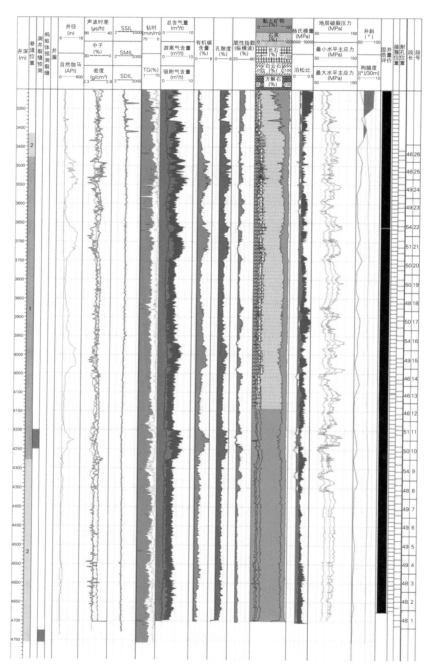

图2-95　基于地质工程一体化的压裂分段方案优化示意图（宁209H24-5井）

程中裂缝内净压力为 19.2 ～ 30.9MPa，大于地层水平应力差值，满足形成
复杂裂缝需要。针对部分井段天然裂缝发育，压裂过程中压裂液滤失大、
砂堵频繁等问题，采用"前置胶液 + 阶梯排量"、提高 70 ～ 140 目支撑
剂用量等措施，有效减少了砂堵的发生，并提高了加砂量。

施工过程中实时监测及分析施工压力响应情况，结合三维地震预测成
果和微地震监测（图 2-96）实时调整压裂参数及泵注程序，确保压裂泵注
程序最大限度地适应地层特征。建产初期有 30% 的井在压裂过程中发生了
套管变形，探索形成了缝内砂塞压裂和暂堵球压裂两种工艺，确保了对套
管变形段的有效改造。推广应用井筒化学清洗及胶液冲洗技术清洁井筒，
确保了泵送桥塞及射孔顺利实施。自主研发了速钻桥塞、大通径桥塞、套
管启动滑套等压裂工具和可回收滑溜水体系，有效降低了成本。

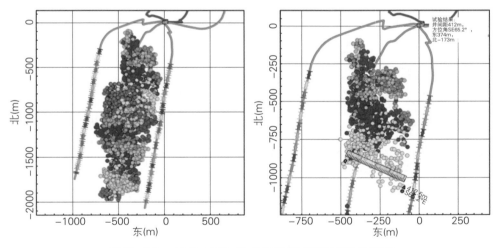

图 2-96　长宁 H13-5 井微地震监测结果示意图

强化压裂后评估，形成了以 DFIT 测试、压裂示踪剂、微地震监测、产
气剖面测试、净压力分析、干扰试井等为一体的压裂后评估技术体系，有
效评价地层压力、施工规模合理性、裂缝特征、储层特征与产能贡献等，
为地质评价、开发技术政策及压裂方案的持续优化提供支撑。

5. 水平井工厂化作业技术

立足四川盆地地形地貌及人居环境与北美地区之间存在的明显差异，创新形成了适应于盆地复杂山地条件的工厂化作业技术，实现了钻井、压裂、排采多工种交叉作业，各工序无缝衔接，资源共享，有效解决了复杂山地地形条件下场地受限、大规模、多工序、多单位同时作业效率较低的难题，作业效率显著提升，成本大幅度下降。

1）钻井工厂化作业技术

四川盆地与北美页岩气钻井作业环境有很大不同，不能简单照搬北美工厂化作业模式，山地丘陵地形限制了钻机、橇装设备和 24h 连续作业的应用。通过优化工序、安装钻机滑轨，实现"双钻机作业、批量化钻进、标准化运作"的工厂化钻井模式，钻前工程周期节约 30%，设备安装时间减少 70%。研制了滑轨式和步进式钻机平移装置，制订了平移评估流程和平移方案，钻机平移时间大幅度降低。

2）压裂工厂化作业技术

充分考虑四川盆地山地环境、井场大小、供水能力、作业噪声等因素的影响，形成"整体化部署、分布式压裂、拉链式作业"的工厂化压裂模式，压裂效率提高 50% 以上。采用平台储水、集中管网供水，实现区域水资源的统一调配以及返排液就近重复利用。

3）井区工厂化作业技术

采用"工厂化布置、批量化实施、流水线作业"井区工厂化作业模式，减少了资源占用，降低了设备材料消耗，精简了人员及设备，提升了效率，降低了费用。井位平台、设备材料、水电信路工厂化布置，为资源共享、重复利用奠定了基础。同一区块、同一平台多口井人员、设备共享，钻井液、工具重复利用，达到批量化实施的目的。同一区块、同一平台多口井钻井压裂各工序间有序衔接，流水线作业，简化了流程，优化了资源，提高了效率，降低了成本。在威 204H9 平台开展了同平台钻井与压裂同场作业现场试验，为该模式进一步改进完善积累了经验。

6. 高效清洁开采技术

为了实现快建快投和自动化生产、智能化管理，节约土地和水资源、防止地下水和地表水污染，实现清洁开发，创新形成了高效地面集输技术、数字化气田建设技术及清洁开发技术。

1）高效地面集输技术

针对页岩气田滚动接替开发模式，地面集输整体部署、分期实施、阶段调整、持续优化。井区气、电、水、通信"四网"统筹布局，管道和增压优化设计，集输、外输与市场一体化，确保全产全销。采用地面标准化设计和集成化橇装，实现了不同生产阶段的任意橇装组合和平台间快速复用，达到了"快建快投、节能降耗、无人值守"的目的。

2）数字化气田建设技术

"两化"融合，打造数字化气田，助推信息化条件下开发管理转型升级。充分运用"互联网+"的新理念、新技术，强化"云、网、端"基础设施建设，深化信息系统与应用的集成共享，全面提升自动化生产、数字化办公、智能化管理水平，提高了运行效率和安全管控水平，革命性转变一线生产组织方式，节约了人力资源和生产成本。

3）清洁开发技术

广泛采用与北美标准一致的成熟清洁开发技术，形成了"两控制"（温室气体排放、噪声）、"三利用"（水基岩屑、含油岩屑、压裂返排液）、"四保护"（地表水、地下水、土地、植被）为核心的页岩气清洁开采环保技术；在井位部署阶段采用电法勘探技术，远离大断裂，从源头规避恶性井漏风险；在浅层应用气体、清水钻井和套管封堵，有效防止钻井液污染地下水；采用地下水实时监测评价预警技术，跟踪评价预防地下水环境影响；建产区环境质量与开发前保持在相同水平，实现了资源的高效利用和绿色开发。

（四）示范区开发设计

长宁—威远页岩气示范区开发设计主要包括气藏工程设计、钻井工程设计、完井及增产改造工程设计、采气工程设计和地面工程设计 5 部分。

1. 长宁区块

1）气藏工程设计

长宁区块在宁 201 井区 2015 年已申报探明地质储量 834.64 × $10^8 m^3$ 的基础上，根据示范区三轮开发井实施效果，选择宁 201、宁 209 和宁 216 三个井区作为建产区，总面积 540km²，五峰组—龙一₁亚段地质储量为 2831.26 × $10^8 m^3$。

为最大限度地利用地下资源，采用丛式井组部署水平井，双排和单排布井（图 2-97），靶体龙一$_1^1$—龙一$_1^2$小层，水平巷道间距 300 ~ 400m，水平段长度以 1500 ~ 2000m 为主，单井首年平均产量为（10 ~ 11）× $10^4 m^3$/d，以平台和井区接替相结合的方式实现稳产。

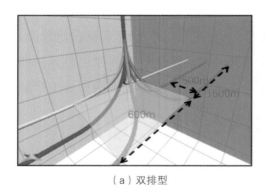
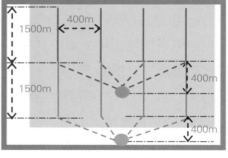

（a）双排型　　　　　　　　　　　　　　　　　　（b）单排型

图 2-97　长宁页岩气水平井布井模式

部署平台 123 个，水平井 770 口（含调节井 20 口），动用面积 532km²，动用储量 2758.27 × $10^8 m^3$；2017—2020 年为建产期，新开钻井 377 口，新投产井 277 口，2020 年达 50 × $10^8 m^3$/a 规模，期末累计产气 141.8 × $10^8 m^3$；2020—2027 年为稳产期，新开钻井 319 口，新投产井 379 口，稳产 8 年，期末累计产气 491.9 × $10^8 m^3$；2028—2047 年为递减期，期末累计产气 832.2 × $10^8 m^3$（图 2-98）。

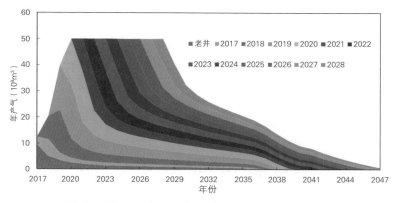

图 2-98　长宁页岩气田气井产量预测曲线图

2）钻井工程设计

长宁区块页岩气井井身结构主要采用四开井身结构（钻头程序 $\phi660.4\text{mm} \times \phi406.4\text{mm} \times \phi311.2\text{mm} \times \phi215.9\text{mm}$，套管程序 $\phi508.0\text{mm} \times \phi339.7\text{mm} \times \phi244.5\text{mm} \times \phi139.7\text{mm}$）（图 2-99）。

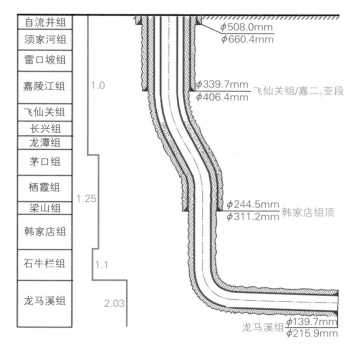

图 2-99　水平井钻井井身结构图

在井眼轨迹剖面及控制方面，二维井采用"直—增—稳—增—平"五段制轨迹剖面，三维井采用"直—增—稳—降—直—增—平"七段制"双二维"轨迹剖面，造斜段及水平段采用旋转导向 +LWD，其余井段采用 MWD 监控轨迹参数。

采用以"高效 PDC 钻头 + 长寿命螺杆 / 旋转导向 + 优质钻井液"为主体的钻井配套技术。在 ϕ311.2mm 及以上井眼采用聚合物、KCl− 聚合物钻井液，在 ϕ215.9mm 井眼主体采用油基钻井液，条件适宜的井可采用高性能水基钻井液；表层井漏风险高的井采用气体钻井治漏提速。

在固井工艺方面，ϕ339.7mm 套管采用双胶塞固井；ϕ244.5mm 套管采用双凝双胶塞固井；ϕ139.7mm 套管采用韧性防气窜水泥浆体系、预应力固井等技术提高固井质量。

根据井深合理选择钻机，井深小于 5000m 选用 ZJ50D 钻机，井深大于 5000m 选用 ZJ70D 钻机，并配备顶驱；选用 TF9$^5/_8$in × 5$^1/_2$in−105 套管头，井口防喷器及节流、压井管汇选用 70MPa 压力级别（图 2−100）。

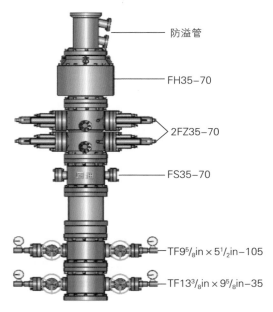

图 2−100　四开井口装置

长宁区块实施批量化钻井，ϕ311.2mm
及以上井眼、ϕ215.9mm井眼分别实施批钻
专打，提高平台建井效率。水平段长1500m
的井，宁201井区钻井周期75d，宁209井
区、宁216井区钻井周期90d；水平段长大
于1500m的井，水平段长每增加100m，钻
井周期增加1.5d。

3）完井及增产改造工程设计

完井方式采用套管射孔完井，井口装置
采用KQ65-70/105型采气井口，油层套管
采用ϕ139.7mm×ϕ125mm×12.7mm气
密封螺纹套管。

压裂工艺选择电缆泵送桥塞分簇射孔
分段压裂（图2-101）；主体采用速钻桥
塞、可溶桥塞作为分段工具；液体采用低
黏滑溜水，支撑剂采用70～140目粉砂+
40～70目陶粒。

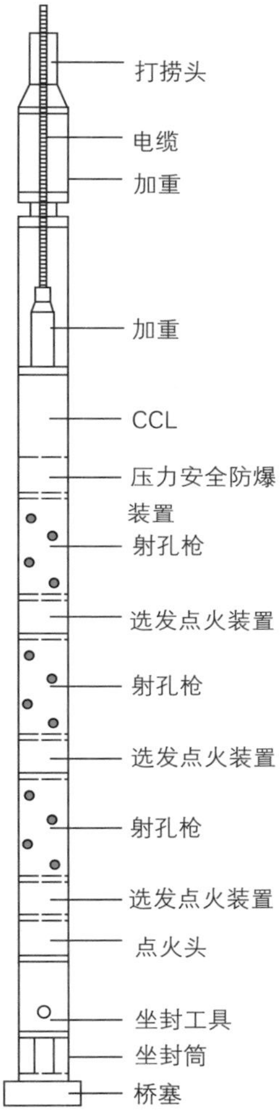

分段及射孔工艺参数设置为段长
60～75m，每段分3簇，簇间距20～
25m；主体采用电缆传输射孔，孔密16孔/m，
相位角60°，单段总孔数48孔。

压裂施工参数设置为单段液量在1800m³
左右，单段支撑剂用量为80～120t，施工排量为12～14m³/min。

工厂化作业，采用拉链式压裂模式，采用储水池或液罐供水。

开展微地震监测、压裂示踪剂、产出剖面测试、干扰试井等监测技术；
采用焖井、油嘴控制、逐级放大、调整稳定的排采制度。

打捞头
电缆
加重
加重
CCL
压力安全防爆
装置
射孔枪
选发点火装置
射孔枪
选发点火装置
射孔枪
选发点火装置
点火头
坐封工具
坐封筒
桥塞

图2-101 页岩气水平井射孔
管串结构（桥塞＋电缆传输射
孔联作）示意图

4）采气工程设计

当产量高于 $15 \times 10^4 m^3/d$ 时采用 ϕ73mm × N80 × 5.51mm 油管，当产量低于 $15 \times 10^4 m^3/d$ 时采用 ϕ60.3mm × N80 × 4.83mm 油管；稳定生产时通过地面节流不会产生水合物；生产初期或瞬时开关井时现场配备橇装式水套炉。

5）地面工程设计

长宁页岩气田地面建设包括宁 201、宁 209 和宁 216 三个井区，建设总规模为 $50 \times 10^8 m^3/a$。新建平台 96 座（616 口井），集气站 19 座，DN300mm 外输管道 2.0km，DN100 ～ 200mm 集气支线 250.4km，DN200 ～ 300mm 集气干线 106.2km。新建集中增压站 19 座，平台增压橇 15 台，新建脱水站 1 座，扩建脱水站 1 座。

平台和集气站无人值守，脱水站有人值守。集气站、平台生产数据上传至脱水站，脱水站数据上传至上级管理中心。配套相应通信、给排水、供电等系统工程。

2. 威远区块

1）气藏工程设计

威远区块优选威 202、威 204 和自 201 三个井区作为建产区，面积 595km^2，地质储量 $3080.12 \times 10^8 m^3$，设计动用面积 45.1km^2，动用储量 $2346.57 \times 10^8 m^3$。

主体采用常规双排、单排丛式井组部署水平井，井轨迹方位垂直于最大水平主应力方向，靶体位置龙一 $_1^1$ 小层，水平巷道间距 300m，水平段长度 1500 ～ 1800m（图 2-102、图 2-103），单井首年配产（9.5 ～ 10.5）× $10^4 m^3/d$，采用控压限产方式生产。

设计总井数 828 口（调节井 22 口），投产井 806 口，2017—2020 年为建产期，投产新井 295 口，实现 $50 \times 10^8 m^3$ 年产规模；2021—2027 年共新投产井 435 口，稳产 5 年，稳产期末累计产气 $494 \times 10^8 m^3$；预测至 2047 年底累计产气 $789 \times 10^8 m^3$，采收率达 33.6%（图 2-104）。

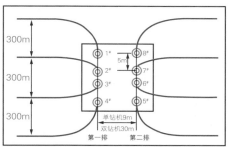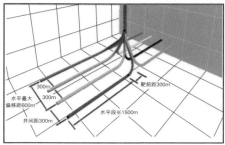

图 2-102　威远单平台常规双排井布置示意图

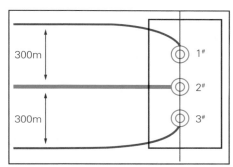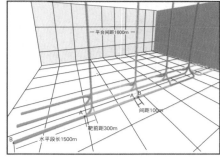

图 2-103　威远单平台 3 口井单排布置示意图

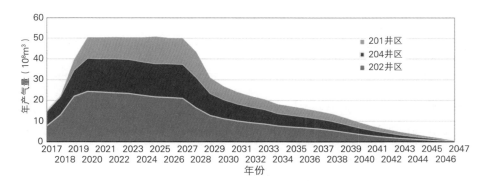

图 2-104　威远页岩气田产量预测曲线图

2）钻井工程设计

威远区块页岩气井采用与长宁区块一样的井身结构，四开井身结构（钻

头程序 ϕ 660.4mm × ϕ 406.4mm × ϕ 311.2mm × ϕ 215.9mm，套管程序 ϕ 508mm × ϕ 339.7mm × ϕ 244.5mm × ϕ 139.7mm）（图 2—99）。

二维井采用"直—增—稳—增—平"五段制轨迹剖面，三维井采用"直—增—稳—降—直—增—平"七段制"双二维"轨迹剖面，造斜段及水平段采用旋转导向 +LWD，其余井段采用 MWD 监控轨迹参数。

采用以"高效 PDC 钻头 + 长寿命螺杆 / 旋转导向 + 优质钻井液"为主体的钻井配套技术。在 ϕ 311.2mm 及以上井眼采用聚合物、KCl— 聚合物及钾聚磺钻井液，ϕ 215.9mm 井眼采用油基钻井液，条件适宜的井可采用高性能水基钻井液。

在固井工艺方面，ϕ 339.7mm 套管采用双胶塞固井；ϕ 244.5mm 套管采用双凝双胶塞固井；ϕ 139.7mm 套管采用韧性防气窜水泥浆体系、预应力固井等技术提高固井质量。

钻机的选择与长宁区块类似，在威远区块，井深小于 5000m 选用 ZJ50D 钻机，井深大于 5000m 选用 ZJ70D 钻机，并配备顶驱；选用 TF9$^{5}/_{8}$in × 5$^{1}/_{2}$in—105 套管头，最大关井压力小于 35MPa 的井，井控装置选用 35MPa 压力级别，最大关井压力大于 35MPa 的井，井控装置选用 70MPa 压力级别。

示范区实施批量化钻井，ϕ 311.2mm 及以上井眼、ϕ 215.9mm 井眼分别实施批钻专打，提高平台建井效率。

钻井周期总体上小于长宁区块，威 202 井区钻井周期为 50d，威 204 井区钻井周期为 70d；自 201 井区埋深小于 3000m 的井钻井周期为 50d，大于 3000m 的井钻井周期为 70d；水平段长大于 1500m 的井，水平段长每增加 100m，钻井周期增加 1.5d。

3）完井及增产改造工程设计

完井方式采用套管射孔完井，关井压力低于 35MPa 的区域采用 KQ65—35/105 型采气井口，关井压力高于 35MPa 的区域采用 KQ65—70/105 型采气井口，井口材质 EE 级；油层套管采用 ϕ 139.7mm × ϕ 125mm × 12.7mm

气密封螺纹套管。

采用电缆泵送桥塞分簇射孔分段压裂工艺；主体采用速钻桥塞、可溶桥塞作为分段工具；液体采用低黏滑溜水，支撑剂采用 70 ~ 140 目粉砂 +40 ~ 70 目陶粒。

分段及射孔工艺参数设置为段长 60 ~ 75m，每段分 3 簇，簇间距 20 ~ 25m；主体采用电缆传输射孔，孔密 16 孔 /m，相位角 60°，单段总孔数 48 孔。

压裂施工参数设置为单段液量 1600 ~ 1800m³，单段支撑剂用量不低于 90t，施工排量为 12 ~ 14m³/min。

工厂化作业，采用拉链式压裂模式，采用储水池或液罐供水。压裂监测及排采制度与长宁区块一致。

4）采气工程设计

在威远区块，产量高于 $10 \times 10^4 m^3/d$ 的井采用 $\phi73mm \times N80 \times 5.51mm$ 油管，低于 $10 \times 10^4 m^3/d$ 的井采用 $\phi60.3mm \times N80 \times 4.83mm$ 油管或 $\phi50.8mm \times 4mm$ 连续油管。稳定生产时通过地面节流不会产生水合物；生产初期或瞬时开关井时，现场配备橇装式水套炉。

5）地面工程设计

威远页岩气田地面建设包括威 202、威 204 和自 201 三个井区，建设总规模 $50 \times 10^8 m^3/a$。新建平台 112 座（684 口井），集气站 17 座，扩建集气站 1 座，新建 DN100 ~ 25mm 集气支线 315.7km，DN200 ~ 400mm 集气干线 124km。新建集中增压站 18 座，平台增压橇 14 台，新建脱水站 2 座，扩建脱水站 1 座。

平台和集气站无人值守，脱水站有人值守。集气站、平台生产数据上传至脱水站，脱水站数据上传至上级管理中心。配套相应通信、给排水、供电等系统工程。

（五）示范区建设成效

1. 方案设计实施情况

自 2014 年以来，中国石油天然气股份有限公司先后批复了长宁页岩气示范区 3 轮开发方案，连续滚动实施产能建设工作。批复建产期总井数 451 口，其中新钻井 443 口，利用老井 8 口；新建各类站场 142 座，集输气管道 378.82km。威远页岩气示范区先后批复了 3 轮开发方案，连续滚动实施产能建设工作。批复建产期总井数 422 口，其中新钻井 420 口，利用评价井 2 口；新建各类站场 118 座，集输气管道 579.5km。

1）钻井工程实施进度

截至 2018 年底，长宁页岩气示范区开钻平台 67 个，开钻井数 261 口，完钻井数 148 口，实际完成进尺 87.77×10⁴m。其中，2018 年开钻平台 44 个，开钻井数 157 口，完钻井数 69 口，完成进尺 46.1×10⁴m（图 2−105、图 2−106）。威远页岩气示范区开钻平台 64 个，开钻井数 257 口，完钻井数 199 口，实际完成进尺 115.29×10⁴m。其中，2018 年开钻平台 7 个，开钻井数 132 口，完钻井数 93 口，完成进尺 58.38×10⁴m（图 2−107、图 2−108）。

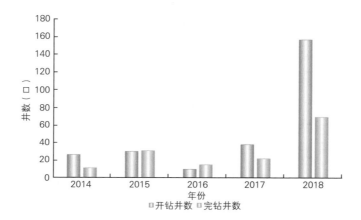

图 2−105　长宁区块不同年份钻井数柱状图

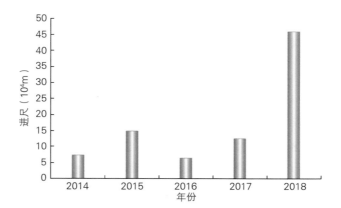

图 2-106　长宁区块不同年份钻井进尺柱状图

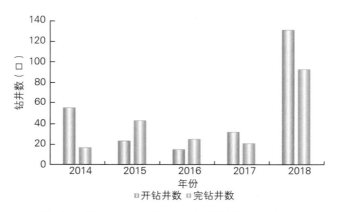

图 2-107　威远区块不同年份钻井数柱状图

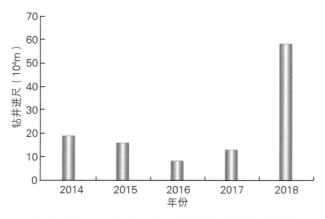

图 2-108　威远区块不同年份钻井进尺柱状图

2）压裂工程实施进度

截至 2018 年底，长宁地区已完成压裂平台 26 个，已完成压裂井 110口，压裂段数合计 2502 段；单井平均主压裂液量 42741m³，单井平均加砂量 2376t。其中，2018 年完成压裂平台 13 个，完成压裂井 42 口，压裂段数合计 1130 段；单井平均主压裂液量 48820m³，单井平均加砂量 2928t（图 2-109、图 2-110）。威远地区已完成压裂平台 23 个，已完成压裂井 154 口，压裂段数合计 3212 段；单井平均主压裂液量 38601m³，单井平均加砂量 2279t。其中，2018 年完成压裂平台 8 个，完成压裂井 56 口，压裂段数合计 1408 段；单井平均主压裂液量 44132m³，单井平均加砂量 2775t（图 2-111、图 2-112）。

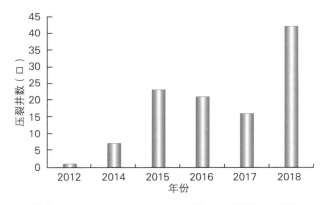

图 2-109　长宁区块不同年份压裂井数柱状图

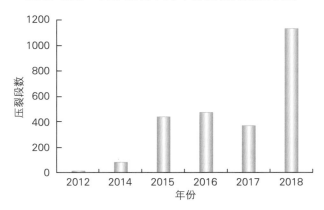

图 2-110　长宁区块不同年份压裂段数柱状图

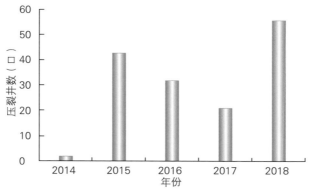

图 2-111 威远区块不同年份压裂井数柱状图

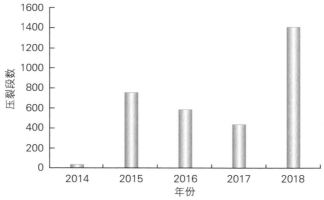

图 2-112 威远区块不同年份压裂段数柱状图

2. 方案设计实施效果

长宁地区压裂规模逐年提升，水平段长度基本保持在 1500m 左右，簇间距逐年减小，用液强度和加砂强度逐年提高。2018 年，单井平均压裂段长 1441m，平均簇间距为 17.12m，平均用液强度 34.4m³/m，平均加砂强度 2.27t/m（图 2-113 至图 2-116）。

截至 2018 年底，长宁地区完成 22 个平台、96 口水平井产量测试，累计测试产量 2210.88×10⁴m³/d，井均测试产量 23.03×10⁴m³/d，单井最高测试产量 43.3×10⁴m³/d。其中，测试产量大于 20×10⁴m³/d 的井共计 63 口，占比 65.6%；测试产量介于（10 ~ 20）×10⁴m³/d 的井共计 27 口，占比

28.1%；测试产量小于 $10 \times 10^4 m^3/d$ 的井共计 6 口，占比 6.3%。2018 年，完成测试水平井 34 口，井均测试产量 $23.37 \times 10^4 m^3/d$（图 2-117）。

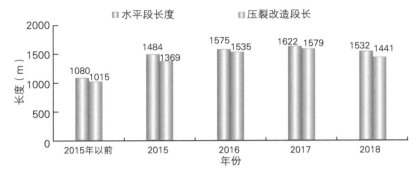

图 2-113　长宁水平段长度逐年变化柱状图

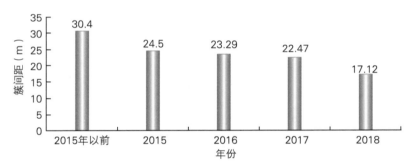

图 2-114　长宁簇间距逐年变化柱状图

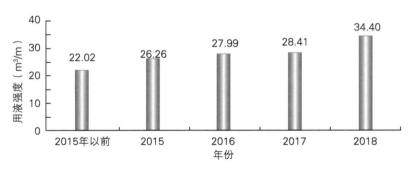

图 2-115　长宁压裂用液强度逐年变化柱状图

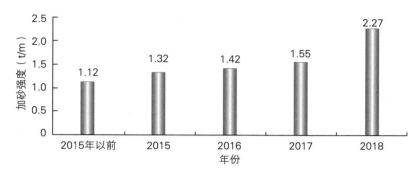

图 2-116 长宁压裂加砂强度逐年变化柱状图

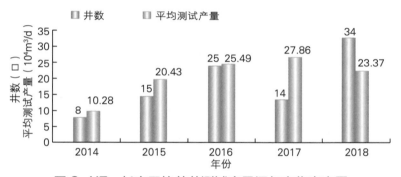

图 2-117 长宁区块单井测试产量逐年变化直方图

长宁区块投入生产平台 24 个，生产井共计 106 口，日产气 706.29×10⁴m³，平均单井日产气 6.66×10⁴m³、日产液 3972.6m³，历年累计产气 48.26×10⁸m³，历年累计产液 161.37×10⁴m³。实际井均首年日产气 11.71×10⁴m³，其中 49 口井首年日产气量大于 10×10⁴m³，19 口井首年日产气量小于 10×10⁴m³。单井 EUR 平均为 1.13×10⁸m³。按照长宁区块页岩气井划分标准（表 2-45），Ⅰ类井 76 口，占比 72%；Ⅱ类井 23 口，占比 22%；到 2016 年以后，长宁区块无Ⅲ类井出现（表 2-46）。

威远地区压裂规模同样逐年提升，水平段长度基本保持在 1500m 左右，簇间距逐年减小，用液强度和加砂强度逐年提高。2018 年，单井平均压裂段长 1513m，平均簇间距为 13.2m，平均用液强度 30m³/m，平均加砂强度 1.91t/m（图 2-118 至图 2-121）。

表 2-45　长宁区块页岩气井分类标准

分类	首年平均日产量 （ 10^4m^3 ）	测试产量 （ $10^4m^3/d$ ）
Ⅰ类井	> 10	> 20
Ⅱ类井	6 ~ 10	10 ~ 20
Ⅲ类井	< 6	< 10

表 2-46　长宁地区页岩气井分类评价统计

年份	井数 （口）	首年日产气量 （ 10^4m^3 ）	单井 EUR （ 10^8m^3 ）	Ⅰ类井比例 （%）	Ⅰ+Ⅱ类井比例 （%）
2014	8	5.41	0.60	25	25
2015	20	12.91	1.23	75	93
2016	24	12.50	1.20	87	100
2017	16	12.23	1.20	81	100
2018	38	10.88	1.11	67	100

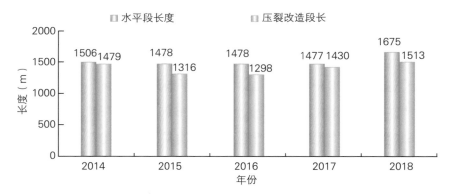

图 2-118　威远水平段长度逐年变化柱状图

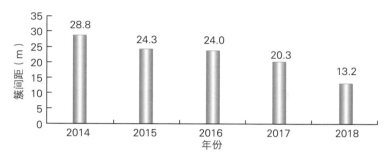

图 2-119　威远簇间距逐年变化柱状图

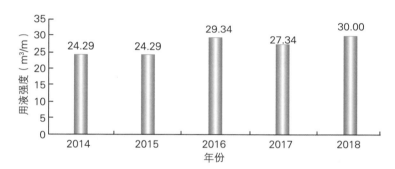

图 2-120　威远压裂用液强度逐年变化柱状图

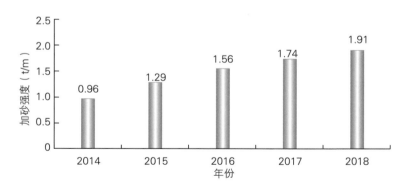

图 2-121　威远加砂强度逐年变化柱状图

截至 2018 年底，威远地区完成 28 个平台、134 口水平井产量测试，累计测试产量 2224.98×10⁴m³/d，井均测试产量 16.60×10⁴m³/d，单井最

高测试产量 $50.71 \times 10^4 m^3/d$。其中，测试产量大于 $20 \times 10^4 m^3/d$ 的井共计 46 口，占比 34.3%；测试产量为（$10 \sim 20$）$\times 10^4 m^3/d$ 的井共计 57 口，占比 42.5%；测试产量小于 $10 \times 10^4 m^3/d$ 的井共计 31 口，占比 23.2%。2018 年，完成测试水平井 43 口，井均测试产量 $17.37 \times 10^4 m^3/d$（图 2-122）。

图 2-122　威远地区单井测试产量逐年变化直方图

威远地区投入生产平台 34 个，生产井共计 150 口，日产气 $780.41 \times 10^4 m^3$，平均单井日产气 $5.20 \times 10^4 m^3$，日产液 $5465.7 m^3$，历年累计产气 $40.88 \times 10^8 m^3$，历年累计产液 $307.93 \times 10^4 m^3$。实际井均首年日产气 $7.38 \times 10^4 m^3$，其中 19 口井首年日产气量大于 $10 \times 10^4 m^3$，75 口井首年日产气量小于 $10 \times 10^4 m^3$。单井 EUR 平均为 $0.6 \times 10^8 m^3$。按照威远区块页岩气井划分标准（表 2-47），Ⅰ 类井 39 口，占比 23%；Ⅱ 类井 56 口，占比 37%（表 2-48）。

表 2-47　威远区块页岩气井分类标准

分类	首年平均日产量（$10^4 m^3$）		测试产量（$10^4 m^3/d$）
	威 202 井区	威 204 井区	
Ⅰ 类井	>10	>10	>20
Ⅱ 类井	6 ~ 10	8 ~ 10	10 ~ 20
Ⅲ 类井	<6	<8	<10

表 2-48　威远地区页岩气井分类评价统计

年份	井数 （口）	首年日产气量 （$10^4 m^3$）	单井 EUR （$10^8 m^3$）	Ⅰ类井比例 （%）	Ⅰ + Ⅱ类井比例 （%）
2014	1	3.48	0.31	0	0
2015	45	7.34	0.62	20	58
2016	30	8.16	0.61	30	77
2017	19	6.42	0.54	16	53
2018	55	7.51	0.61	33	65

3. 投资效益评价

长宁页岩气示范区页岩气井已发生成本主要包括钻前工程、钻井工程、压裂工程和地面建设工程。目前，长宁区块页岩气井单井成本为 6803 万元，其中钻前工程费用 836 万元，占比 12.29%；钻井工程费用 2472 万元，占比 36.34%；压裂工程费用 2795 万元，占比 41.08%；地面建设工程费用 700 万元，占比 10.29%。钻井费用和压裂费用占较大比例（表 2-49）。

表 2-49　长宁页岩气示范区单井成本构成　　　　　　　　单位：万元

序号	项目	2014 年	2015 年	2016 年	2017 年	2018 年
	合计	7241	6729	7514	7152	6803
1	钻前工程费用	945	847	1085	1227	836
2	钻井工程费用	2969	2639	2916	2693	2472
3	压裂工程费用	2627	2543	2813	2532	2795
4	地面建设工程费用	700	700	700	700	700

根据《关于调整公司天然气业务内部结算价格的通知》（油税价〔2018〕210 号）文件规定，天然气价格 2019 年及以后取页岩气出厂价（不含税）1265 元 /$10^3 m^3$。根据财政部和国家能源局发布的《关于页岩气

开发利用财政补贴政策的通知》，中央财政对页岩气开采企业给予补贴，2012—2015 年的补贴标准为 0.4 元 /m³，2016—2018 年的补贴标准为 0.3 元 /m³；2019—2020 年补贴标准为 0.2 元 /m³。在税率方面，增值税税率为 11%；城市维护建设税和教育费附加分别取增值税的 7% 和 5%；2019 年 1 月 1 日—2021 年 3 月 31 日资源税税率为 4.2%，2021 年 4 月 1 日及以后税率为 5.32%；所得税税率 2020 年以前取 15%（西部大开发优惠政策），2021 年及以后取 25%。弃置费比例取 5%。

按投资项目现金流量法测算，同比开发方案投资口径，2014—2018 年项目内部收益率为 12.29%，高于中国石油天然气集团公司页岩气开发项目基准收益率（8%）。

威远页岩气示范区页岩气井已发生成本主要有钻完井成本和地面建设成本，其中钻完井成本主要包括钻前工程费用、钻井工程费用和压裂工程费用。目前，威远区块页岩气井单井成本为 6353 万元，其中钻井工程费用 2098 万元，占比 33.02%；压裂工程费用 2913 万元，占比 45.85%；地面建设工程 500 万元，占比 7.87%；其他费用 621 万元，占比 9.77%，包括测井费用、录井费用、固井费用、清洁化费用等（表 2-50）。从成本构成不难看出，钻井工程费用和压裂工程费用占较大比例，降低成本应从提升钻井、压裂技术和效率入手。

表 2-50　威远区块单井成本构成　　　　　　　　　单位：万元

序号	项目	2014 年	2015 年	2016 年	2017 年	2018 年
	合计	5923	6173	5731	6047	6353
1	钻前工程费用	182	180	167	181	221
2	钻井工程费用	2374	2568	2176	2020	2098
3	压裂工程费用	2549	2347	2326	2797	2913
4	地面建设工程费用	500	500	500	500	500
5	其他费用	318	578	562	549	621

按投资项目现金流量法测算，同比开发方案投资口径，2014—2018 年
该项目内部收益率为 9.25%，高于中国石油天然气集团公司页岩气开发项
目基准收益率（8%）。

三、昭通页岩气示范区建设实践

（一）示范区基本概况

1. 示范区的建立

中国石油浙江油田公司（以下简称浙江油田公司）于 2009 年 7 月首
次取得滇黔北勘查区的勘查矿权，快速进行区域整体勘探评价，部署实施
二维地震、参数钻探，完成了有利区的初步优选。经过近两年的评层选区
成果，于 2011 年优选示范区北部区块进行精细勘探评价，部署实施三维地
震勘探和直井、水平井钻探，开展工程技术探索，并优选超压"甜点"区，
作为规模建产区。

2012 年 3 月 21 日，国家发改委和国家能源局正式批准设立"滇黔北
昭通国家级页岩气示范区"，示范区总面积 15078km²。示范区建设目标为
建立海相页岩气勘探开发技术及装备体系；探索形成市场化、低成本运作
的页岩气效益开发模式；研究制定页岩气压裂液成分、排放标准及循环利
用规范；昭通示范区探明页岩气地质储量在 $1000 \times 10^8 m^3$ 以上，建成产能
$5 \times 10^8 m^3/a$ 以上。

2. 示范区地理概况

昭通国家级页岩气示范区地跨四川、云南和贵州三省。示范区地处四
川盆地南缘、云贵高原北麓，属山地地貌，海拔高差大，绝对高程一般为
1500 ～ 2100m，相对高差一般为 500 ～ 1700m。气温垂直分带显著，年

平均气温 12.6 ~ 17.8℃，四季分明，属亚热带与暖温带共存的高原季风气候，年平均降雨量 750 ~ 1200mm。区内河湖水系纵横交错，水资源丰富，主要河流有洛泽河及白水江，均发源于中部山脉，流向西北，植被十分发育。示范区周边有宜宾、泸州、昭通、毕节等机场，内昆铁路、宜宾—巡司铁路、泸州—叙永铁路直达工区北部，渝昆高速公路和川黔高速公路从示范区西部和东部通过，宜威公路、叙威公路自北向南贯穿全区，乡村公路网可达区内各县及乡村境内。

3. 示范区勘探开发历程

1）页岩气勘探阶段（2009—2010 年）

2009 年，浙江油田公司按照"落实资源、评价产能、攻克技术、效益开发"的方针，启动"滇黔北昭通国家级页岩气示范区"建设，并取得滇黔北勘查区的勘查矿权。该阶段主要在四川盆地以南坳陷区开展地质调查、二维地震普查，钻探页岩气地质浅井和评价井，并探索页岩气地质评价技术方法和勘探评价工作程序。2009 年 12 月 4 日，探区内第一口资料井——YQ1 井在五峰组—龙马溪组发现页岩气，是国内首次见到页岩气的页岩气探井。

2）"甜点"区评价优选阶段（2011—2013 年）

2011 年，浙江油田公司开始在示范区北部进行勘探评价。2011 年 4 月 3 日，区内第一口评价井（昭 104 井）试获页岩气流；5 月 20 日，完成昭 104 井区三维地震采集；9 月 14 日，第一口水平井——YSH1-1 井完钻，2012 年 1 月 14 日，成功实施大型水力压裂并获得页岩气流。2012 年 3 月 21 日，国家发改委、国家能源局鉴于在昭通地区页岩气勘探开发取得的成果，正式批准设立"滇黔北昭通国家级页岩气示范区"。2013 年 7 月，直井 YS108 井完钻，9 月在龙马溪组获得测试产量 $1.63 \times 10^4 m^3/d$。

3）页岩气产能建设阶段（2013 年至今）

在 YS108 井区先导试验成果的基础上，利用前期评价成果，在黄金坝超压"甜点"区开展水平井产能评价，逐步形成了钻采工程核心技术系列、水平井组工厂化交叉作业技术和管理模式。2014年1月11日，实施黄金坝建产区三维地震采集；2014年1月28日，完成YS108H1-1水平井分段压裂改造，获得测试产量 $20.86 \times 10^4 m^3/d$，为规模开发奠定基础。截至2018年底，已完成黄金坝区块探明储量申报、黄金坝 $5 \times 10^8 m^3/a$ 开发方案、紫金坝 $4.8 \times 10^8 m^3/a$ 开发方案和太阳—大寨 $8 \times 10^8 m^3/a$ 浅层页岩气开发方案的编制工作。

4. 示范区储量申报情况

2015年，浙江油田公司在昭通示范区黄金坝气田YS108井区提交含气面积 $68.47 km^2$（图2-123），页岩气探明地质储量 $527.17 \times 10^8 m^3$，技术可采储量 $131.79 \times 10^8 m^3$，储量资源丰度 $7.7 \times 10^8 m^3/km^2$。

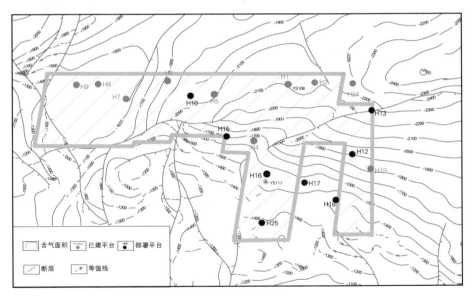

图2-123 昭通示范区黄金坝气田YS108井区含气面积申报图

5. 示范区开发现状

黄金坝气田、紫金坝气田YS112区块分别于2014年和2017年通过了 $5 \times 10^8 m^3/a$、$4.8 \times 10^8 m^3/a$ 开发方案，方案合计设计开钻平台29个，开钻173口井，完钻173口井，完成压裂173口井，投产173口井。

截至 2018 年底，昭通示范区页岩气产能建设计划新钻 109 口井，实际新钻 102 口井，完成产能评价 45 口井，单井平均测试产量 26.6 × 10^{4}m^3/d。黄金坝—紫金坝气田共投产 89 口井，日产气 415.1 × 10^{4}m^3，2018 年产气 11 × 10^{8}m^3，累计产气 22.5 × 10^{8}m^3（图 2-124）。

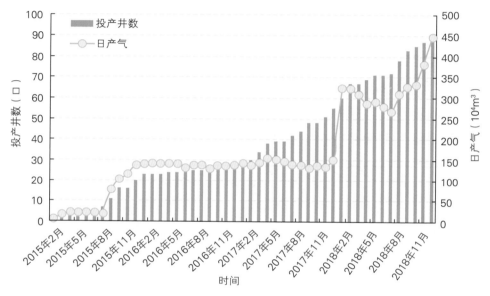

图 2-124　黄金坝—紫金坝气田页岩气井生产曲线图

黄金坝气田投产 72 口井，日产气 291.2 × 10^{4}m^3/d，2018 年产气 8.44 × 10^{8}m^3，累计产气 19.9 × 10^{8}m^3；累计完成 32 口井测试工作，平均单井测试产量 30.4 × 10^{4}m^3/d，对应压力 16.9MPa。2018 年，气田东北部 YS108H2、YS108H13、YS108H24 和 YS108H19 平台井试气效果好，平均单井测试产量 40.8 × 10^{4}m^3/d，建成 4 个日产百万立方米试气平台。

紫金坝气田 YS112 区块投产 17 口井，日产气 123.9 × 10^{4}m^3，2018 年产气 2.56 × 10^{8}m^3，累计产气 2.6 × 10^{8}m^3；累计完成 13 口井测试工作，平均单井测试产量 17.1 × 10^{4}m^3/d，对应压力 11.1MPa。

（二）示范区地质特征

1. 构造特征

1）区域构造及断层特征

昭通页岩气示范区构造主体位于扬子板块西南部的滇黔北坳陷，属扬子地台一级构造单元，北接四川盆地，东与武陵坳陷相邻，南与滇东黔中隆起相接，西邻康滇隆起，处于以下震旦统为基底的准克拉通构造背景（图2-125）。

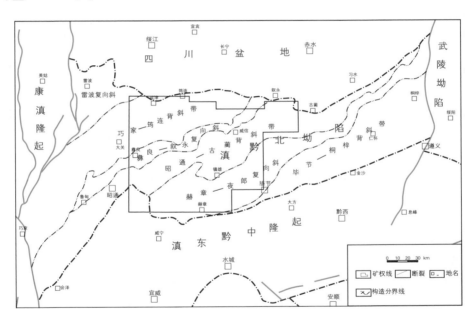

图 2-125　滇黔北坳陷区域构造位置及构造区划分图

示范区内断层较发育，主要为逆断层和平移断层。断层多呈北北东向、北东东向及近东西向，交会部位构造形态复杂，褶皱幅度不等，地表断裂约517条，断穿龙马溪组底界的断层约83条（图2-126）。

黄金坝—紫金坝气田位于建武向斜西翼和南翼，构造形态表现为北倾单斜构造。由于受多期构造挤压作用，南部断层较为发育，北部构造较稳定，断层较少（图2-127）。区域上断层多呈剪切或共轭关系，走向以北东向、北西向为主，部分断层断距较大，延伸较远。

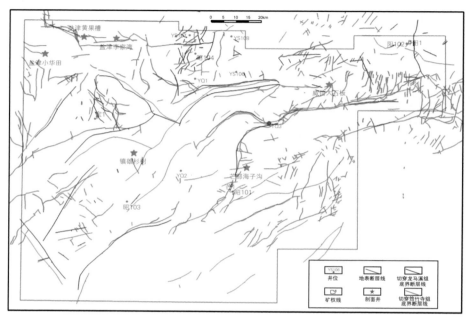

图 2-126　昭通示范区龙马溪组底界断裂分布图

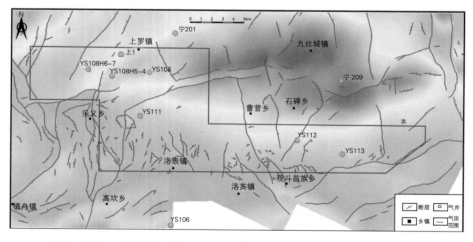

图 2-127　黄金坝—紫金坝气田志留系龙马溪组底界断裂系统图

2）构造演化特征

滇黔北坳陷经历了晚元古宙晚期—早古生代扬子板块南部大陆边缘、晚古生代—中三叠世裂陷陆表海和中生代前陆盆地 3 个构造演化阶段，发育震旦系—中三叠统海相沉积及上三叠统—下白垩统陆相沉积。加里东运动晚期，受扬子板块与华夏板块碰撞挤压，上志留统—泥盆系沉积受到乐山—龙女寺和滇东黔中等古隆起的控制。燕山运动以来，随着雪峰基底拆离造山带及粤海造山带向西北方向持续冲断和上隆，扬子地台东南部发生区域性陆内造山形变，川东—湘鄂西侏罗山式褶皱波及本区并形成云贵高原。喜马拉雅期，随着太平洋—古特提斯洋与华南板块发生碰撞、印度洋板块向北俯冲，形成近东西向和近南北向共同剪切的构造应力格局，云贵高原发生"南强北弱"的持续隆升剥蚀，以及"西强东弱"的扭动走滑，造就了现今的强烈改造残留型坳陷，高原地形起伏大，河流切割深，油气保存条件整体变差。

2. 地层特征

1）地层层序特征

昭通示范区内震旦系至三叠系发育较齐全，主要为海相沉积，以碳酸盐岩为主，分布广泛，岩性组合复杂，累计厚度大于 13000m，多期构造运动导致局部地层缺失。上奥陶统五峰组—下志留统龙马溪组分布稳定、厚度大、有机质丰度高、保存较好，是本区页岩气勘探开发的主要层系。

2）目的层埋深

五峰组—龙马溪组形成于晚奥陶世至早志留世。五峰组主要为黑色、灰黑色碳质、钙质、硅质或粉砂质页岩，水平纹层发育；顶部观音桥层为薄层含 Hirnantia 和 Dalmanitina 动物群化石的泥灰岩。龙马溪组岩性主要为黑色、灰黑色碳质、灰质或粉砂质含笔石页岩，见黄铁矿，向上颜色变浅、粉砂质及灰质含量增多，局部地区演变为泥灰岩或石灰岩。除笔石外，还可见三叶虫、腕足类、苔藓虫、珊瑚等化石，与上覆石牛栏组、下伏五峰组整合接触。

五峰组—龙马溪组主要分布于示范区中部及北部，残留面积约8700km²，主体埋深 1000 ~ 3500m。地层厚度呈南薄北厚特征，其中最北部筠连—上罗场—洛亥—响水滩一带最厚，达 300m 以上。由于受到黔中古隆起的影响，地层厚度向南减薄，其中芒部大湾头剖面地层厚度仅 52.95m，至彝良龙街—镇雄盐源—芒部—摩尼—威信一线地层尖灭。

3）优质页岩储层段精细划分

根据岩层中所含化石种类和含量变化，以及测井曲线响应特征，将龙马溪组划分为龙一段和龙二段。其中，龙二段岩性主要为灰色、灰黑色泥质灰岩、黑色灰质页岩，局部夹薄层灰质泥岩，顶部以块状灰岩与上覆石牛栏组为界，厚度 100 ~ 200m。龙一段岩性主要为黑色页岩、黑色碳质页岩及硅质页岩，普遍含黄铁矿，底部以观音桥段介壳灰岩与五峰组为界。

龙二段所含化石种类单一，以笔石为主；五峰组—龙一段富含笔石、放射虫、海绵骨针等。自下而上笔石富集程度逐渐降低，整体呈现"双列式为主—过渡带—单列式为主"的渐变规律。

综合岩性、电性、物性、含气性等参数，可将龙一段划分为龙一$_2$和龙一$_1$两个亚段。其中，龙一$_2$亚段自然伽马、电阻率值相对较低，TOC 一般小于 1.5%。龙一$_1$亚段自然伽马相对较高，电阻率比龙一$_2$亚段略高，TOC 一般大于 2%。为了便于进一步研究和精细对比，将主力产层段龙一$_1$亚段细分为 4 个小层，自下至上依次为龙一$_1^1$、龙一$_1^2$、龙一$_1^3$和龙一$_1^4$（表 2–51、图 2–128）。

表 2–51　昭通示范区五峰组—龙马溪组小层划分方案

界	系	统	组	段	亚段	小层
古生界	志留系	下统	龙马溪组	龙二段		
				龙一段	龙一$_2$	
					龙一$_1$	龙一$_1^4$
						龙一$_1^3$
						龙一$_1^2$
						龙一$_1^1$
	奥陶系	上统	五峰组	观音桥层		

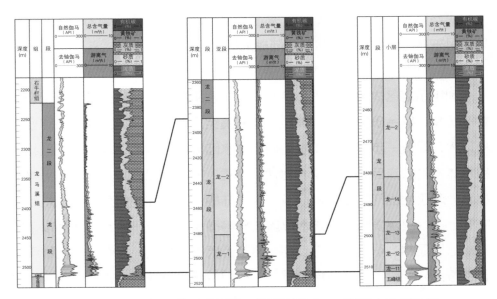

图2-128　昭通示范区五峰组—龙马溪组龙一₁亚段小层划分图

3. 沉积特征

1）沉积演化

五峰组沉积早期，由于受到冰期和间冰期作用的影响，区内海平面快速上升，水体加深，且海水处于相对滞留及缺氧状态，有利于富含有机质的暗色泥页岩沉积。示范区广大地区均发育深水碳质陆棚微相，工区西部及东北部主要发育深水灰泥质陆棚微相，仅局部地区，由于古地貌等原因，沉积水体相对变浅。

龙一段沉积期，为海平面快速上升时期，滇黔北地区可容纳空间迅速增大，水体加深，且海水处于相对滞留、贫氧的状态，堆积一套富含有机质的暗色泥页岩沉积。整体上以深水碳质陆棚沉积为主，受古地貌高地控制，局部地区发育浅水硅泥质陆棚。

龙二段沉积期，随着隆起继续抬升，隆后盆地相对变浅，水体随之变浅、变咸且富氧，水动力条件相对增强，总体上不利于有机质的形成与保存。滇黔北地区中西部浅水泥质陆棚沉积为主，在盐津黄果槽一带发育局限的浅水灰质陆棚。东部水体局限，盐度更高，以浅水灰质陆棚为主。局部紧邻加里东期古隆起发育浅水硅质陆棚沉积。

２）沉积相及沉积微相划分

利用示范区内岩心及野外露头观察、岩矿鉴定、地球化学分析以及测井等资料，综合研究认为五峰组—龙马溪组沉积期研究区主要处于陆棚沉积环境，可进一步划分为浅水陆棚和深水陆棚两种亚相，浅水陆棚亚相沉积水体相对较浅且相对富氧，岩性以灰质、粉砂质泥岩为主，局部见薄层灰岩、泥灰岩出现，主要发育浅水硅质陆棚、浅水硅泥质陆棚、浅水泥质陆棚、浅水灰泥质陆棚、浅水灰质陆棚等微相；而位于风暴浪基面以下的深水陆棚亚相沉积水体具有低能、滞留、厌氧的特征，岩性以黑色碳质泥质岩为主，局部含钙质及粉砂质等，见细粒球状黄铁矿，主要发育深水硅泥质陆棚、深水碳质陆棚、深水灰泥质陆棚等微相，深水碳质陆棚为优质页岩有利沉积相带。

4. 储层特征

１）岩石矿物特征

（１）岩石类型。

昭通页岩气示范区五峰组—龙马溪组岩石类型以泥页岩为主，其他类型包括介壳灰岩、粉砂岩、斑脱岩及各类过渡岩性（灰质泥岩、泥质灰岩、粉砂质泥岩等）。含气岩石类型主要为碳质泥页岩及含粉砂泥页岩等。

（２）矿物组成。

昭通示范区五峰组—龙马溪组一段岩石矿物成分主要为石英、长石、方解石、白云石、黄铁矿和黏土矿物等，其中黏土矿物主要为伊利石、伊蒙混层和绿泥石。脆性矿物主要包括石英、长石、方解石、白云石和黄铁矿等，具有自上而下含量逐渐增高的特点，其中石英含量占主导，介于2% ~ 64.5%，平均为34.6%；钾长石含量介于0 ~ 6.2%，平均为0.8%；钠长石含量介于0 ~ 20%，平均为6.1%；方解石含量介于0.3% ~ 49.2%，平均为8.7%；黄铁矿含量介于0 ~ 36.7%，平均为2.4%（图2-129）。

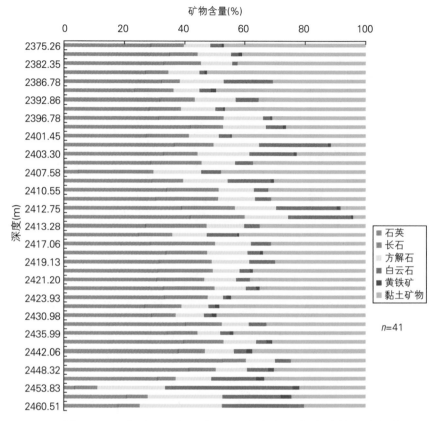

图 2-129　YS112 井五峰组—龙一段岩心样品全岩矿物组成条状图

黏土矿物含量总体较低，在纵向上具有从上至下逐渐减少的特点，总含量介于 4.8% ~ 64.4%，平均为 33.4%，以伊利石（63.3%）和伊蒙混层（22.9%）为主，其次为绿泥石（8.9%）和高岭石（4.9%）。

（3）脆性矿物特征。

①五峰组—龙一$_1$亚段脆性矿物纵向分布特征。

昭通示范区五峰组—龙一$_1$亚段脆性矿物含量整体较高，介于 54.1% ~ 93.2%。其中，龙一$_1^1$小层和龙一$_1^2$小层含量最高（介于 54.1% ~ 91.2%，平均为 78.0%），五峰组次之（介于 49.3% ~ 93.2%，平均为 75.8%），龙一$_1^3$小层和龙一$_1^4$小层含量相对较低（介于 48.7% ~ 79.7%，平均为

66.3%）（图2-130）。

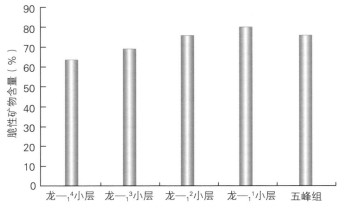

图2-130　昭通示范区五峰组—龙一₁亚段各小层脆性矿物含量直方图

②五峰组—龙一₁亚段脆性矿物平面分布特征。

脆性矿物含量平面上总体稳定，工区北部和西部脆性矿物含量较高（图2-131）。黄金坝—紫金坝气田五峰组—龙一₁亚段脆性矿物含量为

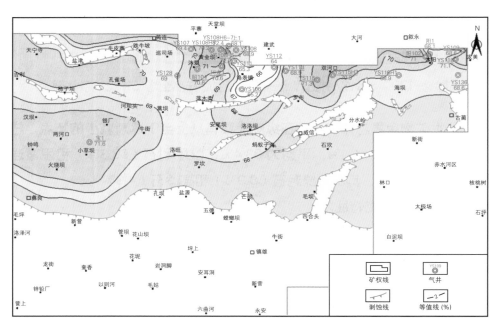

图2-131　昭通示范区五峰组—龙一₁亚段脆性矿物含量等值线图

48.7% ~ 88.3%，平均为 68.2%，底部优质页岩含量平均为 74.9%，具有
较好的可压裂性，有利于储层体积改造和商业开采。

2）有机地化特征

（1）TOC 特征。

①五峰组—龙一$_1$亚段 TOC 纵向分布特征。

TOC 是评价页岩储层品质的主要指标。昭通示范区五峰组—龙一$_1$亚
段 TOC 介于 0.4% ~ 6.8%，平均为 3.4%。其中，龙一$_1^1$小层 TOC 最高（介
于 2.9% ~ 6.8%，平均为 5.4%），其次为五峰组（介于 0.6% ~ 4.6%，平
均为 3.1%）和龙一$_1^2$小层（介于 1.3% ~ 4.6%，平均为 3.5%），龙一$_1^3$
小层和龙一$_1^4$小层 TOC 相对较低（介于 0.4% ~ 4.4%，平均为 2.4%）
（图 2-132）。

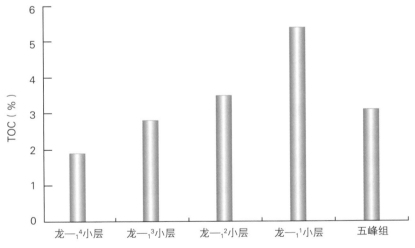

图 2-132　昭通示范区五峰组—龙一$_1$亚段各小层 TOC 直方图

②五峰组—龙一$_1$亚段 TOC 平面分布特征。

TOC 在平面上整体呈现北高南低的特点，北部高值区达 3% 以上，
向南逐渐降低至 1.5% 左右（图 2-133）。黄金坝—紫金坝气田五峰组—
龙一$_1$亚段 TOC 整体处于高值区，介于 2.2% ~ 3.6%，平均为 2.7%。

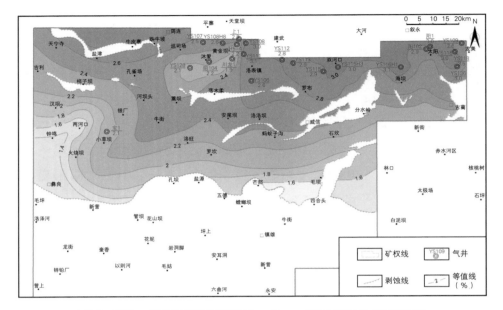

图 2-133　昭通示范区五峰组—龙一$_1$亚段 TOC 等值线图

（2）有机质类型及成熟度。

昭通示范区五峰组—龙一$_1$亚段干酪根镜检类型指数（KTI）主要介于 41 ~ 82，属于 II$_1$型干酪根；少量样品 KTI 达到 90 ~ 100，属于 I 型干酪根。显微组分以腐泥组为主，含量介于 73% ~ 88%。

泥页岩有机质成熟度（R_o）为 2% ~ 3.9%，全区已普遍演化至过成熟干气阶段。黄金坝气田以西地区，略高于中部及东部。

3）储集特征

（1）微观孔隙特征。

五峰组—龙一$_1$亚段储集空间以孔隙为主，镜下可识别出 7 种孔隙类型，即残余粒间孔、有机质孔、黏土矿物或黄铁矿晶间孔、粒间溶孔、粒内溶孔、生物体腔孔以及铸模孔。其中，有机质孔多以蜂窝状、串珠状、椭圆状及不规则状等形态分布于有机质中，轮廓清晰，孔径大小不一，多介于 20 ~ 800nm，个别可达微米级。龙马溪组裂缝较发育，主要为构造缝、层间缝、成岩收缩缝和异常压力缝，多被次生矿物或有机质充填（表 2-52）。

表 2-52　页岩主要裂缝成因类型划分

裂缝类型	主控地质因素	发育特点	储集性与渗透性
构造缝（张裂缝、剪裂缝）	构造作用	产状变化大，破裂面不平整，多数被完全充填或部分充填	主要的储集空间和渗流通道
层间缝	沉积成岩、构造作用	多数被完全充填，一端与高角度张性缝连通	部分储集空间，具有较高的渗透率
层面滑移缝	构造、沉积成岩作用	平整、光滑或具有划痕、阶步的面，且在地下不易闭合	良好的储集空间，具有较高的渗透率
成岩收缩微裂缝	成岩作用	连通性较好，开度变化较大，部分被充填	部分储集空间和渗流通道
有机质演化异常压力缝	有机质演化局部异常压力作用	缝面不规则，不成组系，多充填有机质	主要的储集空间和部分渗流通道

（2）孔隙结构特征。

五峰组—龙一$_1$亚段泥页岩储层孔隙以介孔（孔径 2 ~ 50nm）为主，占总孔体积的 87.32%，微孔（孔径小于 2nm）占比 1.43%，宏孔（孔径大于 50nm）占比 11.25%（图 2-134）。页岩样品的比表面积和孔体积均较大，有利于页岩气的吸附。比表面积为 15.5 ~ 31.7m^2/g，平均为 22.63m^2/g；总孔体积为 0.024 ~ 0.037mL/g，平均为 0.032mL/g；平均孔径为 7.2 ~ 10.4nm，平均为 8.9nm。其中，龙一$_1^1$小层比表面积最大，为 28.2 ~ 31.7m^2/g，平均为 29.95m^2/g；其次为五峰组、龙一$_1^2$小层和龙一$_1^3$小层；龙一$_1^4$小层比表面积最小（图 2-135）。

（3）孔隙度特征。

①五峰组—龙一$_1$亚段有效孔隙度纵向分布特征。

昭通示范区五峰组—龙一$_1$亚段有效孔隙度介于 0.9% ~ 6.1%，平均为 3.5%。其中，龙一$_1^1$小层有效孔隙度最高（介于 2.2% ~ 6.1%，平均为 4.6%），其次为龙一$_1^2$小层（介于 1.5% ~ 5.2%，平均为 3.6%），龙一$_1^3$小层（介于 1.8% ~ 5.3%，平均为 3.3%）和五峰组（介于 1.1% ~ 5.6%，平均为 3.2%）孔隙度相对较低，龙一$_1^4$小层有效孔隙度最低（介于 0.9% ~ 4.9%，平均为 2.7%）（图 2-136）。

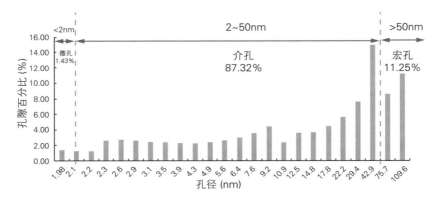

图 2-134　昭通示范区五峰组—龙一₁亚段页岩孔径分布统计图

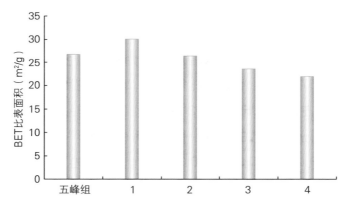

图 2-135　昭通示范区五峰组—龙一₁亚段各小层比表面积对比直方图

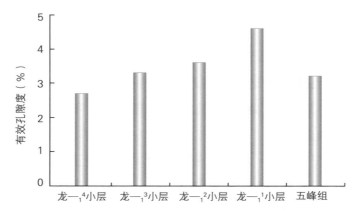

图 2-136　昭通示范区五峰组—龙一₁亚段各小层有效孔隙度直方图

②五峰组—龙一$_1$亚段有效孔隙度平面分布特征。

平面上，示范区内五峰组—龙一$_1$亚段有效孔隙度由北向南逐渐降低，北部地区多在 3% 以上，东北部高值区有效孔隙度可达 3.5% 以上，工区西部由于泥页岩热演化程度较高（R_o>3.0），导致孔隙度降低，平均 2.6% 左右（图 2-137）。黄金坝—紫金坝气田五峰组—龙一$_1$亚段有效孔隙度为 2.6% ~ 4.1% 之间，平均为 3.4%。

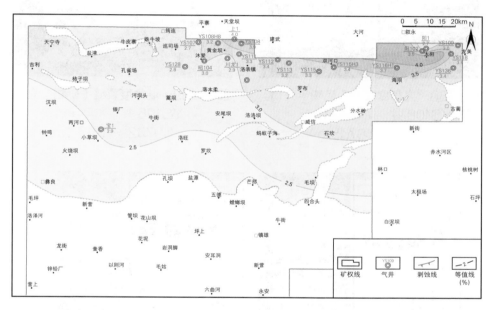

图 2-137　昭通示范区五峰组—龙一$_1$亚段有效孔隙度等值线图

（4）裂缝特征。

裂缝是页岩气游离气重要的储集空间，有助于吸附气解吸，也是气体渗流的重要通道，天然裂缝的发育可以有效提高页岩气产量。

岩心观察及成像测井资料表明，五峰组—龙马溪组裂缝较发育（图 2-138 至图 2-140）。低角度裂缝多为层间滑动缝，一般不具穿层性，滑动方向多与地层倾向斜交，缝面常见擦痕或阶步，破裂强度较大时见碎裂角砾，多分布于五峰组—龙一$_2$亚段，且自下至上发育程度减弱。高角度裂缝方向性明显，边缘裂隙面比较平直，延伸较远，多贯穿层面，有时因多期构造应力破坏，相互交叉且相互贯通，缝面常见擦痕或阶步，多被

图 2-138　高角度裂缝（矿物半充填，
YS108 井，龙马溪组，
2487.05 ~ 2487.15m）

图 2-139　低角度裂缝（矿物全充填，
YS106 井，龙马溪组，
1197.12 ~ 1197.81m）

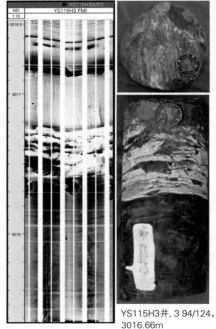

YS115H3井，3 94/124，
3016.66m

YS115，3 18 ~ 20/41，
2238.5 ~ 2239m

图 2-140　昭通示范区页岩储层裂缝特征

次生矿物充填，裂缝密度为 8 ~ 12 条 /m，宽度一般为 0.01 ~ 2cm；五峰
组—龙马溪组中均有裂缝分布，因受构造部位及古应力场的控制，区内不
同构造部位发育程度不同。

4）地质力学特征

昭通示范区地下断层、微构造及天然裂缝发育，地应力状态复杂（高
应力值的挤压走滑构造应力），尤其是两向水平应力差大，表现为特殊的
南方海相盆缘山地页岩气特点，导致地质评价、水平井钻井及储层改造面
临着巨大的难度与挑战。

（1）岩石力学特征。

根据岩心实测结果，五峰组—龙一₁亚段页岩抗压强度为 244.67 ~
254.16MPa，平均为 249.42MPa；弹性模量为 33.1 ~ 34.1GPa，平均
为 33.6GPa。垂直和平行于层理面的平均杨氏模量分别为 20.89GPa 和
38.45GPa，平均泊松比分别为 0.221 和 0.193。杨氏模量比介于 1.56 ~ 2.14，
均值为 1.84，即平行于层理面的杨氏模量均大于垂直于层理面的杨氏模量。
各向异性指数介于 36.04% ~ 53.21%，均值为 45.67%，展示出明显的各
向异性，而随着深度的增加，杨氏模量各向异性有减弱的趋势（表 2-53）。
岩石力学性质特征总体上显示为较高的杨氏模量和较低的泊松比，表明具
有较高的脆性。

表 2-53 昭通示范区五峰组—龙马溪组岩石力学参数

井号	深度（m）	层位	E（GPa）	E'（GPa）	v	v'	G'（GPa）	E'/E	v'/v	$(E'-E)/E'$（%）
昭 104	2032.74	龙一₁⁴	17.42	36.36	0.265	0.171	4.47	2.09	0.65	52.09
YS117	2300.54	龙一₁⁴	17.79	38.02	0.206	0.266	5.20	2.14	1.29	53.21
YS117	2330.68	五峰组	20.86	39.68	0.169	0.162	11.65	1.90	0.96	47.43
YS111	2388.15	五峰组	23.08	39.76	0.235	0.125	11.27	1.72	0.53	41.95

续表

井号	深度（m）	层位	E（GPa）	E'（GPa）	v	v'	G'（GPa）	E'/E	v'/v	$(E'-E)/E'$（%）
YS112	2427.68	龙一$_1^4$	20.79	37.18	0.187	0.156	9.85	1.79	0.83	44.08
YS108	2506.07	龙一$_1^2$	25.38	39.68	0.261	0.278	4.02	1.56	1.07	36.04
均值	2330.98		20.89	38.45	0.221	0.193	7.74	1.84	0.88	45.67

注：E' 和 v' 分别为平行层理面的杨氏模量和泊松比；E、v 和 G' 分别为垂直于层理面的杨氏模量、泊松比以及剪切模量；$(E'-E)/E'$ 为各向异性指数。

黄金坝—紫金坝气田杨氏模量为 28.70 ~ 34.26GPa，平均为 31.92GPa；泊松比为 0.19 ~ 0.27，平均为 0.22。利用 Rickman 公式计算页岩储层脆性指数，介于 39.26% ~ 58.66%，平均为 51.66%。

（2）地应力特征。

①地应力大小。

根据三轴应力测试结果，示范区五峰组—龙马溪组最大水平主应力为 71.7 ~ 79.6MPa，平均为 75.35MPa；最小水平主应力为 47.43 ~ 55.7MPa，平均为 52.53MPa；水平应力差为 18.6 ~ 26.5MPa，平均为 22.78MPa。主应力分布规律为 $\sigma_H > \sigma_V > \sigma_h$，即三轴应力呈现走滑断层特征，应力差较大，反映了较强的区域构造应力。总体来看，两向水平应力差比值在 30% 左右，不利于人工裂缝转向，较难形成复杂的缝网系统。基于地层评价和岩石力学分析结果，优选应力较低、可压性高的井段作为射孔段，有利于裂缝的开启和横向延伸。

②地应力方向。

根据快慢横波测井方位、钻井诱导缝及井壁崩落方位，综合分析示范区最大主应力方位。分析结果表明，自西部黄金坝—紫金坝气田向东部太阳—大寨地区，最大主应力方向由北西西—南东东向逐渐向北东东—南西西向发生偏转。黄金坝—紫金坝气田最大主应力方向为

100°～130°，平均为 119°；太阳—大寨地区为 220°～230°，平均为
225°（图 2-141）。

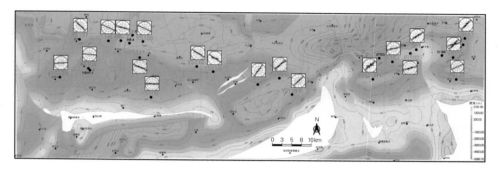

图 2-141　昭通示范区五峰组—龙马溪组最大水平主应力方向示意图

5. 气藏特征

1）气藏类型

昭通示范区黄金坝—紫金坝气田五峰组—龙一段气藏为向斜型高脆性
矿物含量、高 TOC、中孔隙度、高含气性、高压力系数的自生自储式连续
性页岩气藏。具体特征表现为：

（1）气源对比显示，黄金坝—紫金坝气田五峰组—龙马溪组页岩气来
源于自身暗色富有机质泥页岩，为同源不同期混合气，具有源储一体的特征。

（2）五峰组—龙马溪组为深水陆棚相泥页岩，岩层厚度大，纵向上连
续无隔层，横向上大面积连续分布。页岩储层发育大量纳米级孔隙，以孔
径 1.5～50nm 的有机质孔为主，裂缝较为发育，有利于天然气赋存；顶
底板岩性致密，气藏保存条件良好。

（3）昭通地区已钻探超 200 口页岩气探评井及开发井，均钻遇页岩
气层，试采压力及产量较稳定，具有较好的页岩气产能。

（4）钻井及测井资料显示，区内各井页岩气层横向分布稳定，对比性
强，未见到明显的含气边界和气水界面，证实气藏具有大面积层状分布、
整体含气的特点（图 2-142）。

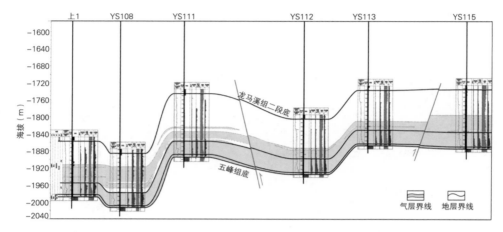

图2-142　过上1—YS108—YS111—YS112—YS113—YS115井
奥陶系五峰组—志留系龙一段气藏剖面图

2）流体性质

昭通区块表现为盆缘复杂构造型高脆性矿物含量、高TOC、中孔隙度、较高含气性、常压—超高压的自生自储式连续性页岩气藏。天然气组分分析表明，昭通示范区页岩气烃类组分以甲烷为主，重烃含量低（表2-54）。烃类组分中甲烷含量为96.76%～98.86%，平均为97.62%；乙烷含量为0.22%～1.11%，平均为0.58%；丙烷含量占比0.01%；二氧化碳含量为0.04%～0.49%，平均为0.15%；未发现硫化氢。天然气成熟度高，干燥系数（C_1/C_{2+}）为189.13～220.24。甲烷碳同位素$\delta^{13}C_1$为−28.02‰～−23.9‰，平均为−26.78‰。

表2-54　昭通示范区部分典型井气体组分数据

组分（%）	黄金坝	紫金坝		大寨	
	YS108井	YS112井	YS115井	YS117	阳102井
甲烷	98.30	98.35	97.61	97.34	98.86
乙烷	0.47	0.51	0.74	0.22	0.52
丙烷	0.01	0	0	0	0.02

续表

组分（%）	黄金坝	紫金坝		大寨	
	YS108 井	YS112 井	YS115 井	YS117	阳 102 井
氦气	0.02	0	0	0	0
氢气	0.01	0	0	0	0
氮气	0.88	1.05	1.46	2.33	0.53
二氧化碳	0.31	0.09	0.19	0.11	0.04
硫化氢	0	0	0	0	0

3）压力、温度特征

根据 Eaton 纵波时差公式预测，并采用钻井液密度、气测显示等钻井信息综合分析，昭通示范区五峰组—龙一$_1$亚段压力系数在平面上变化较大，黄金坝气田压力系数为 1.75 ～ 1.98；紫金坝气田压力系数为 1.35 ～ 1.80；大寨地区压力系数为 1.03 ～ 1.60。

区内地温梯度普遍介于 2.5 ～ 3.5℃ /100m，属正常地温梯度。

4）含气性特征

（1）含气饱和度。

根据含气饱和度分析数据，昭通示范区内不同地区五峰组—龙一$_1$亚段含气饱和度分布不均，整体介于 43.83% ～ 80.20%，平均为 65.12%。纵向上，龙一$_1^1$小层含气饱和度最高，介于 63.29% ～ 79.30%，平均为 73.93%，其次为五峰组、龙一$_1^2$小层和龙一$_1^3$小层，龙一$_1^4$小层含气饱和度最低（表 2–55）。

（2）等温吸附特征。

等温吸附实验结果显示，五峰组—龙一$_1^1$小层页岩吸附能力最好。黄金坝气田 YS108 井样品兰氏体积平均为 3.2m^3/t，吸附气量平均为 2.1m^3/t；紫金坝气田 YS112 井样品兰氏体积平均为 2.6m^3/t，吸附气量平均为 2.54m^3/t；太阳—大寨地区阳 102 井兰氏体积平均为 3.29m^3/t，吸附气量平均为 2.00m^3/t（表 2–56）。

表 2-55　昭通示范区五峰组—龙一$_1$亚段实测页岩岩心含气饱和度统计[①]

单位：%

井区	井号	五峰组	龙一$_1^1$ 小层	龙一$_1^2$ 小层	龙一$_1^3$ 小层	龙一$_1^4$ 小层
黄金坝	YS108	71.85	79.30	80.20	76.89	72.69
紫金坝	YS113	57.27	76.30	75.45	66.70	53.63
	YS115	69.12	75.47	57.98	57.63	45.39
太阳—大寨	阳 104	67.1	79.3	73.1	63.4	53.7
	YS117	62.97	63.29	57.89	47.65	43.83

①采用美国 TRA 分析方法。

表 2-56　昭通示范区五峰组—龙马溪组等温吸附实验测试数据

井号	兰氏体积（m³/t）	兰氏压力（MPa）	地层压力（MPa）	吸附气量（m³/t）
YS108	3.20	2.70	61.23	2.10
YS112	2.60	1.51	63.10	2.54
YS113	2.69	4.25	59.50	2.51
YS115	2.91	4.71	57.00	2.69
阳 102	3.29	2.83	15.00	2.00

（3）总含气量。

①五峰组—龙一$_1$亚段总含气量纵向分布特征。

昭通示范区五峰组—龙一$_1$亚段总含气量介于 0.4 ～ 7.6m³/t，平均为 3.3m³/t。其中，龙一$_1^1$ 小层含气量最高（介于 1.7 ～ 7.6m³/t，平均为 5.0m³/t），其次为龙一$_1^2$ 小层（介于 1.0 ～ 6.5m³/t，平均为 3.5m³/t）和五峰组（介于 0.8 ～ 6.3m³/t，平均为 3.1m³/t），龙一$_1^3$ 小层（介于 1.1 ～ 4.5m³/t，平均为 2.8m³/t）和龙一$_1^4$ 小层含气量较低（介于 0.4 ～ 3.4m³/t，平均为 2.2m³/t）（图 2-143）。

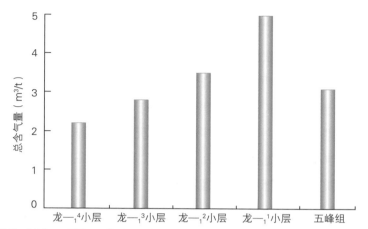

图 2-143 昭通示范区五峰组—龙一$_1$亚段各小层总含气量直方图

②五峰组—龙一$_1$亚段总含气量平面分布特征。

平面上，总含气量总体呈现北高南低的特点。其中，黄金坝—紫金坝气田五峰组—龙一$_1$亚段总含气量为 2.7 ～ 5.3m^3/t，平均为 3.9m^3/t（图 2-144）。

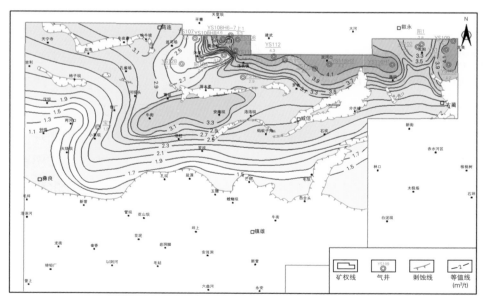

图 2-144 昭通示范区五峰组—龙一$_1$亚段含气量等值线图

（三）示范区主体技术

1. 地质工程一体化综合评价技术

昭通示范区处于多期次褶皱挤压及走滑构造背景，微构造、天然断层和裂缝系统十分发育，水平应力差高达 20MPa 以上，储层非均质性强，加之复杂的山地地貌，页岩气水平井钻完井和储层改造都存在诸多挑战。鉴于此，通过多学科一体化系统研究，形成了以钻井—三维地震多次迭代为手段，精细地质建模为基础，以储层品质、钻井品质和完井品质的"品质三角形"为核心的地质工程一体化综合评价方法，综合研究页岩储层、钻井工程和储层改造工程中的关键评价参数。所谓"品质三角形"评价，一是查明优质页岩深度、厚度及展布特征，寻找页岩层内有机质丰度高、含气量高、渗透性好、裂缝发育的优质储层，进行储层品质评价，优选储层"甜点"；二是开展钻井品质和完井品质评价，即通过岩石力学、地应力和裂缝分析，明确钻井和压裂工程参数，落实与工程条件相匹配的技术对策。通过"品质三角形"评价，为开展"甜点"预测、水平井轨迹优化设计、水平井导向、提高优质储层钻遇率、保持井筒完整性以及储层改造实时监测调整等关键环节提供三维可视化的地质工程一体化研究成果。研究表明，地震叠前振幅随偏移距的变化（AVO）同步反演、蚂蚁体追踪为主的页岩气"甜点"识别技术是核心，三维地质建模技术是手段，现场工程信息实时反馈和模型迭代更新是关键。通过地震反演成果"软约束"和测井"硬约束"，所建模型更符合地质规律，精度和准确度更高，为指导井位部署、井轨迹优化、地质导向、高效钻井、压裂方案优化、生产制度优化和高效生产提供可靠依据。

2. 水平井优快钻井技术

通过现场试验和总结提升，不断定型和完善钻井工艺配套主体技术，形成了井身结构优化、井眼轨迹优化、提速配套技术措施、高性能钻井液体系、一体化导向技术等多种配套工艺，实现钻井提速提效，保证井筒完整性，为后续页岩气新区的产能建设提供了牢靠的技术保障。

1）井身结构优化技术

页岩气水平井井身结构设计需满足安全快速钻井的要求，同时考虑完井和压裂试气等工程施工的需要。昭通示范区水平井一般采用常规三开设计，导管采用 ϕ660.4mm 钻头，封固上部浅水层和漏失层，保证井架基础安全，建立井口；一开采用 ϕ444.5mm 钻头钻进，进入三叠系飞仙关组后完钻，表层套管封固其上嘉陵江组；二开采用 ϕ311.2mm 钻头钻进，技术套管下至韩家店组上部，封固上部复杂井段（漏失层、含气层和垮塌层）；三开采用 ϕ215.9mm 钻头，钻达设计井深（图2–145）。

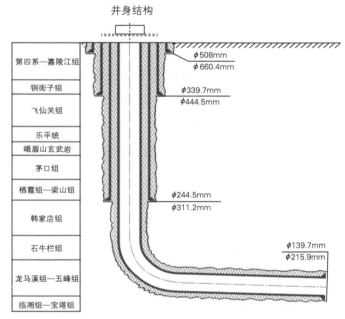

图2-145　昭通示范区页岩气水平井井身结构图

2）井眼轨迹优化技术

综合考虑地面井口与目标靶区的对应关系，按降低扭方位工作量原则设计地面井口与井眼轨迹，避免井口与目标连线空间交叉。设计轨迹时应对不同井眼轨迹的摩阻、扭矩、施工时间及成本进行对比分析，优化轨迹参数。三维水平井采用"直→造斜→稳斜→工具面扭方位增斜入靶→水平段"的五段制剖面。定向井在井斜角达到50°之前完成扭方位作业，从而减小工程难度；石牛栏组设计为稳斜井段；采取"稳斜探顶、复合入窗"的轨迹控制方式，确保井眼轨迹入窗姿态良好；采用旋转导向确保精准入靶，保证水平段稳定在目标箱体内。

3）多种提速配套技术措施并举

示范区水平井一开井段井眼尺寸大，钻压小，机械钻速低，普遍存在漏失，采用PDC钻头+大扭矩低转速9⅝in直螺杆+水力加压器，提速稳斜效果较好，机械钻速可提高50%。二开井段峨眉山玄武岩硬度大、研磨性强，茅口组—栖霞组普遍存在漏失，优选PDC钻头序列，做好防漏堵漏的措施，平均钻井周期降低30%。三开定向段长，需大幅度调整方位，使用旋转导向技术，提高造斜效率，平均机械钻速提高50%。韩家店组—石牛栏组研磨性强，钻头受到冲击较大，牙轮钻头易磨损掉齿，优选PDC钻头，有利于安全快速钻进。针对石牛栏组机械钻速慢导致影响钻井周期的问题，开展气体钻井适应性分析，制订了气体钻井提速方案，现场试验效果显著，机械钻速比常规钻井提高2倍以上。

4）钻井液技术

基于页岩稳定性机理，结合昭通地区龙马溪组扫描电镜资料，认为页岩中纳米—微米级裂隙和层理发育，液体容易进入地层并导致井壁强度降低，导致地层发生水化分散和剥落掉块。此外，携砂和井眼清洁困难、高密度钻井液流变性控制困难以及井下摩阻大是三开井段钻井作业面临的主要挑战。因此，研发了抑制防塌能力强、抗污染能力强、性能稳定、润滑性好的钻井液体系，现场应用35井次，平均井径扩大率仅3.9%，生产套管均一次下到底。为降低使用油基钻井液带来的环保压力和钻井成本，自主研发了高润强抑水基钻井液，试验成功2井次，取得了较好效果，提高了机械钻速，缩短了钻井周期，降低了环保风险。

5）在线监控优化水平井轨迹实施技术

为满足大位移三维井眼的需求，提高机械钻速，在水平井造斜段均采用先进的旋转导向技术。根据每口井的地质情况，提前制订地质导向方案，尽量减小靶前距，狗腿度控制在8°以内。三维井和上翘造斜段的井斜与方位调整较大，旋转导向技术需提前介入，确保顺利着陆。针对构造平缓、地层倾角小于8°的井，则采用常规或国产水平井钻井技术，以降低钻井成本。2018年，昭通示范区 I 类储层钻遇率达到90%以上，为气井高产奠定了良好基础。

3. 水平井体积压裂技术

昭通示范区建设初期主要依靠引进北美的分段压裂改造工艺，经过不断地实施与优化，逐步形成了一套适合示范区地质特点的压裂工艺。基本解决了昭通示范区构造复杂、断层与天然裂缝发育以及水平应力差大的问题，提高了缝网复杂程度，增加了单井产量，降低了套变发生概率。通过工艺技术国产化，压裂成本大幅度下降。

针对昭通示范区独特的地质条件，形成了"三结合"压裂精细设计、优质储层"三强化"压裂质量保障、劣质储层"三不压"压裂负效控制和"三步法"压裂放喷返排的储层改造技术路线。

"三结合"压裂精细设计，主要是结合三维地震解释与储层评价成果、随钻和完井测井解释成果、钻录固及测试成果优化压裂设计（图 2-146）。形成了以提高改造体积及裂缝复杂度为核心的压裂体积改造设计原则，应用诱导应力场增强裂缝复杂度。同时，针对应力复杂区域采用短段塞加砂、"滑溜水 + 线性胶"的混合液体体系，增大加砂量与改造规模；对于应力简单区域，采用长段塞加砂、以滑溜水为主的液体体系。

优质储层"三强化"，是指强化地质工程一体化，强化以密切割、大排量、高砂比、强改造为内涵的体积压裂改造，强化改造一段、总结一段、优化一段。

劣质储层"三不压"，主要是针对昭通示范区处于盆地边缘，部分储层天然裂缝发育造成各种异常，对钻井漏失异常段不压、地层裂缝破碎带不压、施工压裂异常不压，确保在劣质储层段不盲目追进度、不盲目追速度、不盲目追排量。

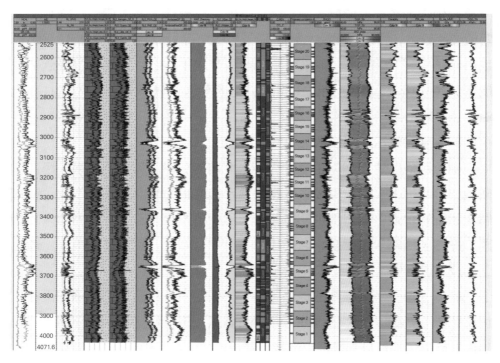

图2-146　基于"三结合"的分段压裂设计方案优化示意图

根据井况和地层特点优选分段压裂方式，初期主要采用可钻桥塞方式分段，但套变后处理难度大。后续逐步进行优化，形成了以"可钻桥塞 + 可溶桥塞"分段方式为主，"连续油管喷砂射孔 + 缝内砂塞"分段、暂堵球压裂两种工艺为辅的技术体系，便于套变后处理，压裂后井筒为全通径，降低了套变丢段比例（图2-147）。

昭通示范区水平井主体压裂液体系为滑溜水体系，部分加砂难度高井采用"滑溜水 + 线性胶"的混合液体体系。随着示范区页岩气井压裂经验增加，对方案中液体比例不断进行优化，逐渐降低线性胶比例至 4.8%，从而降低了施工成本。

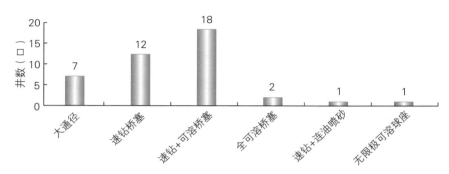

图 2-147 昭通示范区 2018 年分段工艺统计直方图

4. 山地页岩气水平井工厂化作业技术

昭通示范区地貌以丘陵、山地为主，区内民房、人口、农田众多，交通不便，井场规模受限，丛式井组选址和环境保护等工作存在一定困难。为达到效益开发的目的，必须考虑在单个井场开展丛式井组钻井，从而降低综合成本；同时，还需优化地面井网布置以实现气藏最大化开发。丛式井组地面井位布置的基本原则是要利于地面工程建设、利于钻机搬迁拖动、减少井眼相碰风险、利于储层最大化开发以及满足工程施工能力等。示范区页岩气丛式井钻井平台一般按照 4 口井 / 平台、6 口井 / 平台和 8 口井 / 平台布局，满足钻井、压裂、试气和投产的要求。

1）钻井工厂化作业技术

为缩短投产周期，钻井模式采用工厂化模式，先依次完成每口井的一开和二开作业，再进行各井三开作业，即分井段实施批量钻井。同时，尽可能开展交叉作业，多项作业交替进行且无缝衔接，提高设备利用率。

根据南方海相页岩气山地作业特点，遵循"集群化建井、批量化实施、流水线作业、一体化管理"的工厂化作业总体思路，开展了多台钻机（两台或多台）批量化钻井试验，在实践中不断探索、总结和优化，完成了关键技术攻关与装备配套，形成了一套比较成熟的工厂化钻井作业方式，现已在示范区广泛应用。

2）压裂工厂化作业技术

压裂工厂化作业就像普通工厂一样，在一个固定场所连续不断地泵注压裂液和支撑剂。工厂化压裂不仅可以缩短区块的整体建设周期，降低单位采气成本，而且可以大幅度提高压裂设备的利用率，减少设备动迁和安装，减少压裂罐拉运和清洗，降低工人劳动强度。此外，方便集中回收和处理压裂残液，减少污水排放，实现水资源的重复利用。

针对昭通示范区井场供水高差大的问题，通过优化供水流程，采用二级或三级压裂供水，可满足 800m 高差的连续供水。与此同时，针对井场面积狭小的现状，提升井场面积利用率，在满足安全作业的前提下，合理规划设备摆放，优化作业工序，大幅度降低了施工成本，提升了作业效率。在昭通示范区 YS108H19 平台，采用双机组压裂，单日完成 8 级压裂（图 2-148）。

5. 产能评价及配套采输技术

1）产能评价及合理配产技术

（1）产能评价技术。

页岩气藏具有初产高、递减快的特征，在实际生产过程中，快速准确地评价单井产能至关重要。浙江油田公司在多年来的页岩气开发过程中，借鉴北美先进开发经验并自主创新，探索形成了适用于昭通页岩气井的产能评价方法系列，包括绝对无阻流量法、最大测试产量法、PQ（压力 × 产量）指数法、首年平均日产法等，各种评价方法都存在一定的优缺点，在评价过程中应视具体情况，结合产量递减法、数值模拟法等，优选最佳方法开展产能评价。

（2）控压限产技术。

昭通示范区页岩气储层具有高演化、强改造、复杂应力、应力敏感性强的特点，初期产量高、递减快。与四川盆地储层相比，单井产量和压力较低，整体表现为中低产特征。为减轻应力敏感性的影响，减缓产量递减，提高单井最终可采储量，通过建立页岩气水平井体积压裂与生产动态评价模型，开展气井分类评价，集成创新山地页岩气控压限产技术。

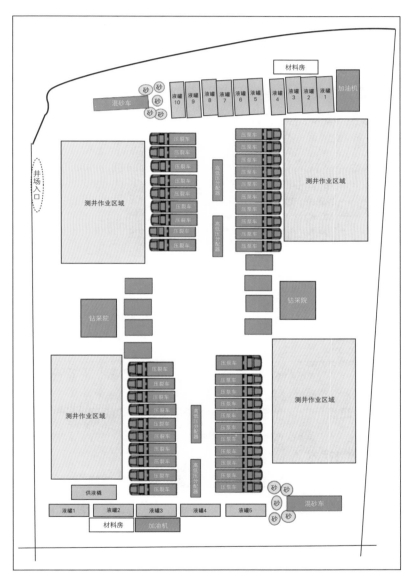

图 2-148　昭通示范区 YS108H19 平台双压裂机组布置平面示意图

由于生产过程中采取多种增产措施，造成产量递减规律不一，经过多年研究和生产经验，总结出高压井具有高产递减快的特征，低压井具有低产递减慢的特征。高压井一般经历快、中、慢三个递减阶段。埋藏越浅，压力越低，递减越慢，但递减趋势基本一致。针对高压井高递减的特征，快速准确地评价单井产能至关重要，昭通示范区通过"控压限产"的生产方式，可以有效降低气井产量递减，延长气井生产周期，提高单位压降产气量，最终提高单井 EUR（图 2-149）。首年递减率由方案设计的 64% 降至 46%，第二年递减率由 44% 下降至 39.4%，单井 EUR 提高 28%。

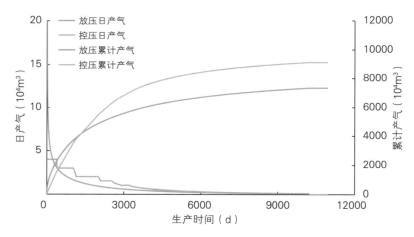

图 2-149　昭通示范区 YS108H1 平台不同生产制度下累计产气量统计图

2）排水采气技术

气井生产较长时间后，由于地层能量衰竭，气井携液能力不足，积液制约气井产能发挥，影响正常生产。昭通示范区主要采用优选生产管柱、泡沫排水及气举等措施，提高气井采收率。

（1）生产管柱优选。

通过对不同尺寸油管临界携液流量、冲蚀流量以及井筒压力损失等方面的分析，结合昭通示范区页岩气产气量递减快的生产特征，针对部分下倾井靶区垂深高差较大、水平段排液困难、气井挖潜受限的问题，将油管下入深度加深至靶区垂深中部附近，油管压力控制工具由堵头改进为陶瓷破裂盘，既提高了安全性能，又有效保障了气井的连续排液生产。

（2）泡沫排水采气工艺。

泡沫排水采气工艺具有普适性强、设备简单、施工容易、不受井筒条件限制等特点，实施后见效快，不影响日常生产。制定合理的加药制度，可有效协助气井利用自身能量排出积液，保障连续稳定生产，并可与其他排采工艺配合使用进一步提高排采效果。截至 2018 年底，昭通示范区泡排工艺井共 35 口，占总井数 33%，有效保证低压低产页岩气井的稳定生产。

（3）气举复产工艺。

昭通示范区针对下油管后不能恢复自喷生产的井采用液氮气举复产技术，目前累计实施 37 井次。针对井底积液严重无法连续生产的井采取天然气压缩气举工艺，累计实施 235 井次。气举作业复产效果较好，但需要周期性、多轮次作业才能保障连续生产，整体费用较高，主要应用于协助气井复产，不作为积液井的常规排水采气工艺。

3）增压方案接替，保障气田连续稳产

页岩气田增压方式有单井增压、集中增压和多级增压等多种方案。由于开采顺序及气藏能量逐渐衰竭等原因，页岩气平台会经历以下几个阶段的生产过程。

第一阶段为自然能量外输阶段，该阶段各个平台井口压力均高于支线外输压力，不需要增压。第二阶段为平台增压阶段，该阶段部分平台外输压力低于支线外输压力，部分平台压力高于支线外输压力，部分平台不能正常外输，需通过平台增压实现外输。第三阶段为集中增压阶段，所有平台压力均低于处理站进气压力，需降低集输压力，在处理站集中增压。第四阶段为多级增压阶段，当平台压力持续降低至低于集中增压进气压力时，需再次启动平台增压，配合集中增压，实现外输和处理。

昭通示范区采用集气脱水站集中增压和平台增压相结合的方案，保障了气田连续稳产。

6. 安全环保绿色生产技术

1）水基钻井液废弃物不落地处理技术

钻井产生的一开和二开水基钻井液废弃物，通过随钻处理系统不落地收集、破胶脱稳、固液分离、滤液收集4个模块化处理单元，生成液相的滤液可供井队配浆回用或转至回注站处理。固相的滤饼和大颗粒岩屑则通过外运制砖方式资源化利用。

2016年以来，昭通示范区已在数十个钻井平台、百余口井的水基钻井液段全部实施钻井废弃物不落地处理技术。产生的滤饼浸出液监测结果符合 GB 8978—1996《污水综合排放标准》一级标准，可运至协议砖厂作为烧结普通标砖的原料。采用不落地处理方式，仅不落地装置进场、撤场、安装和拆卸等流程需要时间，而且全部流程均与钻井设备拆装同步展开，不会单独占用时间，大大缩短了整个钻井施工作业周期。

2）钻井、压裂噪声防治技术

（1）钻井噪声防治。

对钻井井场噪声源分析发现，井场柴油动力机是井场最大的噪声源。为实现较好的降噪效果，对机房柴油动力机组进行密闭设计，将柴油机、变矩器（耦合器）、链条箱整体进行封闭。隔声板采用离心玻璃棉吸声材料；进排风消声装置采用形状不同的吸声折板模块铺设而成；柴油机散热风扇与消声模块采用排风导罩连接。井场噪声测量数据表明，对井场主要噪声源动力设备实施全密闭降噪，能使声源处噪声降至85dB以下。另外，采用常规电力提供动力，也可以极大降低噪声强度。

（2）压裂噪声防治。

压裂施工作业泵车噪声极大，为此试验在压裂井场周围架设隔声墙，隔离噪声源。通过优化隔声墙形状与摆放位置，较好地降低了噪声对周边居民的影响，压裂过程中未发生附近居民因噪声问题产生的投诉，有效减少了阻工时间。

（四）示范区开发设计

昭通示范区页岩气开发设计主要包括气藏工程设计、钻井工程设计、完井及增产改造工程设计、采气工程设计和地面工程设计。

1. 气藏工程设计

昭通示范区黄金坝气田 YS108 井区总面积 154km^2。五峰组—龙一$_1$亚段优质页岩层厚度为 30 ~ 40m，平均含气量为 4.1m^3/t，为最有利的页岩气开发层系，地质储量为 582×10^{8}m^3。

黄金坝气田采用水平井丛式井组开发。选取龙马溪组底部脆性矿物含量较高的龙一$_1^1$小层和龙一$_1^2$小层（厚 7.2m）为水平井靶体，龙一$_1^3$小层（厚 6.2m）为可选靶体，同时试验五峰组（厚 5.0m）。水平段长度以 1500m 为主，水平段轨迹方向 NE10° ~ SW190°，水平巷道间距 400m。以双向井位部署为主，考虑地表条件和地下构造形态、页岩气藏状况，各平台井数略有差异，总体上每个平台 2 ~ 8 口井（图 2-150）。在条件许可下，尽可能采用交叉布井方式，以动用井组间造斜段空白区域的页岩气资源。

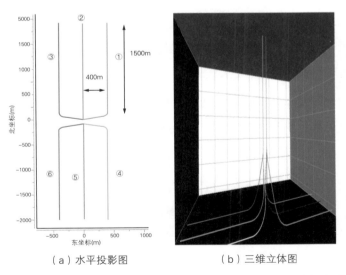

（a）水平投影图　　　　　　　（b）三维立体图

图 2-150　昭通示范区 YS108 井区页岩气水平井丛式井组布井模式

①至⑥表示井号

设计开发期 30 年，生产规模 $5 \times 10^8 m^3/a$。总投产井数 93 口，风险预备井 9 口，井数总计 102 口。采用控压方式生产，单井首年平均产气量为 $7.1 \times 10^4 m^3/d$。2014—2015 年为建产期，投产 31 口井，建产规模 $5 \times 10^8 m^3/a$；2016—2024 年为稳产期，投产 62 口；2025—2043 年为递减期。预测至 2043 年末累计产气 $103.6 \times 10^8 m^3$（图 2-151）。

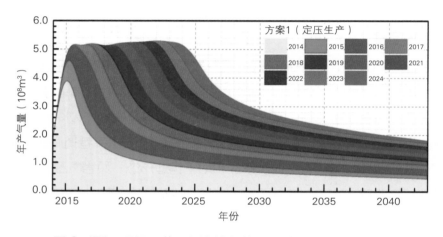

图 2-151　昭通示范区 YS108 井区预测年产气量叠加图

昭通示范区紫金坝气田 YS112 井区面积 $85km^2$，五峰组—龙一₁亚段页岩气地质储量为 $278.15 \times 10^8 m^3$。

采用水平井丛式井组开发。主体采用 3 口井单排、4 ~ 10 口井单排或双排的布井方式，水平段长 1500 ~ 1600m，水平巷道间距 280 ~ 400m。选择龙一₁¹小层和龙一₁²小层为水平井靶体层位。区内 F60 号断层以西水平段轨迹方向为 NE0° ~ 10°，以东为 NE20° ~ 30°。

设计开发期 30 年，采用控压方式生产，生产规模 $4.8 \times 10^8 m^3/a$，总投产井数 81 口，风险预备井 1 口，井数总计 82 口。2017 年为建产期，投产 20 口，单井首年平均产气量为 $7.2 \times 10^4 m^3/d$，建产规模 $4.8 \times 10^8 m^3/a$；2018—2027 年为稳产期，投产 62 口，单井首年平均产气量为（7.5 ~ 7.8）$\times 10^4 m^3/d$；2028—2046 年为递减期。预测至 2046 年末累计产气

$66.72 \times 10^8 m^3$，采收率达 24%（图 2-152）。

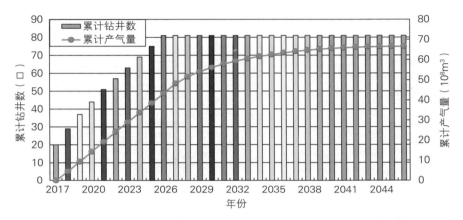

图 2-152　昭通示范区 YS112 井区年生产能力和钻井指标预测图

2. 钻井工程设计

昭通示范区页岩气井井身结构采用"三开三完"设计，以成熟有效的"高效 PDC 钻头、长寿命螺杆、旋转导向、优质钻井液"为主体技术。考虑到水平井摩擦阻力大等因素，选用 ZJ50 ～ ZJ70 系列钻机。为降低对环境的污染，采用废弃钻井液不落地处理及循环利用装置。

井口布置方案：布井方式基本按单 / 双排布置，井口间距 5m，排间距 30m。

井眼轨迹方案：采用"直—增（扭）—稳—增—平"五段制。

井身结构：钻头程序 $\phi 444.5mm \times \phi 311.2mm \times \phi 215.9mm$；套管程序 $\phi 339.7mm \times \phi 244.5mm \times \phi 139.7mm$。

钻井液方案：导管 / 一开采用无固相钻井液；二开直井段采用 KCl- 聚合物，斜井段采用白油基钻井液；三开黄金坝气田 YS108 井区采用白油基钻井液，紫金坝气田 YS112 井区采用油基钻井液体系或具有与油基钻井液性能接近的高润滑强抑制水基钻井液。

固井方案：生产套管固井要求采用双凝防气窜韧性水泥浆体系，水泥返至地面。

井控装置：井控装备压力等级 70MPa，FH35-35MPa+2FZ35-70MPa（图 2-153）。

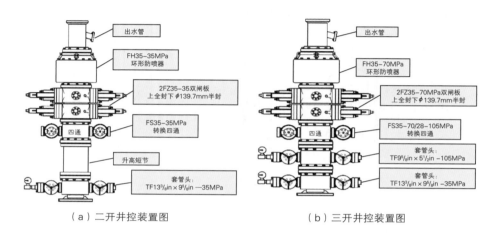

（a）二开井控装置图　　　　（b）三开井控装置图

图 2-153　昭通示范区页岩气井井控装置图

单井钻井提速方案：黄金坝 YS108 井区表层清水强钻，PDC 钻头；直井段弯螺杆 +MWD+PDC 钻头；斜井段 / 水平段白油基钻井液 + 耐油螺杆 + 旋转导向 +PDC 钻头。紫金坝 YS112 井区以"四趟钻"为提速目标，直井段防碰打快 PDC 钻头 + 弯螺杆 +MWD；造斜段防塌打快 PDC 钻头 + 旋转导向 +MWD；水平段防塌打快 PDC 钻头 + 旋转导向 / 高效螺杆 +LWD。

丛式井组作业提速方案：采用工厂化作业模式，钻机依次完成每口井的一开、二开钻井作业，然后再进行各井三开作业，即分井段实施批量钻井（图 2-154）；井场尽可能交叉作业，钻井、测井、固井、压裂、试气等多项作业交替进行并且无缝衔接，以提高设备利用率和施工效率。

3. 完井及增产改造工程设计

昭通示范区黄金坝气田 YS108 井区应用"复合桥塞 + 电缆传输分簇射孔"联作工艺进行分段体积压裂改造（图 2-155）。根据页岩气储层品质和完井品质的具体情况，优化段间距为 80 ～ 90m。采用生产套管注

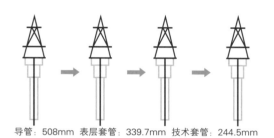

导管：508mm　表层套管：339.7mm　技术套管：244.5mm

（a）第一步：一开、二开作业

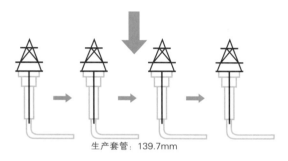

生产套管：139.7mm

（b）第二步：三开、完井作业

图 2-154　昭通示范区页岩气钻完井分段批钻示意图

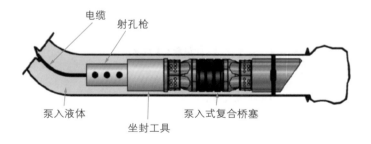

图 2-155　桥塞＋电缆传输分簇射孔工艺示意图

入，滑溜水大排量、大液量施工，段塞式加砂，支撑剂采用 100 目粉砂＋
40 ～ 70 目中强陶粒 +30 ～ 50 目中强陶粒，施工规模单段平均液量为
1800 ～ 2200m³，支撑剂量为 80 ～ 130t，排量为 10 ～ 13m³/min。采用

拉链式压裂作业模式，施工时两级供水、连续配液，返排液经过回收处理后循环再利用。每个平台至少选择两口井进行井中实时微地震裂缝监测，以及时有效地指导优化压裂工程设计。

紫金坝 YS112 井区主体采用速钻桥塞、分簇射孔的压裂工艺，每段按 2 ~ 3 簇射孔，簇间距 20 ~ 30m，段长 60 ~ 80m。压裂液主体采用滑溜水体系，支撑剂采用 70 ~ 140 目石英砂和 40 ~ 70 目陶粒。井口装置的压力等级为 105MPa，内通径 180mm。单段施工液量为 1800 ~ 2200m³，砂量为 80 ~ 120t，排量为 10 ~ 14m³/min。压裂采用拉链式压裂作业模式，并进行微地震监测。压裂后采用 2 ~ 3mm 油嘴，并逐步扩大油嘴开井排液试气。

4. 采气工程设计

黄金坝气田 YS108 井区生产管柱采用 N80 钢级 ϕ73.02mm 油管管柱，内径 2.44in（62mm）。压裂井口采用 105MPa 级别，生产井口采用 70MPa 级别（图 2-156）。前期生产井采用井口节流工艺，节流后压力为

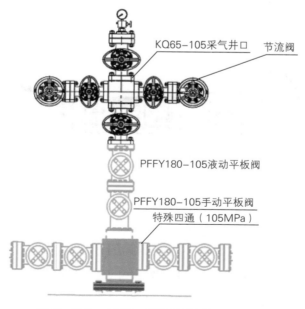

图 2-156　排液、测试井控装置示意图

6.5MPa，中后期试验井下节流工艺。开发初期采用自喷开采方式，开发中后期井筒有可能积液，需实施排水采气工艺，采用抽油机排水、泡沫排水和柱塞气举排水。

紫金坝气田 YS112 井区采气井口装置采用 KQ65/70-105 型 BB 级采气树。初期采取套管自喷生产，后期低于套管临界携液流量时，下入 ϕ73.02mm N80 油管。对于低压低产气井携液困难时，采用泡沫排水采气、柱塞气举及小尺寸速度管柱等助排工艺。对于产水量较大、积液严重的气井，采用电动潜油泵排水采气工艺。在液气比较低或开关井时容易产生水合物，地面采用橇装式加热装置防治。

5. 地面工程设计

黄金坝气田 YS108 井区采用"井口加热节流，井组单井轮换计量，集气站集中分离、增压、脱水"工艺，总集输规模 $5 \times 10^8 m^3/a$。采用三甘醇脱水工艺，设计能力 $150 \times 10^4 m^3/d$。共设井场 16 座，集气总站 1 座（含增压、脱水、外输），集气管线 50.29km，外输管线 5.3km。

紫金坝气田 YS112 井区集输建设规模 $4.8 \times 10^8 m^3/a$，脱水增压站和外输系统建设规模 $10 \times 10^8 m^3/a$。共设井场 13 座，集气增压脱水站 1 座，宁 209 外输首站扩建，外输干线 9.5km，集气管线 53.4km。脱水装置采用一套 $300 \times 10^4 m^3/d$ 处理能力三甘醇脱水，增压设置两套 $150 \times 10^4 m^3/d$ 往复式电驱压缩机。

各丛式井平台无人值守，集气脱水站有人值守。配套建设自控、道路、给排水及消防、供电通信、建筑结构等辅助工程。

（五）示范区建设成效

1. 方案设计实施情况

自 2014 年以来，中国石油天然气股份有限公司先后批复了昭通示范区黄金坝 YS108 井区和紫金坝 YS112 井区两个开发方案。批复建产期总井数 54 口，其中新钻井 47 口，利用老井 4 口，风险预备井 3

口；新建各类站场 14 座，集输气管道 90.17km；总投资 34.2047 亿元
（表 2–57）。

表 2–57　昭通示范区开发方案批复情况统计

开发方案	批复时间	批复建产周期	批复工作量		
			钻井	地面	总投资（亿元）
黄金坝 YS108 井区龙马溪组页岩气开发方案	2014 年 4 月	2014—2015 年	总井数 34 口，新钻井 30 口，老井 1 口，风险预备井 3 口	井场 6 座，集气站 1 座，集输气管道 27.27km	22.1259
紫金坝 YS112 井区龙马溪组页岩气开发方案	2017 年 3 月	2017 年	总井数 20 口，新钻井 17 口，老井 3 口	井场 6 座，集气增压脱水站 1 座，集输气管道 62.9km	12.0788

1）钻井工程实施进度

截至 2018 年底，黄金坝—紫金坝气田页岩气开发项目开钻 26 个平台，开钻 100 口井，完钻 97 口井，实际完成进尺 42.62×10^4m。其中，2018 年开钻 4 个平台，开钻 13 口井，完钻 21 口井，完成进尺 9.47×10^4m（图 2–157、图 2–158）。

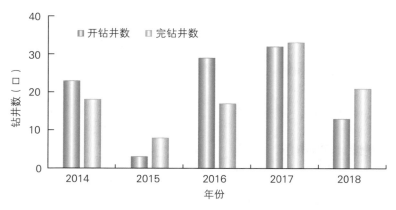

图 2–157　黄金坝—紫金坝气田钻井数对比直方图

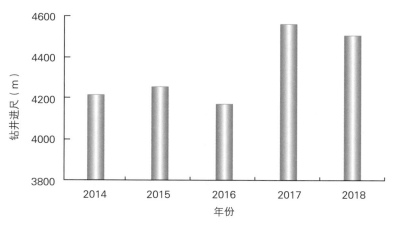

图 2-158　黄金坝—紫金坝气田钻井进尺对比直方图

2）压裂工程实施进度

截至 2018 年底，黄金坝—紫金坝气田已完成压裂平台 21 个，已完成压裂井 86 口，压裂段数合计 1979 段（图 2-159、图 2-160）。单井平均主压裂液量为 41623m³，单井平均加砂量为 2001t。其中，2018 年完成压裂平台 10 个，完成压裂井 38 口，压裂段数合计 958 段；单井平均主压裂液量为 47424m³，单井平均加砂量为 2512t。

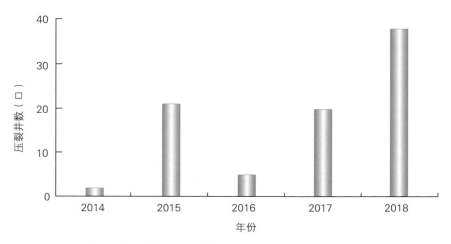

图 2-159　黄金坝—紫金坝气田压裂井数对比直方图

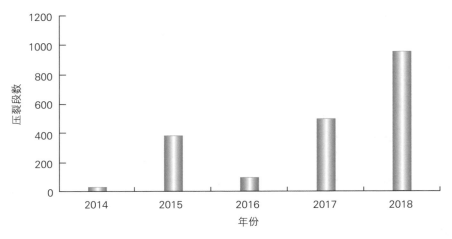

图 2-160　黄金坝—紫金坝气田压裂段数对比直方图

2. 方案设计实施效果

黄金坝—紫金坝气田压裂规模逐年提升，水平段长度基本在 1500m 以上，簇间距逐年减小，用液强度和加砂强度逐年提高。其中，2018 年单井平均压裂段长 1558m，平均簇间距为 20.6m，平均用液强度为 30.4m³/m，平均加砂强度为 1.6t/m（图 2-161 至图 2-164）。

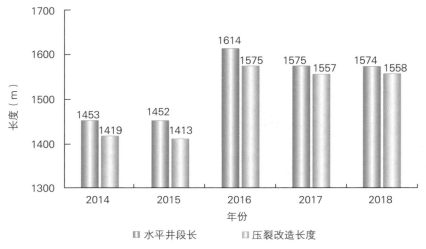

图 2-161　黄金坝—紫金坝气田水平段长度对比直方图

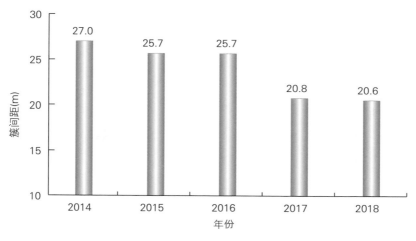

图 2-162　黄金坝—紫金坝气田簇间距对比直方图

截至 2018 年底，黄金坝—紫金坝气田完成 17 个平台、53 口水平井产量测试，单井平均测试产量 23.1×10⁴m³/d，单井最高测试产量 63.1×10⁴m³/d。其中，测试产量大于 20×10⁴m³/d 的井共计 27 口，占比 50.9%；测试产量介于（10～20）×10⁴m³/d 的井共计 21 口，占比 39.6%；测试产量小于 10×10⁴m³/d 的井共计 5 口，占比 9.4%。2018 年，完成测试水平井 24 口，单井平均测试产量 32.4×10⁴m³/d（图 2-165）。

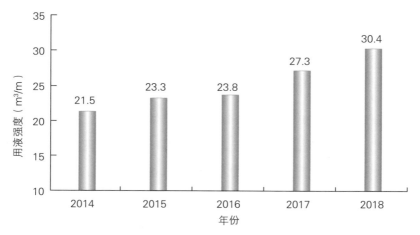

图 2-163　黄金坝—紫金坝气田压裂用液强度对比直方图

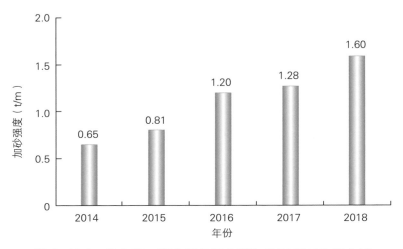

图 2-164　黄金坝—紫金坝气田压裂加砂强度对比直方图

图 2-165　黄金坝—紫金坝气田单井测试产量逐年变化对比直方图

黄金坝气田 YS108 井区 2014—2015 年为建产期，2015 年底全面建成 $5 \times 10^8 m^3/a$ 产能建设区，投产 21 口；2016 年起，黄金坝 YS108 井区进入稳产阶段，累计投产 30 口；2017 年底累计投产 63 口，截至 2018 年底，累计投产 71 口井。

开发方案设计单井首年平均产量为 $7.1 \times 10^4 m^3/d$，实际单井首年平均产量为 $7.4 \times 10^4 m^3/d$。2016—2018 年，投产井产量逐步提高。按照气井划分标准

（Ⅰ、Ⅱ类单井首年平均产量分别大于 $10 \times 10^4 m^3/d$ 和 $6 \times 10^4 m^3/d$），Ⅰ+Ⅱ类井占比达 80% 以上。方案设计第一年递减率平均为 64%，实际单井首年产量递减率平均为 39%，低于方案预测。方案设计单井平均 EUR 为 $0.92 \times 10^8 m^3$，实际投产井单井平均 EUR 为 $1.00 \times 10^8 m^3$，高于方案设计的 EUR 指标。

紫金坝气田 YS112 井区 2017—2018 年为建产期，2017 年实施页岩气井 20 口（含利用老井 3 口），2018 年实施页岩气井 18 口。截至 2018 年底，累计投产 21 口井，除 YS112H6-5 外，其余井投产时间均不足半年，目前对产能的认识还不全面。从压裂后初期返排来看，见气时间晚，返排率高，与黄金坝有所不同。暂以目前生产产量预测，单井首年平均产量为 $6.64 \times 10^4 m^3/d$，首年递减率为 48.25%，单井平均 EUR 为 $0.8722 \times 10^8 m^3$。

四、延安页岩气示范区建设实践

（一）示范区概况

2012 年 9 月 11 日，国家发改委批准设立延长石油延安国家级陆相页岩气示范区（发改办能源〔2012〕2583 号文件），示范区建设主体单位为陕西延长石油（集团）有限责任公司（以下简称延长石油）。示范区建设目标：一是建立陆相页岩气勘探开发技术体系，构建中国陆相页岩气地质理论体系，完善陆相页岩气勘探开发工艺技术，编制陆相页岩气勘探开发行业标准；二是探索提高陆相页岩气勘探开发综合效益的途径；三是总结制定压裂返排液排放和循环利用规范，实现页岩气绿色开采。

1. 示范区范围

延长石油延安国家级陆相页岩气示范区（以下简称延安示范区）位于鄂尔多斯盆地陕北斜坡东南部，行政区域上主要分布于陕西省延安市。示范区西部位于直罗—下寺湾地区，目的层主要为三叠系延长组长7、长9页岩，埋深1400～1600m，示范区建设面积为2000km²。示范区东部位于云岩—延川地区，目的层为石炭系—二叠系本溪组、山西组，埋深2400～2600m，示范区建设面积为2000km²。

2. 自然地理条件

延安示范区属黄土高原地貌，海拔高度800～1800m，平均海拔为1000m，地形自东北向西南渐低。地形地貌具有黄土高原特征，黄土覆盖几十米至300m，坡陡，塬、梁、峁、沟纵横，植被少，水土流失严重。境内有延河、洛河、葫芦河、秀延河、无定河等河流和中山川、王窑等数十座水库。

延安示范区内气候属高原大陆性季风气候，受季风环流、地理位置和地形的综合影响，春季干旱多风；夏季温热，干旱、雨涝相间，多雷阵雨；秋季凉爽多雨，气温下降快，霜期早；冬季寒冷干燥，持续时间长。年平均气温7.7～10.6℃，年均降水量490.5～663.3mm，全区无霜期可达179d。

3. 勘探开发历程

延安示范区勘探开发10年来，根据投入工作和取得的标志性成果，勘探开发经历3个阶段。

1）资源评价阶段（2008—2010年）

延长石油设立了"延长油气区页岩气、油页岩及页岩油资源评价"科研攻关项目，通过对鄂尔多斯盆地开展野外露头观察及老井资料复查工作，对泥页岩厚度、埋藏深度、有机地化、储层物性等指标进行分析，认为中生界三叠系延长组陆相泥页岩和上古生界石炭系—二叠系山西组—本溪组陆相、海陆过渡相泥页岩具备形成页岩气的基本条件，分别优选出云岩—延川地区上古生界山西组—本溪组页岩气有利区和甘泉—直罗地区中生界延长组页岩气有利区。初步计算延长矿权区页岩气资源量为1.5×10¹²m³。

2）勘探发现阶段（2010—2011年）

2010年，延长石油承担国土资源部、财政部"矿产资源节约与综合利用"重大专项——"鄂尔多斯盆地东南部页岩气高效开发示范工程"项目，开展页岩气资源评价、目标选区、钻完井、压裂试气、综合利用等项工作。

2011 年 5 月，在评价选区的基础上，施工页岩气探井 6 口，其中柳评
177 井压裂出气，成为中国第一口陆相页岩气井，之后柳评 179 等多口井
中生界页岩段压裂获页岩气流，证实陆相页岩气的勘探潜力，在此基础上
提出"陆相页岩具备页岩气成藏地质条件"的新认识。同年 10 月，国土资
源部、财政部批准设立陕西延长页岩气高效开发示范基地。

3）开发试验阶段（2012 年至今）

2012 年 5 月，实施了鄂尔多斯盆地第一口陆相页岩气水平井——延页
平 1 井，水平段长度 605m，分段进行压裂改造，日产气 8000m³。之后，
在延页平 1 井场相继实施了延页平 2 井和延页平 3 井两口水平井。通过该
水平井组的实施，进一步评价中生界延长组陆相页岩气水平井产能。

2013 年 9 月，云岩—延川区顺利完钻上古生界第一口页岩气水平井云
页平 1 井，水平段长 1050m，在水平段钻进过程中，气测综合解释含气层
722m/30 层，测井解释气层 852m/4 层。2014 年 6 月，分 10 段进行大规
模体积压裂，初产 $1.6 \times 10^4 m^3/d$，显示上古生界页岩气具有一定勘探前景。

2017 年 6 月，延 2011 井（直井）实施超临界 CO_2 压裂，初产 $4.3 \times 10^4 m^3/d$。同年 12 月，云页平 3 井在二叠系山西组陆相页岩层试气，初产
$5.3 \times 10^4 m^3/d$。开展页岩气综合利用，完成 9 口井的页岩气短距离输送发
电工程建设，建成延页平 1 井组 CNG 橇装站及云页平 6 井集输管线，页
岩气产能释放工作起步。

4. 勘探现状

截至 2018 年底，共完钻页岩气井 66 口，其中直井 53 口，水平井 13
口；压裂 62 口井，其中直井 52 口，水平井 10 口。针对黄土塬地貌特点，
采用高密度单检技术（UNIQ）采集三维地震资料 103.8km²，估算地质储
量 $1654 \times 10^8 m^3$。

5. 主要成果

（1）发现并证实"陆相湖盆具备形成页岩气地质条件"。

通过资料分析及野外地质调查，查明鄂尔多斯盆地中生界延长组长 7 深湖—半深湖相页岩厚度为 80 ~ 120m，具备形成页岩气的物质基础。长 7 页岩有机质丰度高，TOC 为 0.34% ~ 11.0%，有机质类型为 II_1 和 I 型，以 II_1 型为主，R_o 为 0.51% ~ 1.33%，处于低熟—成熟油气（湿气）共生阶段，具备生气能力，其吸附能力主要分布在 1.2 ~ 2.8m^3/t 之间，解吸气含量主要集中在 0.3 ~ 3.8m^3/t 之间。研究表明，页岩气主要以吸附态和游离态两种赋存状态存在。

在该认识基础上，优选柳评 177 井长 7 页岩段压裂，日产气 2350m^3，发现并证实了鄂尔多斯盆地具备形成陆相页岩气的有利地质条件。

（2）揭示陆相页岩气差异富集机理，建立页岩气吸附和复合相态成藏模式。

通过对陆相页岩厚度、TOC、岩相组合、内部结构、物性、含气性、热演化程度、孔隙类型、孔径分布、赋存状态和运聚特征的分析研究，揭示陆相页岩气差异富集机理，总结出陆相页岩气吸附成藏模式和吸附 + 游离复合成藏模式。吸附成藏模式中页岩储层以吸附气为主（大于 70%），主要发育在长 7 深湖相页岩地区，砂质纹层发育程度较低，脆性矿物含量小于 30%，孔隙度为 0.5% ~ 2.25%。吸附 + 游离复合成藏模式中吸附气和游离气共存，主要发育在山西组、长 7 近源分布地区，粉砂质纹层发育，脆性矿物含量大于 35%，孔隙度为 2.0% ~ 5.1%，形成了以微—中孔页岩与大孔粉砂质纹层相叠置的"三明治结构"。

（3）形成陆相页岩气钻完井技术系列。

建立陆相页岩储层变形破坏模型，预测页岩气储层坍塌风险分布，揭示坍塌压力的时变性规律，并研制"页岩气井壁稳定分析系统软件"。现场应用水平井 7 口，均未发生明显的井壁失稳垮塌现象；通过岩心试验分析，结合测井数据对地层可钻性进行分级，以分级结果和钻头性能为依据，实现了钻头与地层的良好匹配；以最大钻头水功率优选钻头喷嘴及最优排量，尽可能降低环空岩屑浓度及岩屑床高度，实现高效破岩；研制多种钻井及辅助工具，形成"陆相页岩气水平井钻井提速集成技术"；通过对陆相页岩井壁失稳机理分析，相继开发了适合水平井安全、快速钻进的全油基钻井液、低油水比白油基钻井液和水基钻井液 3 套体系，其中低成本、环保型水基钻井液体系已开展了 9 井次现场试验，施工段未发生任何事故，具有清洁环保、可回收利用等优点；针对水平井固井易漏，下套管难度大，陆相页岩"高内压、低外压"压裂工况要求水泥环高弹强韧等难题，研制早强低密度、增韧防气窜水泥浆体系，发明 4 种降摩减阻固井工具附件，页岩气井水平段固井质量及井筒完整性显著提高。

（4）形成陆相页岩气压裂技术系列。

研发了适合延长组陆相页岩气特色的滑溜水压裂液体系，现场应用降阻率达到 60% ~ 70%，黏度为 2 ~ 8mPa·s，岩心伤害率小于 10%；形成了以前置酸降破压、低摩阻滑溜水体系、多粒径支撑剂组合、脉冲式加砂为核心参数的"大排量、大液量、大砂量"直井缝网压裂工艺和水平井可钻桥塞分级压裂工艺；创新性开展了页岩气 CO_2 压裂技术实践，在无水压裂领域走在了国内前列，自主研发 CO_2 压裂相关实验装置，开发了 CO_2 压裂方案设计优化软件，形成了陆相页岩 CO_2 混合压裂、CO_2 泡沫压裂和 CO_2 干法压裂技术。自 2008 年起，在陆相页岩气藏开展多井次现场应用，单井产量平均提高 1.5 倍以上，压裂液返排率提高 30% 以上。

（二）示范区地质特征

1. 构造特征

延安示范区位于鄂尔多斯盆地陕北斜坡东南部，构造总体为一平缓的西倾单斜，并具有继承性发育的特点，东高西低，坡降为 6.4 ~ 8.0m/km，平均倾角不超过 2°。局部发育鼻状构造，两翼近对称，倾角小于 2°，闭合面积小于 $10km^2$，闭合度一般为 10 ~ 20m。鼻状构造形态不规则，断层不发育。延长组、山西组和本溪组构造等高线均为南北走向，东高西低，延长组长 7 段顶面海拔为 50 ~ 850m，本溪组顶面海拔为 −2250 ~

−1370m，山西组顶面海拔为 −2120 ~ −1240m。

2. 地层特征

延安示范区内沉积地层主要包括中—新元古界、下古生界的海相碳酸盐岩层和上古生界—中生界的滨海相、海陆过渡相及陆相碎屑岩层，新生界仅在局部地区分布。

区内各地史时期地层发育状况、主要沉积相类型及与构造演化的关系见表 2-58。

表 2-58　延安示范区地层系统简表

地层					构造幕	性质	主要沉积相类型	大地构造分期
界	系	统	组	代号				
新生界	第四系	全新统		Q_4	喜马拉雅运动	右旋拉张	河流及风成相分割性干旱湖	盆地形成到结束时期
	第四系	更新统		Q_{1-3}				
	古近—新近系	上新统		N_2				
	古近—新近系	渐新统		E_3	燕山运动	左旋剪切	湖泊沼泽相、滨海相海陆过渡相	槽台统一时期
中生界	白垩系	下统	志丹组	K_1				
	侏罗系	中统	安定组	J_2a				
	侏罗系	中统	直罗组	J_2c				
	侏罗系	下统	延安组	J_1y				
	侏罗系	下统	富县组	J_1f				
	三叠系	上统	延长组	T_3y	印支运动	相对宁静		
	三叠系	中统	纸坊组	T_2z				
	三叠系	下统	和尚沟组	T_1h				
	三叠系	下统	刘家沟组	T_1l				
古生界	二叠系	上统	石千峰组	P_3s				
	二叠系	中统	石盒子组	P_2sh	海西运动			
	二叠系	下统	山西组	P_1s				
	二叠系	下统	太原组	P_1t				
	石炭系	上统	本溪组	C_2b				

续表

地层					构造幕	性质	主要沉积相类型	大地构造分期
界	系	统	组	代号				
古生界	奥陶系	上统	背锅山组	O_3b	加里东运动	升降运动	海相碳酸盐岩相	槽台对立时期
		中统	平凉组	O_2p				
		下统	马家沟组	O_1m				
			亮甲山组	O_1l				
			冶里组	O_1y				
	寒武系	上统	凤山组	ϵ_3f				
			长山组	ϵ_3c				
			崮山组	ϵ_3g				
		中统	张夏组	ϵ_2z				
			徐庄组	ϵ_2x				
			毛庄组	ϵ_2m				
		下统	馒头组	ϵ_1m				
			猴家山组	ϵ_1h				
新元古界	震旦系		罗圈组					
中元古界	蓟县系			PtJx				
	长城系			PtCh				

　　延长组是在盆地坳陷持续发展和稳定沉降过程中沉积的一套以河流—湖泊相为特征的陆源碎屑岩系。延安示范区延长组厚 918.8 ～ 1237.9m，平均厚度为 1124.2m，根据岩性、电性及含油性，可将延长组分为 5 个岩性段，进一步划分为 10 个油层组（自上而下为长 1—长 10）。长 7 油层组厚度为 60.2 ～ 167.2m，平均厚度为 97.4m，整体地层厚度具有西南厚、东北薄的趋势。根据岩性电性组合特征，可将长 7 油层组自下而上进一步划分为长 7_3、长 7_2 和长 7_1 三个油层亚组。长 7 油层组上部岩性主要为深灰色、灰黑色泥岩夹泥质粉砂岩、粉砂岩，下部岩性主要为深灰色泥岩、泥质粉砂岩、灰黑色页岩、油页岩，长 7 油层组底部发育深湖相厚层富有机质黑

色泥岩，共叠合厚度为 45 ~ 130m，是示范区主要页岩气勘探目的层。

山西组底界即为太原组石灰岩段的顶界，跨越该分界面岩性由海相灰岩变为陆相碎屑岩，山西组为三角洲—间湾沼泽—湖泊沉积环境。示范区内岩性主要为深灰色—灰黑色泥页岩、粉砂岩及中细砂岩，中下部夹薄煤层。厚度为 100 ~ 150m，整体表现出自西向东增厚的趋势，地层由北向南埋深相应加深，地层厚度变化不大。依据旋回特征，山西组内部可划分为两段，即山 1 段和山 2 段，两者间以铁磨沟砂岩分界，主要为浅灰色—灰色中细砂岩。山 1 段厚 33 ~ 75m，平均厚度为 65m，发育厚层深灰色—灰黑色泥页岩，是示范区主要页岩气勘探目的层。

本溪组主要以填平补齐的形式沉积在风化面较低凹的古地貌部位，沉积厚度主要受古地貌控制，厚度一般为 10 ~ 80m，总体东厚西薄。沉积岩石类型主要为风化产物的铝土岩、滨浅海相碎屑岩、潮坪相灰岩、滨海沼泽相煤岩及碳质泥页岩等，具有含黄铁矿及菱铁矿结核或条带的铁铝岩组合特征。

3. 沉积特征

1）延长组

长 7 油层组沉积时期，盆地基底整体由于受强烈拉张而下陷，水体加深，淡水湖盆发育达到鼎盛时期，主要发育有深湖亚相、浅湖亚相和三角洲前缘亚相（图 2-166）。

深湖亚相在长 7 油层组的 3 个油层段中均广泛发育，长 7_3 的半深湖—深湖亚相分布最广。半深湖—深湖中心位于庆阳、正宁、直罗、吴起、盐池、环县和延安—富县及其以东广大区域内，呈北西—南东向的不对称展布，半深湖—深湖亚相主要为深湖（粉砂）泥质沉积，发育灰黑色的暗色粉砂质泥岩、页岩，泥岩含介形虫、叶肢介等化石，但泥岩中植物化石明显少于浅湖亚相。浅湖亚相仍呈环带状围绕半深湖区展布，东部宽阔，岩性为深灰黑色的粉砂质泥页岩夹薄层粉、细砂岩，砂岩为浅灰色、灰绿色，泥岩中发育水平层理，粉、细砂岩中发育砂纹交错层理，常见介形虫瓣腮类、叶肢介和鱼鳞等化石。

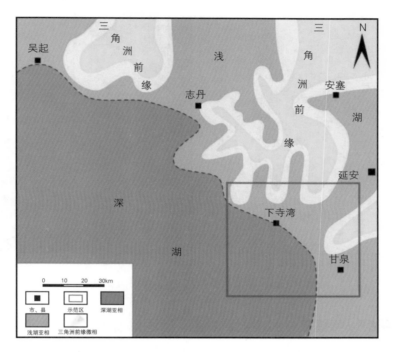

图 2-166　鄂尔多斯盆地延长组长 7 油层组沉积相图

2）山西组和本溪组

山西期是鄂尔多斯盆地处于海退背景下的海陆转换关键时期，受中晚期海西运动的影响，华北板块整体抬升，海水从盆地东西两侧开始逐渐退出，盆地性质由陆表海盆地演化为近海湖盆，沉积环境由海相开始向陆相转变，东西差异消失，南北差异增强。盆地中南部沉积相以滨浅海相、三角洲相和湖泊相为主（图 2-167）。山西组山 1 段沉积期水体较浅、地形坡度缓，属滨浅湖亚相。湖泊缺乏潮汐作用，波浪作用比较微弱，滨浅湖地带多处于低能环境。沉积物粒度较细，主要为深灰色、灰色或灰黑色泥岩，砂质泥岩夹薄层状粉砂岩和细砂岩，见砂纹层理。泥岩中发育波状层理、透镜状层理；砂岩一般厚度较薄，分布范围不大，具砂纹层理，多为湖滩砂。

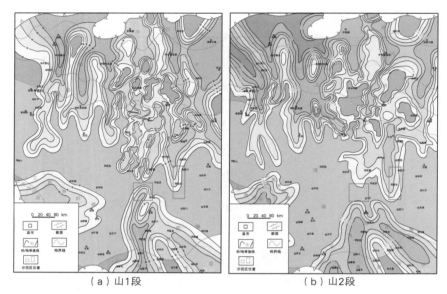

图 2-167 鄂尔多斯盆地山西组沉积相图

本溪组以障壁岛—潟湖沉积为主，向西逐渐转为泥坪和泥炭坪沉积（图 2-168）。示范区东部为广阔的浅海陆棚沉积，属潮下低能环境，沉积物以暗色泥岩为主，障壁岛常与潟湖沉积互层产出；而且随着海侵扩大，形成与海沟通、循环良好的潟湖—障壁岛—浅海陆棚沉积。

4. 储层特征

1）岩石矿物特征

（1）延长组。

延安示范区延长组长 7 油层组页岩层系岩性主要为黑色页岩、灰黑色粉砂质页岩，页理发育，含有较多的动植物化石和黄铁矿散晶，俗称"张家滩页岩"。粉砂质纹层及夹层广泛发育，纵向上分布密度变化较大，表现为黄色、白色粉砂质夹层和粉砂质纹层与深色页岩的互层或呈夹层。延安示范区长 7 油层组富有机质页岩矿物成分主要为石英和黏土矿物，还有少量的长石、碳酸盐岩和黄铁矿，石英含量为 15% ~ 56%，平均为

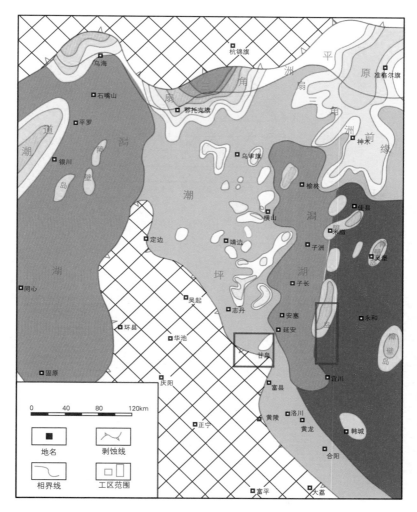

图 2-168　鄂尔多斯盆地本溪组沉积相图

31.1%，黏土矿物含量为 20% ~ 77%，平均为 44.5%（图 2-169）。黏土矿物主要为伊利石和伊蒙混层以及少量的绿泥石（图 2-170）。伊利石含量为 11% ~ 48%，平均为 26%；伊蒙混层矿物含量为 29% ~ 87%，平均为 52.4%，伊蒙混层矿物中蒙脱石层平均占到 19.1%，绿泥石平均含量为 19.2%。长 7 油层组页岩矿物组成表明，延安示范区的泥页岩具有较强的吸附能力。

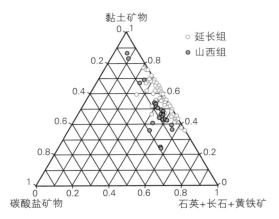

图 2-169　示范区页岩气目的层段储层碎屑成分三角图

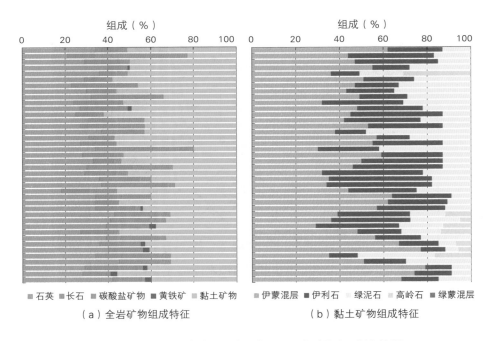

（a）全岩矿物组成特征　　　　　　　　（b）黏土矿物组成特征

图 2-170　延长组长 7 油层组泥页岩矿物组成柱状图

（2）山西组和本溪组。

山西组岩性主要为碳质或暗色泥页岩、粉砂质泥岩和粉砂岩，泥页岩颜色以黑色、灰黑色和深灰色为主，发育水平层理、平行层理和脉状层理。山西组泥页岩矿物分为脆性矿物和黏土矿物两大类。脆性矿物主要为石英、长石和方解石及白云石等碳酸盐矿物，石英平均含量为 36.9%，其他脆性矿物如长石、方解石和白云石等含量相对较低，平均含量低于 5.0%；黏土矿物主要为高岭石、伊利石、绿泥石以及伊蒙混层等，高岭石含量为 18.0% ~ 84.0%，平均含量为 37.0%；伊蒙混层含量为 0 ~ 63.0%，平均含量为 40.8%；高岭石和伊蒙混层二者占黏土矿物总量的 77.8%，绿泥石含量为 4.0% ~ 25.0%，平均含量为 14.7%；伊利石含量变化较大，在 1% ~ 15% 之间，平均含量为 7.5%；蒙脱石层含量为 0 ~ 25%，平均含量占到伊蒙混层的 14.6%，说明伊蒙混层中主要为伊利石层（图 2-171）。

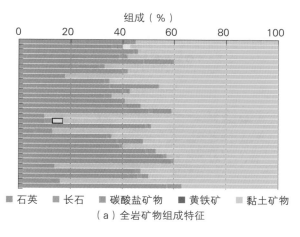

（a）全岩矿物组成特征

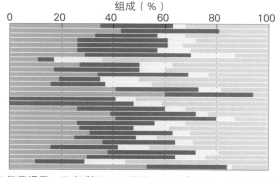

（b）黏土矿物组成特征

图 2-171 山西组泥页岩储层矿物组成柱状图

本溪组岩石类型以铝土质泥岩、砂岩、石灰岩、煤及碳质泥页岩为主，具有含黄铁矿及菱铁矿结核或条带的铁铝岩组合特征。本溪组富有机质泥页岩储层矿物组成主要为黏土矿物、碎屑矿物石英、长石，含少量黄铁矿、菱铁矿等矿物，其中石英含量为35%。黏土矿物组成以高岭石（45.1%）、伊蒙混层（25.1%）、伊利石（19.4%）为主，含少量绿泥石（图2-172）。

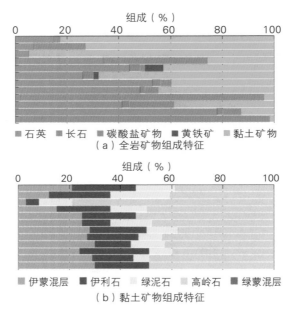

图2-172　本溪组泥页岩储层矿物组成柱状图

2）有机地化特征

（1）延长组。

延长组长7油层组页岩干酪根元素分析结果表明，氢碳原子比相对较高，为0.48～1.32，平均为0.88，多介于0.7～1.3；氧碳原子比相对较低，为0.02～0.16，有机质类型以 II_1 型为主。根据 T_{max} —氢指数有机质类型判识图（图2-173）分析，该结果与有机质显微组分特征显示的有机质类型结果一致。干酪根有机显微组分鉴定结果表明，干酪根显微组分中腐泥组最发育，平均为 65%，镜质组次之，惰质组不发育。因此，长 7 油层组泥页岩具有腐泥型和混合型干酪根的特点，有机质以低等生物为主要生源。

延长组长 7 油层组暗色泥页岩 TOC 在湖盆中心相对较高，由湖盆向周边地区延伸，TOC 逐渐降低。延安示范区大量测试资料表明，延长组长 7 油层组泥页岩 TOC 主要介于 0.34% ～ 11%（图 2-174），其中 86% 样品的 TOC 大于 2%，长 7 油层组泥页岩的生烃潜量为 0.12 ～ 43.32mg/g，74.8% 的样品大于 6mg/g，泥页岩氯仿沥青 "A" 含量为 0.31% ～ 1.15%，最高可达 2.49%，其中 77.3% 的样品值大于 0.1%，属于优质烃源岩。

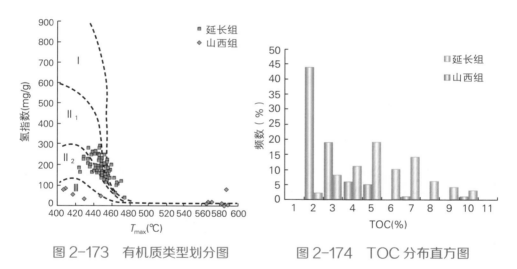

图 2-173　有机质类型划分图　　图 2-174　TOC 分布直方图

长 7 油层组页岩镜质组反射率（R_o）随深度分布在 0.51% ～ 1.25% 之间，R_o 值与埋深之间存在良好的正相关性，随着埋藏深度的增加，镜质组反射率 R_o 值逐渐增大（图 2-175），长 7 油层组页岩的 T_{max} 主要为 440 ～ 460℃，峰值位于 450 ～ 455℃。热演化程度在盆地内部大部分地区处于成熟阶段—湿气（原油伴生气）阶段，局部向高成熟阶段过渡，有机质具有较强的生排烃能力。

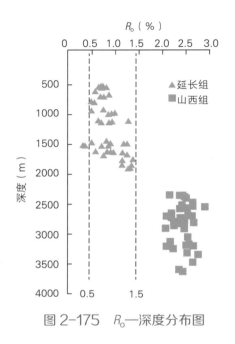

图 2-175　R_o—深度分布图

（2）山西组和本溪组。

延长探区山西组泥岩 74 个样品的干酪根分析结果表明，碳同位素介于 −25.61‰ ～ −23.2‰，平均为 −23.71‰，其中 62 个样品点落在Ⅲ型区域，仅有 12 个样品点分布在Ⅱ₂区域。泥页岩干酪根镜检数据显示，数据点大部分集中在镜质组—惰质组一侧，而且偏向于镜质组一侧，属于典型的Ⅲ型干酪根。岩石热解参数分析结果表明，山西组泥页岩氢指数为 0.81 ～ 865.27mg/g（HC/TOC），57 个样品平均氢指数为 101.26mg/g（HC/TOC），有 80.70% 的样品氢指数小于 150mg/g（HC/TOC），反映的有机质类型为Ⅲ型，而有 15.79% 的样品是Ⅱ₂型，Ⅲ型和Ⅰ型样品非常少，均占样品总数的 1.75%。

上古生界山西组页岩气储层非均质性较强，有机质含量纵向分布具有较大差异，分布在 0.4% ～ 2.8% 之间，平面上，暗色泥岩、碳质泥岩有机质含量主要分布在 2.5% ～ 4.5% 之间，延川—延长一线及志丹—甘泉一线有机质含量高，平均在 3% 以上，属于较优质烃源岩。

镜质组反射率（R_o）为 2.04% ~ 2.85%，R_o 随埋藏深度呈逐渐增大的趋势（图 2-175）。T_{max} 最小值为 356℃，最大值为 581℃，平均值达 507℃，普遍较高。山西组泥页岩有机质热演化均达到了高成熟—过成熟阶段，并且以过成熟阶段为主，即已经进入干气阶段。

3）储集物性特征

（1）延长组。

页岩的储集空间可以划分为孔隙和裂缝两大类，泥页岩基质孔隙分为粒间孔隙、粒内孔隙及有机质孔隙。延长组长 7 油层组页岩储层中粒内孔隙最为发育，裂缝与有机质孔隙次之，粒间孔隙发育最差。以中孔隙为主，微孔隙不发育，中孔体积占总孔体积的 73.72%；大孔体积占 22.16%，微孔体积仅占 4.12%。延长组长 7 油层组页岩平均孔隙直径为 23.3nm，中值半径平均为 11.7nm；总孔体积平均为 7.1×10^{-3}mL/g，比表面积平均为 1.9m^2/g。

延长组陆相页岩地层中裂缝发育程度、缝宽及延伸性均较好。缝宽分布范围较大，为 10 ~ 500nm，既包括中裂缝，也包括大裂缝，缝长可达 30 ~ 200μm；裂缝大多呈平行—近平行状展布，切割刚性矿物颗粒、黄铁矿团块及黏土矿物集合体，可有效沟通不同的孔隙类型。

孔隙度和渗透率是泥页岩储层特征研究中两个重要的参数，泥页岩储层总孔隙度多数小于 10%，基质孔隙度则更低。采用脉冲式物性测试分析表明，长 7 油层组泥页岩储层孔隙度主要为 0.16% ~ 5.12%，平均值为 2.11%；渗透率主要为 0.0043 ~ 0.239mD，平均值为 0.0133mD。

（2）山西组和本溪组。

扫描电镜观察结果表明，山西组泥页岩发育微孔隙和微裂缝，微孔隙可分为黏土微孔、泥质层间微孔、晶间微孔及砂质粒间微孔、溶孔；裂缝主要为构造缝，大多数被泥质、碳质、硅质与黄铁矿等部分充填或完全充填。孔隙结构以中孔隙为主，发育一定的大孔隙，微孔隙不太发育，中孔体积占总孔体积的 69.47%，大孔体积占 28.03%，微孔体积占 2.5%。

泥页岩平均孔隙直径为 18.8nm，中值半径平均为 9.5nm；总孔体积为
（1.54 ～ 11.2）×10^{-3}mL/g，平均为 6.91×10^{-3}mL/g。

山西组泥页岩岩心物性分析结果表明，其孔隙度总体很小，而且变化范围较大，孔隙度为 0.4% ～ 1.5%，平均值仅为 0.77%，孔隙度小于 0.5% 占总样品的 20%，孔隙度 0.5% ～ 1.0% 占总样品的 50%，孔隙度 1.0% ～ 1.5% 占总样品的 30%。渗透率为 0.0066 ～ 0.2416mD，平均为 0.03999mD，其中渗透率小于 0.01mD 占总样品的 30%，渗透率 0.01 ～ 0.05mD 占总样品的 40%，渗透率 0.05 ～ 0.10mD 占总样品的 20%，渗透率 0.10 ～ 0.50mD 占总样品的 10%。相关性分析发现，延安示范区山西组泥页岩孔隙度与渗透率之间没有明显的相关性，说明泥页岩中孔隙连通性较差。

本溪组泥页岩孔隙类型以中孔隙为主，发育一定的宏孔隙，微孔隙不太发育。中孔体积占总孔体积的 65.2%，微孔体积占 4.25%，宏孔体积占 30.55%。泥页岩平均孔隙直径为 19.3nm，中值半径平均为 9.7nm；总孔体积为（3.08 ～ 8.34）×10^{-3}mL/g，平均为 6.00×10^{-3}mL/g。

4）地质力学特征

（1）岩石力学特征。

示范区延长组长 7 油层组页岩的三轴抗压强度分布范围为 54.5 ～ 167.8MPa，平均值为 95.4MPa；杨氏模量分布范围为 8.9 ～ 28.2GPa，平均值为 16.6GPa；泊松比分布范围为 0.126 ～ 0.393，平均值为 0.221；岩石力学参数变化范围较大，总体显示出较低的杨氏模量和较高的泊松比特征。

示范区山西组山 1 段页岩的三轴抗压强度分布范围为 95.9 ～ 261.7MPa，平均值为 210.1MPa；杨氏模量分布范围为 25.1 ～ 40.4GPa，平均值为 34.8GPa；泊松比分布范围为 0.121 ～ 0.244，平均值为 0.201；岩石力学参数变化范围较大，总体显示出较高的杨氏模量和较低的泊松比特征。

（2）地应力特征。

示范区延长组长 7 油层组三向主应力分布规律为 $\sigma_v > \sigma_H > \sigma_h$：最小水平主应力梯度范围为 0.0160 ~ 0.0178MPa/m；最大水平主应力梯度范围为 0.0192 ~ 0.0205MPa/m；垂向应力梯度范围为 0.022 ~ 0.0241MPa/m。示范区山西组山 1 段三向主应力分布规律为 $\sigma_v > \sigma_H > \sigma_h$：最小水平主应力梯度范围为 0.0168 ~ 0.0188MPa/m；最大水平主应力梯度范围为 0.0179 ~ 0.0211MPa/m；垂向应力梯度范围为 0.022 ~ 0.0248MPa/m。总体而言，示范区延长组长 7 油层组和山西组山 1 段水平应力值差异较小，具备形成复杂缝网的地应力条件。

5. 气藏特征

1）延长组气藏

钻井、录井、测井及岩心分析测试发现长 7 油层组页岩连续含气，无气水边界，含气边界由页岩发育区边界控制（图 2-176），综合页岩含气性及页岩气赋存状态确定延长组页岩气藏类型为高黏土矿物含量、高吸附气比例、低热演化、低压力系数、低脆性矿物含量的自生自储式连续型岩性气藏。

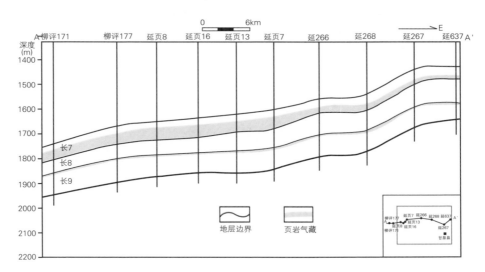

图 2-176　延安示范区西部柳评 171 井—延页 8 井—延页 7 井—
延 637 井延长组页岩气藏剖面图

（1）温压系统。

长 7 油层组气藏平均温度为 56.77℃，地温梯度为 3.66℃/100m。长 7 油层组地层压力在 7.0MPa 左右，地层压力系数为 0.53 ~ 0.91，平均值为 0.68，页岩气田为常温低压系统。

（2）流体性质。

页岩气甲烷含量为 63.92% ~ 94.56%，乙烷含量为 1.5% ~ 11.52%，丙烷含量为 5.19% ~ 10.73%，含少量丁烷及以上烷烃，含极少量氮气和二氧化碳，不含硫化氢和二氧化硫，天然气干燥系数为 0.6% ~ 0.8%，页岩气主要为湿气。

（3）含气性。

①现场解吸法。

现场解吸试验结果表明（图 2-177），长 7 油层组页岩解吸气量为 0.3 ~ 3.8m³/t，平均为 1.7m³/t。在含气量测试过程中，误差的主要来源是损失气量的求取，准确求取损失气量是页岩含气量测定的难点。应用直线法和多项式回归法分别对示范区 6 口页岩气井不同层位岩心样品进行含气量分析，结果见表 2-59，其中应用直线法计算的总含气量为 1.88 ~ 4.76m³/t，应用多项式回归法计算的总含气量为 2.04 ~ 8.10m³/t，多项式回归法得出的损失气量（纵坐标截距的绝对值）一般大于直线回归法。由于钻井取心

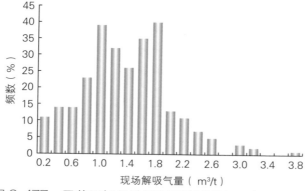

图 2-177　示范区长 7 油层组页岩现场解吸气量直方图

表2-59　采用两种拟合方法所得含气量计算结果统计

| 井号 | 层位 | 深度（m） | 总含气量（m³/t） | | 损失气量（m³/t） | | 自然解吸气量（m³/t） | 残余气量（m³/t） | 测井解释含气量（m³/t） |
			直线回归法	多项式回归法	直线回归法	多项式回归法			
LP194	长7	1515.63	2.500	7.920	0.920	6.340	1.410	0.170	6.52
	长7	1516.30	2.270	7.250	0.690	5.670	1.420	0.160	6.36
	长7	1527.89	3.050	8.100	1.150	6.200	1.770	0.130	6.93
YY5	长7	1455.60	2.125	4.838	0.910	3.623	0.972	0.243	3.91
	长9	1603.40	1.909	2.042	0.512	0.645	1.153	0.244	2.57
	长9	1604.18	2.107	2.927	0.523	1.343	1.365	0.219	3.89

时间较长，导致损失气体时间增加，造成直线回归法得出的体积值低于真实值。根据测井解释的含气量为 2.57 ~ 6.93m³/t，分析认为多项式回归法的拟合曲线比较准确，基于多项式回归法的计算较为真实地反映了泥页岩的含气特征。

②等温吸附实验。

延安示范区等温吸附实验数据表明（图2-178），当吸附压力小于8MPa 时，长7 油层组泥页岩甲烷吸附气量随压力增加而显著加大。当页岩甲烷吸附压力大于 8MPa 时，多数样品的甲烷吸附量基本不再增加。页岩样品的甲烷最大吸附气量在 1.17 ~ 3.68m³/t 之间变化，平均为 2.46m³/t。长9 油层组泥页岩的全岩甲烷吸附量变化范围相对较小，测试压力范围内（12MPa）甲烷的最大吸附量在 1.58 ~ 2.62m³/t 之间变化，平均为 2.04m³/t。

实验结果表明，泥岩样品在 5.0MPa 压力下最大吸附气量均已达到最低工业标准 1m³/t，部分样品甚至超过 2m³/t，鄂尔多斯盆地南部地区长7 油层组地层压力在 7.0MPa 左右，这可以证明在地下条件下，泥页岩具有很好的吸附特征，一旦有合适的生烃条件以及足量的烃源供给，泥页岩的吸附气量完全可以满足工业开发的要求，为后期工业开发提供一项重要的依据。

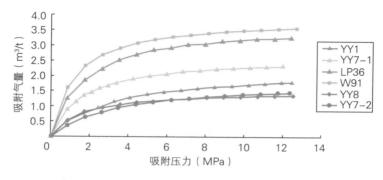

图 2-178　延安示范区延长组页岩甲烷吸附等温线

2）山西组和本溪组气藏

钻井、录井、测井及岩心分析测试发现山西组和本溪组泥页岩连续含气，无气水边界，含气边界由页岩发育区边界控制（图 2-179），综合页岩含气性及页岩气赋存状态确定山西组页岩气藏类型为高黏土矿物含量、高热演化、低压力系数的自生自储式连续型岩性气藏，本溪组页岩气藏类型为高热演化、常压自生自储式连续型岩性气藏。

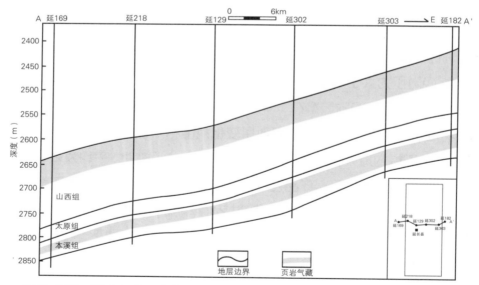

图 2-179　延安示范区东部延 169 井—延 218 井—延 302 井—延 182 井
山西组和本溪组页岩气藏剖面图

（1）温压系统。

山西组山1段、山2段，本溪组气藏的平均温度分别为86.86℃、87.09℃和83.69℃，平均温度梯度分别为2.90℃/100m、2.82℃/100m和2.77℃/100m。山西组平均压力梯度为0.14MPa/100m，压力系数为0.81；本溪组平均压力梯度为0.16MPa/100m，压力系数为0.96。本溪组页岩气藏属于常压低温异常；山2段、山1段气藏属于低压低温异常。

（2）流体性质。

山西组、本溪组页岩气藏天然气的组分主要为甲烷，含量均在95%以上，且不含H_2S，属无硫干气。山西组、本溪组地层水为$CaCl_2$型，呈弱酸性，pH值平均为5.5。地层水矿化度为76752.72 ~ 168319.84mg/L，矿化度自上而下不断增大。

（3）含气性。

①现场解吸。

根据延安示范区内页岩现场解吸数据，采用USBM方法（美国矿业局方法）对损失气量进行估算。统计结果表明，山西组含气量为0.52 ~ 2.67m³/t，平均约1.20m³/t，本溪组含气量为0.2 ~ 1.41m³/t，平均约0.76m³/t（表2-60）。

②等温吸附。

据等温吸附实验结果，山西组泥页岩兰氏吸附气含量主要分布在1.06 ~ 4.78cm³/g之间，平均为2.34cm³/g。应用理论计算方法得到延长探区山西组泥页岩总含气量平均为0.925cm³/g，与实验测定法结果近似。

表2-60　延长探区页岩气井上古生界泥页岩含气量统计　　单位：m³/t

地层	损失气量	解吸气量	残余气量	含气量
山西组	$\dfrac{0.11 \sim 0.65}{0.39}$	$\dfrac{0.18 \sim 2.02}{0.78}$	$\dfrac{0.01 \sim 0.90}{0.13}$	$\dfrac{0.45 \sim 2.67}{1.20}$
本溪组	$\dfrac{0.18 \sim 0.68}{0.33}$	$\dfrac{0.02 \sim 0.9}{0.41}$	$\dfrac{0.01 \sim 0.12}{0.04}$	$\dfrac{0.20 \sim 1.41}{0.76}$

注：表中数值为 $\dfrac{最小值 \sim 最大值}{平均值}$。

（三）示范区主体技术

鄂尔多斯盆地拥有丰富的页岩气资源，与海相页岩相比，延安示范区陆相页岩气具有明显的"两高三低"特点，即"高吸附气比例、高黏土矿物含量"和"低热演化程度、低压、低脆性矿物含量"，地质条件差异明显且更为复杂，没有成熟的理论和技术供参考。延长石油解放思想、勇于创新，通过持续理论研究和技术攻关，逐步形成了以陆相页岩气地质评价技术、陆相页岩气水平井钻完井技术、陆相页岩气水平井体积压裂改造技术、陆相页岩气 CO_2 压裂技术、压裂返排液回用处理技术为核心的主体技术体系，在陆相页岩气勘探中取得了良好的应用效果。

1. 陆相页岩气地质评价技术

1）陆相页岩储层表征技术

针对陆相页岩储层的特点，形成了陆相页岩岩相与岩石类型分析及识别技术，非均质夹层定量表征，页岩热演化模拟分析，基于扫描电镜的页岩气储层多尺度、多视域微孔体系表征，基于氮气吸附法和高压压汞法的富有机质泥页岩全孔径的孔隙结构表征等技术与方法。

2）黄土塬区三维地震勘探技术

针对黄土塬地区地震资料品质差的问题，形成了黄土塬地貌页岩气勘探的地震采集技术系列，包括单点高密度 UniQ 三维地震观测技术，黄土塬地区宽频勘探激发、接收技术和 UniQ 采集高效野外质控技术。这在一定程度上解决了巨厚黄土塬地表条件引起的子波畸变问题，保证静校正计算的稳定可靠，并极大地改善了叠加或偏移叠加的信噪比。

针对黄土塬地质特点和 UniQ 地震资料特点，形成了有针对性的处理技术。通过折射层析静校正、噪声压制、子波一致性处理、空间振幅补偿、分方位处理等，处理结果成像清楚，目的层反射清晰，提高了成像质量，保全了有效信息。形成叠前 AVO 同步反演、储层预测及三维建模技术。建立了 TOC、含气性、力学参数等与地震响应的关系，搭建三维地质模型及岩石力学模型，提供对完井品质全面、综合、深入的评价，为增产改造设计优化施工提供了重要的数据基础。

3）页岩气测井评价技术

通过岩心分析、岩心刻度、测井资料处理，优选测井响应敏感参数，建立了陆相页岩岩石矿物成分、有机碳含量、物性及储集性能、含气性、脆性指数、岩石力学等关键参数的测井综合评价方法。通过应用成像测井（STAR和XMAC）、地层元素俘获测井（ECS和Flex）、核磁共振测井（CMR）等特殊测井系列技术，建立了矿物组分、孔隙度、TOC、含气量、脆性指数、力学参数等关键评价参数的测井定量评价技术。

4）地质工程一体化"甜点"三维筛选技术

为解决陆相页岩气勘探评价难题，采取地质与工程一体化思路，通过地震资料、测井资料、地质层序认识与工程品质的结合建立三维地质模型，优选有利"甜点"区。

常规测井、特殊测井和岩心实验结果相结合的单井储层评价为建模提供点上的和垂向精准控制；UniQ地震解释结果和AVO同步反演结果为建模提供面上的和横向控制。再加上层序地层学的地质分层和地质统计学的科学分析，挖掘隐藏在数据背后的真正地质现象。

建立岩性、孔隙度、渗透率、地层厚度、有机质丰度和含烃量六要素三维地质模型，叠合"六性"参数得到储层品质（RQ）综合评价图（图2-180）。在三维地质模型的基础上，开展三维岩石力学模型研究，应用地应力、岩石力学参数和裂缝刻画参数综合分析完井品质（CQ），进行压裂施工"甜点"识别。利用加权平均法获得RQ和CQ叠合评价图，形成页岩气"甜点"综合评价图，依次识别"甜点"区。

2. 陆相页岩气水平井钻完井技术

1）水平井钻井提速工艺技术

根据现场钻井工况，综合井壁稳定、钻井液、钻井参数分析等多项技术及生产管理，通过系统优化提速的理念，提高各项技术的有效性，减少

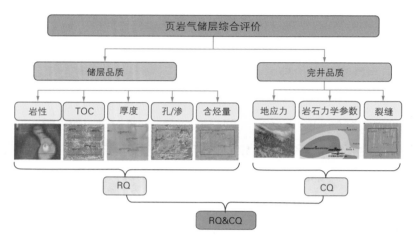

图 2-180　陆相页岩气"甜点"综合评价图

井下复杂情况，缩短处理井下复杂的时间，同时优化生产管理减少非生产时间，实现水平井钻井的整体提速。

　　针对水平井钻井造斜段容易出现井壁失稳的情况，结合造斜段井壁易失稳的诱因和钻井成本两方面因素，优化井身结构，将水平井 A 靶点上提至造斜段，以隔离不同因素引起的井下复杂情况，降低井壁稳定控制的难度。斜井段采用更小的井眼，使井眼轨迹更容易控制，减少了处理井下复杂的时间，钻速得以提高。井身结构优化后，大幅度缩减了二开完井通井时间和三开造斜段的机械钻速，提速效果收效明显。页岩层理发育，非均质性强，合适的井筒压力不易掌握。根据页岩的强度特征，建立了考虑页岩强度非均质性的井壁稳定分析模型，提高了井壁稳定分析的准确性，减少了因井壁坍塌引起的井下复杂情况。页岩气水平井钻遇层系众多，地层岩石非均质性强，钻头性能和钻井参数与地层匹配性差。提出了钻头选型和钻井参数优化模型，并采用遗传算法获取最优参数。应用表明，机械钻速提升明显。在前期钻井施工经验和国内外页岩气钻井经验的基础上，形成了页岩气钻井施工管理方案，提高了生产组织效率。

2）水平井钻井液

针对陆相页岩地层黏土矿物含量高，层理、裂缝发育的现状，2012 年，在鄂尔多斯盆地陆相页岩气开发初期，技术团队率先研发了全油基钻井液体系，成功抑制了陆相页岩水化，现场成功应用 YYP-1 井、YYP-2 井和 YYP-3 井等 6 口水平井，解决了陆相页岩气水平井井壁失稳等问题。全油基钻井液具有较好的失水造壁性和封堵性，初期流变性较好，在钻进过程中密度逐渐增大，最大达到 1.27g/cm³，漏斗黏度高达 122s，触变性变差。特别是抗温性能较差，60℃加热钻井液动切力几乎降低为 0，流变性能严重恶化。

为解决以上问题和进一步降低成本，技术团队再次研发了低油水比（6∶4）钻井液体系，钻井液封堵性和抑制性均达标，且具有成本较低、毒性较小、稳定性高等优点，完全满足钻井工程需要。

考虑全油基钻井液和低油水比钻井液在成本和环保处理等方面存在的问题，延长石油集团研究院从提高页岩水基钻井液液相抑制性和利用微纳米封堵剂封堵页岩微纳米孔缝两方面进行大量实验研究，提出以 KCOOH 作为主要抑制剂抑制泥页岩黏土矿物水化分散膨胀，以刚性纳米碳酸钙及柔性纳米乳液等封堵剂相结合组配封堵剂配方，建立了以"模拟岩心"为对象的页岩封堵评价方法，形成适用于鄂尔多斯盆地陆相页岩气水平井的有土甲酸钾水基钻井液体系。

有土甲酸钾水基钻井液体系先后在陕北甘泉县 PP-48 井、宜川县 YYP-6 井、延长县 YYP-3 井和 YYP-4 井以及延安临镇 YYP-5 井和 YYP-5-1 井成功应用。该钻井液体系失水保持在 3mL 以下，润滑系数控制在 0.08 以内，流变性良好，性能稳定，起下钻顺利；与传统油基钻井液相比，成本仅为前者的 40%，且更环保，后期处理简单。该项技术的成功应用填补了陆相页岩气水平井水基钻井液技术空白，为延长石油低成本高效开发页岩气资源提供了有力支撑。

该技术现场施工从造斜段 40°开始，至水平段完钻，施工井段都在

1500m 以上。从应用效果来看，井壁始终保持稳定，流变性、润滑性、失水造壁性、封堵性和抑制性良好，满足页岩地层钻井要求。特别是大部分施工井钻遇碳质泥岩和煤层等复杂层段，钻井液性能稳定，井壁光滑，无掉块、无遇阻，较好地保证了井壁稳定和井下安全。具体施工参数见表2-61。

表2-61 云页平5井水基钻井液现场施工参数

测深 （m）	井斜 （°）	密度 （g/cm³）	漏斗 黏度 （s）	API 失水 （mL）	六速 Φ_{600}/Φ_{300}	六速 Φ_6/Φ_3	塑性黏度 （mPa·s）	动切力 （Pa）	静切力 （Pa/Pa）	pH 值	备注
2376.66	56.07	1.20	50	3.6	55/37	5/4	18	9.5	2/3	8.5	造斜段
2625.34	80.86	1.25	56	3	78/52	7/5	26	13	2.5/4	9	造斜段
2763.27	92.07	1.27+	65	2.5	91/61	8/6	30	15.5	3/4.5	8.5	水平段
3529.72	90.71	1.29	85	3.2	114/77	10/7	37	20	4/7	8	水平段 （煤层）
3583.25	91.45	1.32	90	3.2	132/90	13/10	32	34	5/11.5	8	水平段

在现场应用过程中，该体系除稳定井壁效果好外，抗污染能力和抗温效果也较强。每口井三开钻遇水泥石时各项性能均保持稳定，无明显钙侵影响；所处伊陕斜坡地层东浅西深，两口施工井目的层地层温度都相差10℃以上，该水基钻井液性能变化不大，黏切和失水均在控制指标范围内，剪切稀释性良好（图2-181、图2-182）。

图2-181 云页平3井水基钻井液
振动筛返砂

图2-182 现场用有土甲酸钾水基
钻井液体系

3）水平井轨迹控制技术

（1）水平井轨迹控制的难点。

①由于地质不确定性的影响，开钻前地质设计的气顶垂深与实际的气顶垂深总会存在误差，钻导眼虽然在一定程度上能够降低这种地质误差给着陆控制造成的困难，但由于页岩气藏地质变化的复杂性，这种地质误差依然困扰着水平井钻井。例如延页平 2 井，在靶前距较小的情况下气层垂深提前了 2m，给入窗带来了较大困难。

②钻具的实际造斜能力和设计能力之间存在差异。钻具的实际造斜能力受多种因素的影响，包括动力钻具的制造工艺、动力钻具的尺寸形状、地层的自然规律、钻进参数的选择以及操作者的操作水平等。

③测量信息的滞后导致轨迹预测误差大。由于 MWD 的探管距离钻头尚有一段距离（一般为 12 ~ 14m），以及测量与显示的时间差，造成了实钻过程的信息滞后。在实钻过程中，需要根据已测的参数值来预测当前的钻头参数，对下一段进尺的钻进结果进行预测，并进行下步决策。信息滞后带来的误差及测量方法的系统误差会给钻进过程带来一定影响，尤其是在靶窗高度较小的薄气层中。

（2）轨迹控制要点。

轨迹实时调整控制技术是贯穿水平井整个钻进过程的最重要的技术手段，它包括对已钻轨迹的计算描述，与设计轨迹参数的对比及偏差认定，对当前在用钻具井眼造斜率的分析，对待钻井眼所需造斜率的计算，做出对在用工具和技术方案的评价决案，以决定是否需要调整操作参数及选择起钻时机等。轨迹控制的关键点是着陆过程及水平段钻进的控制。

①着陆控制。

水平井着陆控制是水平井钻进的关键技术之一，由于井区一定范围内沉积上的变化或因所参照的邻井资料上存在的问题，导致实钻地层与设计地层对比上的误差，甚至经中途电测后预测的气顶位置与实钻仍有较大的误差，云页平 1 井实钻气顶位置比经中途电测后预测的气顶位置加深了 6m

（垂深）。因此，应控制好水平井的着陆，一方面搞好入窗前的地层对比
与预测；另一方面要选择好钻具的造斜率，控制好钻头的入窗姿态。

在着陆控制的技术上坚持"略高勿低、先高后低、寸高必争、早扭方
位和动态监控"的原则。

当油层为上倾方向，水平段井斜角大于90°时，控制井眼轨迹在A
点前20～30m，垂深到达设计气顶位置，井斜达到85°～86°进入油
层；当油层为下倾方向，水平段井斜角小于90°时，控制井眼轨迹在A点
前40～50m，垂深到达设计气顶位置，井斜达到82°～84°进入油层
（图2-183）。

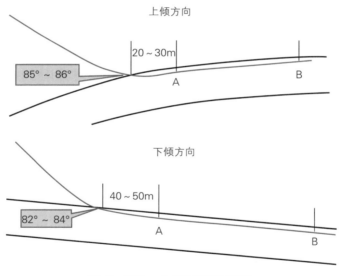

图2-183　入窗控制示意图

②水平段控制。

水平段实钻井眼轨迹在垂直平面上实际上是条上下起伏波浪线，在数
学上是近似的周期变化的正弦曲线组合。钻头位置距靶体上下边界的距离
是控制的关键。不论增斜或降斜，轨迹曲线的转折点肯定滞后于调整开始
的位置，如果不考虑这种转折点的滞后现象，那么钻头的极限位置（曲线

上的转折点）肯定会钻出靶体边界。实际操作中应勤观察、勤计算，尽量减少调整次数延长复合钻进时间，以提高机械钻速。

水平段轨迹控制的技术要点：钻具平稳、上下调整、多开转盘、注意短起、动态监控、留有余地和少扭方位。

4）水平井固井工艺

与海相相比，陆相页岩气水平井固井具有的突出难点有：（1）储层非均质性强，钻井追踪困难，井轨迹调整频繁，套管下入摩阻大；（2）地应力低于海相地层，体积压裂过程中水泥环及套管组合处于高内压、低外压的应力环境，对水泥环的弹性和韧性要求更高；（3）采用清水漂浮顶替，固井完成后在压差作用下水泥浆易倒流，水平段扫塞难度大。

针对上述难点，延长石油设计采用盲板式漂浮接箍和半刚性套管扶正器，既能保证顺利通过缩径井段，又可大幅度降低下入摩阻。研发了以丁苯胶乳为主要添加材料的弹韧性水泥浆，水泥石抗折强度和抗拉强度提高70% 以上，杨氏模量降低40% 以上；研制了依靠胶塞为驱动装置的碰压关井阀和碰压关闭式浮箍，可在注水泥完成后彻底阻断套管内外通道，具有关闭功能可靠、密封能力强、正反向承压高的特点。现场应用的十余口水平井水平段留塞率为 0，固井质量合格率达 90% 以上，水平段固井质量优良率达 100%。

3. 陆相页岩气水平井体积压裂改造技术

延长石油探区内陆相页岩具有埋藏深度浅、厚度大、岩相变化快、脆性矿物含量低、泥质含量高、孔隙度、基质渗透率极低等特点。陆相页岩储层水平井体积压裂技术是延长石油陆相页岩气高效勘探开发的必要手段。

1）压裂液体系

针对延长石油探区内陆相页岩储层微裂缝较发育，压裂液在储层中易滤失，延长石油借鉴国内外页岩气选择压裂液的经验，优化出适应延长石油陆相页岩气水平井的滑溜水 + 线性胶 + 交联冻胶的混合压裂液体系（图 2-184）。

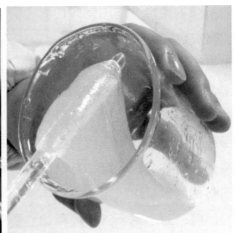

（a）滑溜水　　　　　　　　　（b）交联冻胶

图2-184　页岩气压裂用压裂液

滑溜水配方为清水 +0.075% 降阻剂 +0.1% 防水锁剂（含助排剂和表面活性剂）+1.0%KCl+0.08% 杀菌剂；线性胶配方为清水 +0.4% 瓜尔胶 +0.5% 助排剂 +1.0%KCl+0.1% 杀菌剂 +0.12%Na_2CO_3（交联冻胶配方）。该压裂液体系黏土防膨率大于 80%，降阻率大于 50%，储层岩心伤害率小于 15%，该液体体系溶解快，配制方便，易破胶水化，可连续混配。

2）支撑剂优选

延长石油探区内陆相页岩储层的闭合压力为 20 ～ 35MPa，为了保证压裂效果，将支撑剂输送至裂缝的远端，选用了 3 种不同粒径的低密度陶粒作为支撑剂（图 2-185），体积密度为 1.43 ～ 1.60g/cm^3。并进行多粒径组合（70 ～ 100 目粉陶 +40 ～ 70 目中陶 +20 ～ 40 目粗陶）加砂压裂，其中粉陶的主要作用是对天然裂缝进行封堵和降低滤失量，并对弯曲裂缝进行逐级打磨，减小弯曲摩阻，进一步降低施工压力。

3）分段压裂工具优选

延长石油页岩气大型体积压裂选用易钻桥塞作为分段压裂分隔工具。具体工艺过程是利用压裂泵车泵送电缆下入可钻桥塞 + 射孔枪的方式，一次完成桥塞封隔前一级压裂段，对下级层段进行射孔作业，完成下级压裂准备。通过循环该过程，实现多级压裂的目的。

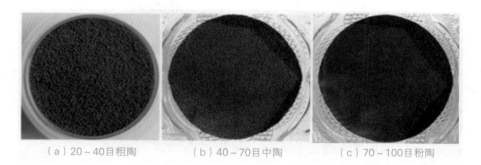

（a）20～40目粗陶　　　　（b）40～70目中陶　　　　（c）70～100目粉陶

图 2-185　页岩气压裂用支撑剂

　　近年来，延长石油调研了解易钻桥塞国内外技术现状，以目前引进易钻压裂桥塞为基础，针对现场使用存在的问题，开展了易钻桥塞的研制工作，对桥塞结构进行改进完善，对材料进行优选，配方及成型工艺得到了优化，并通过室内反复多次耐温、耐压及钻磨实验，研制出具有独立知识产权、能够代替进口用于水平井压裂的易钻桥塞（图 2-186、图 2-187）。

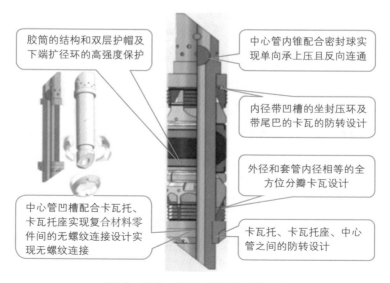

胶筒的结构和双层护帽及下端扩径环的高强度保护

中心管内锥配合密封球实现单向承上压且反向连通

内径带凹槽的坐封压环及带尾巴的卡瓦的防转设计

外径和套管内径相等的全方位分瓣卡瓦设计

中心管凹槽配合卡瓦托、卡瓦托座实现复合材料零件间的无螺纹连接设计实现无螺纹连接

卡瓦托、卡瓦托座、中心管之间的防转设计

图 2-186　易钻桥塞结构设计

图 2-187　易钻桥塞及其附属结构材料

4）水平井压裂参数优化

（1）簇间距优化。

水平井分段多簇压裂时，射孔簇间距是页岩气藏体积压裂设计的关键参数，簇间距对页岩气藏能否形成高效贯通的裂缝网络具有重要影响（表 2-62、图 2-188）。这是由于压裂时在单一裂缝脆弱面上将产生诱导应力，该诱导应力可以改变最大主应力与最小主应力的分布，使裂缝发生转向，同时也可以抑制邻近裂缝的延伸。簇间距过大，会在主裂缝之间产生未改造区，不能充分促进裂缝网络形成，影响储层的动用程度。簇间距过小，会在主裂缝之间形成改造重叠区，降低压裂改造效率，并且在诱导应力挤压影响下，容易引起缝宽降低，破裂压力升高，造成施工困难甚至砂堵。合理的簇间距能够削弱缝间应力干扰对水力裂缝延伸的影响，提升储层缝网展布区域，使得改造体积达到最大化，提高页岩气藏压裂后产量。

表 2-62　不同簇间距下裂缝几何形态参数模拟结果

簇间距（m）		缝长（m）	缝宽（cm）	储层改造体积（m³）
40	第一簇	311.5	0.60	438058
	第二簇	287.5	0.71	

续表

簇间距（m）		缝长（m）	缝宽（cm）	储层改造体积（m³）
30	第一簇	266.0	0.67	559482
	第二簇	237.7	0.68	
20	第一簇	245.3	0.53	478771
	第二簇	236.1	0.56	
10	第一簇	248.2	0.55	317076
	第二簇	215.6	0.51	

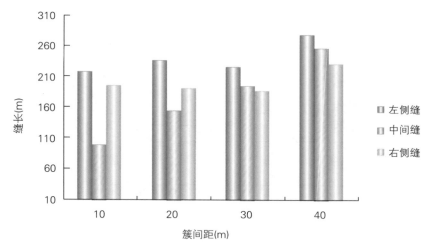

图 2-188　不同簇间距下各裂缝缝长情况

（2）施工排量优化。

对于陆相页岩储层，排量是决定天然裂缝断裂形成缝网的重要因素（图 2-189 至图 2-191）。但是在提高施工排量、增大裂缝内净压力的同时，也会引起破裂压裂和延伸压力的升高。对地面管线设备的压力要求高，施工费用增大。延长石油开展了对页岩气水平井压裂施工排量优化研究，建立了适合陆相页岩储层施工排量的计算模型。

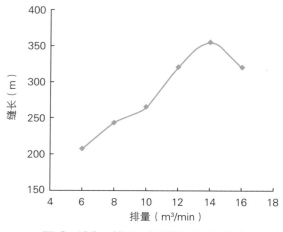

图 2-189　排量对裂缝长度的影响

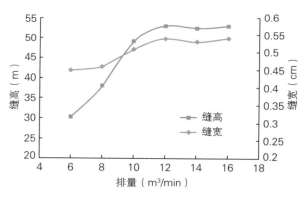

图 2-190　排量对裂缝宽度和高度的影响

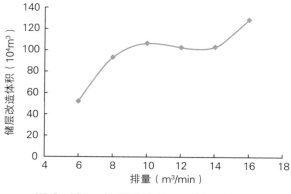

图 2-191　储层改造体积随排量的变化

（3）压裂液液量优化。

对于页岩气体积压裂来说，压裂规模远远大于常规压裂，因此认为形成裂缝系统的规模也具有相关性。一般认为，压裂液总量与裂缝长度、压裂体积有一定关系（图2-192、图2-193），压裂液总量越多，改造体积越大，产生的裂缝越复杂，改造效果越好。通过研究形成了陆相页岩气压裂施工规模控制模型，通过该模型可得出压裂液规模与裂缝形态及缝网体积之间的关系。实际施工中，压裂规模受地层、环境供液能力、经济性等各方面限制，需要尽可能地降低压裂规模，确定施工液量最优值。

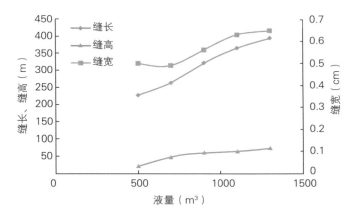

图2-192　压裂液液量对裂缝形态的影响

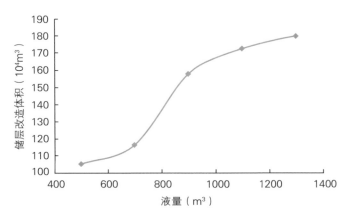

图2-193　储层改造体积随压裂液液量的变化

（4）压裂液黏度优化。

压裂时，压裂液性能对造缝效果和储层、填砂裂缝的渗透率具有很大影响（图2-194、图2-195）。压裂液黏度是影响压裂液性能最重要的指标，与压裂液的滤失性能、悬砂性能和摩阻性能密切相关。同时黏度还会影响缝内压降程度，较低的黏度使得流体能在较长距离裂缝内保持足够的净压力，当水力裂缝遭遇天然裂缝时，更容易因为较小的压降沿着天然裂缝延伸，增加裂缝复杂度。在设定地质模型条件下，研究并得出了不同黏度压裂液与裂缝形态及储层改造体积的关系。

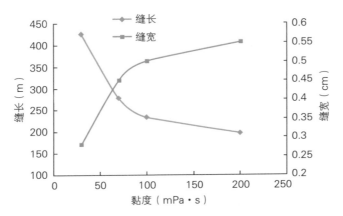

图2-194　压裂液黏度对裂缝形态的影响

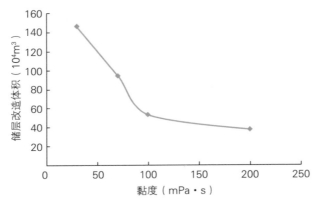

图2-195　储层改造体积随压裂液黏度的变化

选择压裂液黏度时还需要结合施工排量、支撑剂粒径等参数，既能满足较好的储层改造体积，还具有良好的造缝携砂性能。

4. 陆相页岩气 CO_2 压裂技术

延长石油探区内陆相页岩储层具有低渗透、高黏土矿物含量、低孔隙度、低压等特点，其中黏土矿物平均含量为 58% ~ 60%，石英、长石等脆性矿物含量低，平均含量为 30% ~ 40%，页岩整体塑性较强；平均孔隙度为 1.82%，存在纳米—微米级多尺度复杂孔隙网络；延长组页岩气平均压力系数为 0.5 ~ 0.7，上古生界山西组压力系数为 0.8 ~ 0.9，普遍低于国内外典型页岩气田的压力系数，地层能量严重不足。地质条件更为复杂，开采工程工艺技术要求更高，必须进行大规模缝网压裂改造才能实现高产气流。

大规模水力压裂改造是目前针对页岩气储层最为有效的增产技术，该技术可以实现储层的整体改造，提高储层改造体积，最大限度地增加油气产出通道，但是也存在储层伤害、环保等问题，表现为"千方砂、万方液"的大型水力压裂耗水量大；页岩油气储层黏土矿物含量高，黏土遇水膨胀，微小孔隙减少或消失，对储层造成不可逆的伤害；水力压裂返排液化学组分复杂、处理难度大，存在环境污染风险。

CO_2 压裂技术采用液态 CO_2 部分或全部替代传统水基压裂液，具有节水、减排、高效等特点，是针对低渗透、水敏、低压油气藏的储层改造技术，延长石油针对陆相页岩进一步发展了传统 CO_2 压裂技术，形成了无增黏液态 CO_2 压裂技术、CO_2 混合压裂技术，实现了陆相页岩气的产量突破。

1）CO_2 压裂技术特点

CO_2 压裂技术应用于低渗透、水敏性储层改造，相比于传统水力压裂技术，其技术优势在于：

（1）降低储层伤害。

CO_2 压裂可显著减少水基压裂液的地层注入量，形成的弱酸性环境能有效抑制水敏储层中黏土矿物的水化膨胀，降低储层伤害，返排后的残渣较常规瓜尔胶压裂液更少，而 CO_2 干法压裂对于储层几乎没有伤害。CO_2 可以脱出黏土矿物中的结合水，使黏土矿物粒径变小，同时 CO_2 溶解于地层水所形成的碳酸溶液可溶解地层中的碳酸盐岩等矿物（图 2-196），这可有效地改善储层的物性。

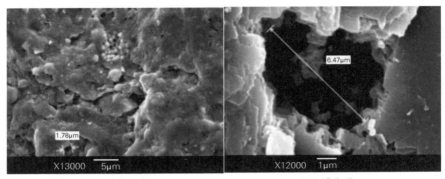

（a）滤失前　　　　　　　　　　　（b）滤失后

图 2-196　液态 CO_2 滤失前后岩心端面 SEM 照片对比

（2）降低岩石起裂压力。

CO_2 压裂注入地层的 CO_2 为液态或超临界态，CO_2 具有低表面张力的特点，超临界 CO_2 的表面张力几乎为零，可进入任何大于其分子尺寸的空间。相对于水基压裂液能更有效地渗入岩石孔隙或基质，增加孔隙压力，降低岩石的起裂压力，更有利于造缝，降低施工压力。如图 2-197 所示，由三轴应力条件下 CO_2 压裂与水力压裂起裂压力对比曲线可以看出，相同条件下超临界 CO_2 压裂岩石起裂压力约为水力压裂的 50%。

（3）易于形成复杂缝网。

超临界 CO_2 或液态 CO_2 黏度不足水基压裂液的 1/100，扩散性约为水的 10 倍，压裂时具有更好的贯穿能力。在裂缝延伸过程中 CO_2 能够进入水基压裂液无法进入的微小孔隙，这能增加裂缝扩展压力，降低地应力对裂缝扩展方位的制约，有效地沟通地层天然裂缝，形成更加复杂的裂缝网络。

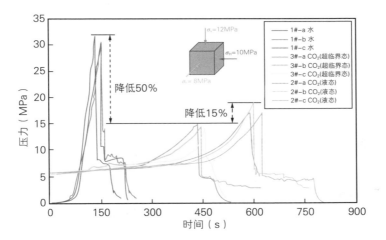

图 2-197　CO_2 压裂与水力压裂起裂压力对比

（4）置换甲烷。

CO_2 在岩石表面的吸附能力比甲烷更强。等温吸附测试表明，CO_2 岩石吸附能力是甲烷的 4 ~ 16 倍，CO_2 分子与岩石间的作用力更强，更具竞争性，可高效置换岩石表面的吸附甲烷，使甲烷由吸附态转变为游离态，从而提高气井产量。

2）纯液态 CO_2 压裂技术

液态 CO_2 压裂，也被称为干法压裂，是一种以纯液态 CO_2 作为携砂液进行压裂施工的工艺技术，压裂后 CO_2 能快速、彻底返排出地层，是一种真正意义上的无伤害压裂工艺。

（1）工艺流程。

纯液态 CO_2 压裂地面流程如图 2-198 所示。由于 CO_2 的临界温度为31.2℃，临界压力为 7.38MPa，为保持压裂过程中 CO_2 全程为液态，需要在高压条件下加砂，即需要特殊设备——高压密闭加砂装置。储罐中的液态 CO_2 经增压泵车抽吸至密闭混砂车，完成混砂后进入压裂泵车并注入地层。

液态 CO_2 压裂时相态变化如图 2-199 所示，CO_2 由地面经由井筒注入地层整个过程中会因与地层之间换热发生温度变化，会因泵车增压、摩阻等影响发生压力变化，因此直至压裂后由地层返排出井口会有 6 个典型的温压节点。

图 2-198 液态 CO_2 压裂地面流程

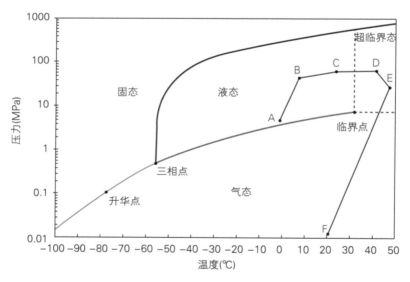

图 2-199 实际工况条件下 CO_2 相态变化示意图

① CO_2 的临界温度为 31.2℃，临界压力为 7.38MPa，较容易液化，

在储存、运输时多以液态形式罐装，储存条件为 −18℃、2.1MPa 左右，即为图 2−199 中 A 点，密度为 1022.38kg/m³，黏度为 0.105mPa·s。

②液态 CO_2 经高压泵车增压后经井口进入井筒，井口处 CO_2 的状态即为图 2−199 中 B 点，温度为 −18 ~ 0℃，压力视地层深度等施工条件不同，为 20.0 ~ 60.0MPa，此时 CO_2 为液态，密度为 1020 ~ 1170kg/m³，黏度为 0.12 ~ 0.22mPa·s。

③ CO_2 沿井筒到达井底孔眼附近，即为图 2−199 中 C 点，温度、压力均有所升高，升高幅度视地层深度、地层破裂压力梯度、施工参数等条件而变，根据国外文献报道，井底 CO_2 的温度一般低于临界温度，因此仍为液态，密度、黏度均有所减小。

④ CO_2 经孔眼进入裂缝后向地层滤失，温度逐渐升高，大于临界温度，且越是裂缝前段、滤失前段，CO_2 温度越高，压力增加幅度较小，即为图 2−199 中 D 点，此时 CO_2 为超临界态，密度、黏度均降低。

⑤压裂施工完成后，地层中的 CO_2 温度继续升高，压力由于 CO_2 滤失扩散而降低，此时井底 CO_2 状态即为图 2−199 中 E 点，CO_2 仍为超临界态，密度、黏度继续降低。

⑥压裂施工完成后，开井放喷返排，温度、压力迅速降低，此时井口处 CO_2 状态即为图 2−199 中 F 点，CO_2 为气态。

从上述液态 CO_2 应用于压裂施工时相变变化分析来看，CO_2 在泵注时保持液态，与水的密度相近，静水柱压力高，不需要额外增大地面泵压；裂缝中部 CO_2 保持超临界态，虽然黏度有所降低，但密度变化较小；施工完成后，CO_2 迅速转变成气态，密度降低，有利于快速返排，且无残渣和残留。

（2）工艺参数优选。

采用自研发 CO_2 压裂动态模拟评价装置，系统测试了 CO_2 流变、摩阻特性，同时采用模拟实验结合数值计算的方法开展了液态 CO_2 携砂性能研究，如图 2−200 所示。

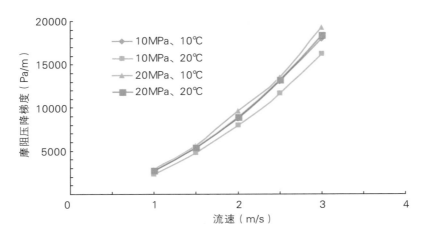

图 2-200　液态 CO_2 管流摩阻压降梯度测试曲线

液态 CO_2 管流摩阻受流速、温度影响较大，且要高于常规水基压裂液摩阻，因此施工中必须合理优选管柱，设计压裂施工排量，避免井口超压情况出现。通过摩阻计算建立了不同管径、排量下的液态 CO_2 压裂管流摩阻图版。图 2-201 为入口压力为 20MPa 时的液态 CO_2 管流摩阻图版。由图 2-201 可以看出，液态 CO_2 压裂时，随着压裂管柱尺寸变大，管流摩阻

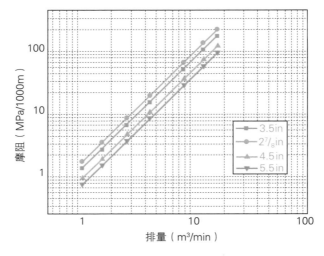

图 2-201　液态 CO_2 压裂现场施工管流摩阻图版

减小；随着排量的增大，摩阻逐渐增大。对于采用小管径油管注入方式的压裂，施工排量不宜大于 4m³/min；而对于采用大管径套管注入方式的压裂，液态 CO_2 管流摩阻相对较小，压裂液重位压降完全可以克服管流摩阻对泵压的影响，此时建议采用 4 ～ 8m³/min 的施工排量。

液态 CO_2 可以视为一种牛顿流体，作为一种纯黏性流体，其携砂性能跟流体黏度最为相关，而液态 CO_2 黏度低，约为水的 1/10，导致液态 CO_2 携砂性能较差，随着压裂施工注入管柱尺寸增大，液态 CO_2 压裂所需临界携砂排量越大；施工砂比越高，所需临界携砂排量越大。为满足压裂施工携砂的要求，尽量选择小尺寸管柱注入，同时砂比不能太高（平均砂比为 5% ～ 10%），否则有砂堵的风险。

3）CO_2 混合压裂

对于低压、低渗透储层，常规水力压裂存在水锁伤害、压裂后返排率低等问题，可以采用 CO_2 增能压裂的方式解决，一般分为前置增能和伴注增能两种。通过注入体积分数小于 50% 的液态 CO_2，可以有效增加地层能量，提高返排效率，减少储层伤害。传统增能压裂采用的是 CO_2 伴注的方式，这种方式存在施工摩阻高、砂比低、难以实现大规模改造等问题。CO_2 前置增能，亦称为 CO_2 混合压裂技术，通过分步式作业，既保证了 CO_2 增能助排的作用，又结合了大规模水力压裂扩展、支撑裂缝的作用，是对传统增能压裂方式的技术改进。

（1）工艺流程。

CO_2 混合压裂技术首先利用 CO_2 自身易破岩、高造缝的能力进行前置纯 CO_2 压裂，随后配合水力加砂压裂扩展和支撑裂缝，通过地面高压泵以较大排量向地层中注入前置液滑溜水，再采用多级段塞加砂的方式继续注入携砂液，压裂后期，通过尾追高浓度的支撑剂，提高近井裂缝导流能力。CO_2 混合压裂工艺流程如图 2-202 所示。

CO_2 混合压裂技术的优点在于：

①不影响后续压裂液体系的性能，可以使用常规碱性水基压裂液；

②不影响压裂加砂规模、施工排量及后续工艺选择；

③ CO_2 使用量不受限制；

④施工简单、方便。

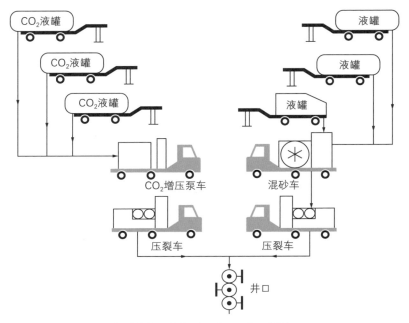

图 2-202 CO_2 混合压裂工艺流程

（2）工艺参数优选。

CO_2 混合压裂技术的关键参数在于前置 CO_2 压裂阶段施工排量以及注入量，后期水力加砂压裂阶段可参考体积压裂技术参数，以扩展 CO_2 压裂阶段形成的裂缝，促进更加复杂缝网的形成，并实现主缝以及分支缝有效支撑为改造目的。前置 CO_2 压裂施工排量的优选可以参考纯液态 CO_2 压裂参数设计方法，以纯增能为目的的改造施工排量建议控制在 $4m^3/min$ 以内，以 CO_2 压裂造缝，降低岩石破裂压力，增加起裂点，在近井地带形成多方位裂缝为目的的改造，建议施工排量增加至 $6m^3/min$。

CO_2 注入量参数的优选则需要根据地层条件进行优化设计，其中地层压力、孔隙度、渗透率以及砂体厚度为主要影响因素。根据气藏地质储量容积插值法建立的鄂尔多斯盆地气藏不同孔隙度、地层压力条件的 CO_2 注入量设计图版，如图 2-203 所示，同时结合延长石油探区内陆相页岩储层特征建立了 CO_2 混合压裂注入量优化设计方法。

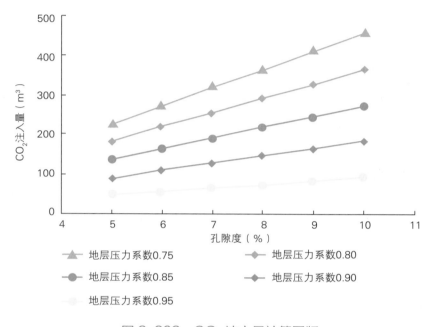

图 2-203　CO_2 注入量计算图版

由图 2-203 可知，地层压力越低所需要的 CO_2 注入量则越大，需要通过增加 CO_2 注入量显著增加地层能量，提高压裂后返排效果；地层孔隙度越高，此时的 CO_2 地层滤失速度则会增加，为了保持 CO_2 造缝作用，必须增加 CO_2 注入量。通过查图，即可得到不同地层压力、孔隙度条件下的 CO_2 注入量，利用图版查值，即可得到合理的 CO_2 注入量。

5. 压裂返排液回用处理技术

针对页岩气井压裂返排液总铁含量高（30 ~ 50mg/L）、黏度高（2.8 ~ 3.2mPa·s）、悬浮物含量高（大于 300mg/L）和细菌含量高（大于 10^4 个 /mL）的"四高"特点，进行压裂返排液处理工艺研究，研发出模块化橇装式压裂返排液回用处理装置，实现了压裂返排液的循环利用，节约成本，保护环境。

1）压裂返排液回用处理工艺

（1）压裂返排液回用处理工艺流程之一。

采用"隔油除砂—氧化—絮凝沉降—膜过滤"四步法处理工艺。

来水首先进入隔油缓冲调节橇，除去直径不小于 100μm 的浮油、部分分散油和直径不小于 50μm 的泥砂。出水进入催化氧化反应装置，将压裂返排液中的高分子有机化合物、极性有机化合物等氧化成小分子化合物、CO_2 和 H_2O，实现破乳、破胶。接下来进入斜管沉降池，实现油、泥、水的三相分离。最后进入膜过滤装置，实现精细过滤，达到出水水质要求。具体工艺流程如图 2-204 所示。

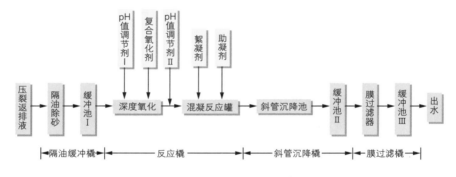

图 2-204　压裂返排液回用处理工艺流程图（一）

（2）压裂返排液回用处理工艺流程之二。

采用"预处理—氧化—气浮—两级过滤"四步法处理工艺。

来水首先进入预处理橇，去除污水中大部分的有机物和杂质。出水进入氧化橇，利用超声波复合臭氧氧化将压裂返排液中的大分子有机物氧化成小分子化合物，破乳、破胶。接下来进入密闭气浮装置，实现油、泥、水的三相分离。最后进入过滤橇，实现精细过滤，达到出水水质要求。具体工艺流程如图 2-205 所示。

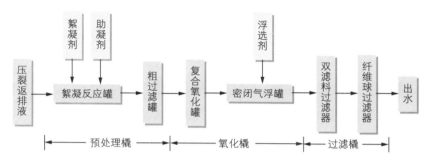

图 2-205　压裂返排液回用处理工艺流程图（二）

2）橇装式压裂返排液回用处理装置

（1）压裂返排液回用处理装置之一。

该处理装置采用橇装设计，主要包括隔油缓冲橇、反应橇、斜管沉降橇、膜过滤橇（含系统自控值班室）、加药橇 5 个功能相对独立的橇装单元，如图 2-206 所示。运行环境温度为 5 ～ 40℃，处理能力为 30m³/h，可 24h 连续运行，并具有如下特点：

图 2-206　橇装式压裂返排液回用处理装置（一）

①适用范围广，抗冲击能力强，可用于含油量不大于 300mg/L、悬浮物含量不大于 1000mg/L、黏度不大于 30mPas、总铁含量不大于 100mg/L、细菌含量不小于 10^6 个 /mL 的油气田废液处理；

②橇装设计，管路电路快速连接，便于野外吊装、安装、施工和检修；

③自动化程度高，全程在线监测和数据无线传输；

④占地面积小，运行效率高。

（2）压裂返排液回用处理装置之二。

该处理装置采用橇装设计，主要包括预处理橇、氧化橇、过滤橇和化验分析橇等 4 个功能相对独立的橇装单元，如图 2-207 所示。运行环境温度为 5 ~ 40℃，处理能力为 20m³/h，可 24h 连续运行，并具有如下特点：

图 2-207　橇装式压裂返排液回用处理装置（二）

①适用范围广，抗冲击能力强，运行效率高；

②橇装设计，管路电路快速连接，便于野外吊装、安装、施工和检修；

③采用 PLC、触摸屏、计算机综合的自动化控制系统，可实现人性化

的手动自动转换；

④不曝氧处理，最大限度地降低了压裂返排液对处理装置的腐蚀。

3）处理效果

页岩气压裂返排液经橇装设备处理后，水质稳定，满足 SY/T 5329—2012《碎屑岩油藏注水水质推荐指标》中平均空气渗透率不大于 0.01D 地层的回注要求；用处理后的水所配制的瓜尔胶压裂液的各项性能均达到 SY/T 6376—2008《压裂液通用技术条件》标准，所配制的滑溜水压裂液的各项性能均达到 DB 61/T 575—2013《压裂用滑溜水体系》标准，完全满足现场压裂液配制用水要求。

（四）示范区建设成效

1. 实施效果

初步落实陆相页岩含气面积为 611km^2，新增页岩气地质储量 1654 × 10^{8}m^3，新增石油地质储量 3140 × 10^{4}t，新增天然气地质储量 533.7 × 10^{8}m^3。

2. 综合利用情况

推进页岩气综合利用，开展延页平 1 等 9 口井短距离输送发电，装机总功率为 1580kW；2018 年 7 月，在延页平 1 井组建成 CNG 橇装站，截至 2018 年 12 月 31 日，累计产气 233.3 × 10^{4}m^3；云页平 6 井接入天然气管网，截至 2018 年 12 月 31 日，累计产气 80.6 × 10^{4}m^3。

3. 投资成本

目前，延安示范区仍处于勘探开发试验阶段，尚未实现规模化生产，暂不具备进行页岩气开发项目经济评价的条件，故仅对现有的页岩气井已发生成本进行整理、分析，探索成本变化趋势。目前，延安示范区页岩气井已发生成本仅限于钻完井成本，包括钻井、压裂和试气成本。其中，钻井成本包括钻前费用、钻井施工费用、钻井材料费用、录井费用、测井费用、固井费用等；压裂成本包括射孔费用、CO$_2$ 压裂施工费用、水力压裂施工费用、压裂材料费用等；试气成本包括试气施工费用、试气材料费用等。

1）页岩气成本构成

早期页岩气直井单井成本构成中，中生界直井的钻井费用占30%，压裂费用占55%，试气费用占15%；上古生界直井的钻井费用占45%，压裂费用占38%，试气费用占17%。目前，页岩气水平井单井成本构成中，中生界水平井的钻井费用占30%，压裂费用占69%，试气费用占1%；上古生界水平井的钻井费用占33%，压裂费用占65%，试气费用占2%。

2）页岩气成本逐年变化情况

经过多年探索，页岩气井型由最初的直井逐步向水平井、丛式水平井组转变，页岩气水平井水平段长由早期的600m到目前的1500m，压裂段数相应增加。随着工艺技术进步，页岩气钻完井成本逐年降低，直井钻完井成本降低了40%，水平井钻完井成本降低了35%。单井钻完井成本由最初的8000万~10000万元降低至目前的6000万元左右。

3）技术创新带来的成本变化

（1）钻井液优化带来的成本变化。

鉴于油基钻井液成本高、环保压力大的问题，延长石油不断推进钻井液技术发展，由最初的全油基钻井液、低油水比钻井液发展为低成本水基钻井液。相比全油基钻井液，高性能水基钻井液的全面推广使钻井液成本降低了60%，同时钻井废液处理费用也大幅度降低。

（2）压裂技术创新带来的成本变化。

为降低压裂成本以及提升页岩气单井产量，延长区块先后试验了体积压裂、CO_2干法压裂、CO_2泡沫压裂和超临界CO_2混合体积压裂等多种压裂方式。经过几年的探索，压裂成本逐年下降，产能增加效果明显。

第三部分

页岩气示范区建设经验与启示

通过十余年的不断探索与实践，持续深入地评价了示范区页岩气资源，落实了可采资源规模及分布范围，掌握了页岩气规模有效开发的方法和手段，完成了技术和管理体系建设，也获得了宝贵的经验与启示，开启了页岩气勘探开发的黄金时代。

一、深入推进理论创新　指导页岩气勘探开发

（一）创新海相页岩气地质理论

国内页岩气勘探开发的地质条件和地形地貌特征与北美开发区有较大的差异，存在页岩气地层年代老、构造改造强烈、埋深大、地形地貌复杂等诸多挑战。在不断引进吸收国外经验的基础上，国内页岩气先行者因地制宜，不断创新地质理论，从初期借鉴北美五大页岩气盆地开发的"八大地质条件"经验，认为南方海相页岩气连续分布，有页岩就有页岩气的认识，到后来"此页岩非彼页岩"，认识到国内海相页岩具有较强的非均质性，提出了以四川盆地内长宁—威远页岩气"三控"富集高产理论、涪陵页岩气"二元"富集理论以及昭通盆缘山地页岩气"三元"富集理论为代表的页岩气地质理论，不断升华认识，中国页岩气取得了巨大的进步。

（1）长宁—威远示范区形成了"沉积成岩控储、保存条件控藏、储层连续厚度控产"的"三控"海相页岩气富集高产理论。

沉积相控制页岩类型和储层厚度、成岩作用控制储集物性。根据建立的四川盆地龙马溪组龙一$_1$亚段页岩沉积模式，深水区强还原条件下沉积富有机质硅质泥棚为最优沉积环境。优选铀钍比（U/Th）作为古氧环境的判别指标，强还原环境（U/Th $\geq$ 1.25）页岩连续沉积厚度大于 4m 区域为深水陆棚相内深水区，该区域内页岩储层厚度最大，同时川南地区纵向上强还原环境（U/Th $\geq$ 1.25）主要分布在龙一$_1^{1-2}$小层，是页岩储层有机碳含量和孔隙度最高、储层微观孔隙结构更优的层段。成岩—生烃作用控制无机孔和有机孔发育。页岩储层孔隙主要由有机孔和无机孔组成，根据四川盆地页岩储层"页岩双孔演化模型"（刘文平，等，2017），揭示了

无机孔主要受成岩作用控制的演化规律，以及有机孔受成岩—生烃双重作用控制的演化规律，其中最有利的页岩孔隙发育阶段为成熟溶蚀生烃阶段（R_o 为 1.3% ~ 2.0%）和高—过成熟二次裂解阶段（R_o 为 2.5% ~ 3.0%）。川南地区龙马溪组页岩储层 R_o 总体为 2.4% ~ 3.0%，处于最有利的孔隙演化阶段。

保存条件控制气藏分布。四川盆地龙马溪组深水区受差异保存的影响，构造作用强烈、断裂发育程度高、压力系数低的区域均未获得工业气流，已发现长宁、威远、昭通和焦石坝等工业气藏均位于深水超压区。同时，页岩气具有高压富气规律，高压力系数对页岩孔隙具有保护作用，受后期压实作用相对较小，原生孔隙得到有效保留，孔隙形态呈圆状、次圆状，储集能力更强。

Ⅰ类储层连续厚度控制产能。Ⅰ类储层品质优（TOC ≥ 3%，孔隙度 ≥ 5%，含气饱和度 ≥ 75%，总含气量 ≥ $3m^3/t$，微观孔隙结构为Ⅰ类）、脆性好（脆性指数 ≥ 55%），黏土矿物含量低（黏土矿物含量 ≤ 30%），易形成复杂缝网。根据川南地区实际压裂数据，川南地区实际动用纵向厚度一般为 30 ~ 40m，最有效开发的厚度为 10m 左右。根据川南 360 余口开发井和评价井Ⅰ类储层连续厚度与测试产量关系，Ⅰ类储层连续厚度大于 10m 区域测试产量一般为（30 ~ 50）× $10^4m^3/d$，Ⅰ类储层连续厚度 5 ~ 10m 区域测试产量一般为（10 ~ 30）× $10^4m^3/d$，Ⅰ类储层连续厚度 0 ~ 5m 区域测试产量一般为 $10 × 10^4m^3/d$ 以下。

（2）涪陵页岩气"二元"富集理论。

涪陵示范区在早期的选区评价工作中，由于中国页岩气产业整体上处于借鉴学习阶段，借用美国已有的理论体系，优选了一批有利目标，但钻探评价并不理想。但地质工作者并没有气馁，在加强页岩气形成地质条件等基础研究的工作上，认识到世界上没有相同的页岩气，因此也不能简单套用美国已有的理论体系和关键技术。面对中国南方海相页岩具有热演化程度高、经历了多期复杂的构造运动，并且地表条件相对更加复杂等方面的特点，地质工作者在深化研究的基础上，创新形成了中国南方复杂构造地区高演化海相页岩气"二元"富集理论，认为页岩气后期良好的保存条件、超压或超高压是页岩气富集高产的关键。与此同时，以"二元"富集理论为指导，创新建立了中国南方复杂构造地区高演化海相三大类、18项评价参数的页岩气评价体系与标准，尤其增加了保存条件的权重。该评价体系能够较有效地对南方海相页岩气进行选区评价，在选定的有利目标区内钻探效果良好，由此发现了涪陵、长宁、威远页岩气田。

（3）昭通盆缘山地页岩气"三元"富集理论。

昭通示范区与北美地广人稀稳定的克拉通盆地（地台型）、涪陵、长宁—威远示范区，在地质条件和地形条件上存在显著不同。以昭通示范区为代表的川南地区，经历了印支期以来多期次的陆内造山构造运动叠加改造，地下断层、派生的微构造及天然裂缝发育，地应力状态复杂，尤其是页岩层水平方向的应力差较大，普遍在20MPa以上。加之，区内山地高原地形地貌复杂，多民族聚居地特殊的人文环境，总结提出了昭通示范区"山地页岩气"，即具有"强构造改造、岩相变化快、过成熟演化、高杂地应力、山地密集人文"等地质工程与自然人文交通特征的南方海相盆缘山地页岩气，并创新形成了页岩气"三元"赋存地质理论，总结了3种页岩气赋存模式。

昭通示范区经历加里东以来四期板内强烈造山运动，整体构造改造较盆内复杂，呈现隔槽—隔挡式冲断褶皱与隆升剥蚀强烈的构造残留坳陷相间的特征，而且通天断层、天然微裂缝带发育，构造应力结构和地层产状复杂。龙马溪组页岩较早隆升而进入生烃停滞的过成熟阶段，气藏赋存以原生气藏的保存与重建再聚集为主，因构造强烈抬升逸散而出现非连续性分布格局，页岩气富集与赋存单元连片面积小、分布分散，明显有别于盆地内构造相对稳定区的页岩气藏连续分布的特征。受构造改造强度与富有机质页岩热演化双重因素影响，山地页岩气"甜点"展布受沉积期岩相、改造期构造单元及成藏期保存三因素控制，由此提出了盆缘山地页岩气的

"三元控藏"理论。

原始沉积是成烃基础。志留统龙马溪组分布在示范区北部，自北向南由深水陆棚—浅水陆棚—古隆起，页岩储层厚度逐渐变薄，直至完全消失，因此，页岩气藏的分布受页岩储层沉积时期原始沉积环境和岩相微相带的控制。

构造格局是页岩气赋存状态的前提。构造背景控制沉积充填样式，后期构造样式决定页岩气赋存状态。继承性宽缓复向斜为有利区，构造转换与调节带为页岩气"甜点"富集带，构造三角带轴部为高产富集区。根据构造单元构造样式和页岩气赋存状态的不同，总结出昭通示范区存在盆缘向斜赋存型（建武向斜）、压扭背斜赋存型（太阳背斜构造）和复合向斜构造型（沐爱向斜）3种页岩气构造赋存模式，其中以向斜赋存型和压扭背斜赋存型的构造保存条件好，立体封闭完整，属于最好的页岩气赋存模式。

构造立体保存封闭程度是页岩气富集高产的关键。海相页岩气"源储一体"的特征，决定了其具有漫长的"早期生烃滞留（没有二次运移）、晚期改造调整（破坏中残留保存）"的动态保存过程。页岩气储层的顶底板封闭性是页岩气保存富集的前提，断裂作用和不整合面是影响页岩气顶底板封堵性的关键因素。页岩气层（源储层）与其上下的顶底板之间若不存在不整合面（即地史上没有发生过削足剥头式的淋滤逸散与破坏），顶底板岩层的岩性普遍致密，封闭性好，就有利于页岩气藏的保存。页岩顶底板致密、突破压力较高的地层组合，从页岩生烃开始就有利于阻止烃类的纵向散失、滞留于页岩纳米空间中的保存、相态转化的成藏赋存及高压体系的保持。页岩页理普遍发育，水平渗透率是垂直渗透率的 2 ~ 8 倍，页岩气容易顺层逸散消失，其扩散系数随着水平渗透率增大而加速增大。由于页岩气沿页理横向顺层渗透逸散，页岩气藏丰度会逐渐降低乃至彻底破坏，因此页岩气勘探评价的有利区应与目的层裸露区有适当的距离（减弱破坏与页岩气逸散），有区域盖层保存才会有页岩气的保留赋存。

在此基础上，强化残留构造坳陷山地页岩气保存条件的研究，形成了中国南方海相页岩气有利区选区评价，除重视页岩埋深与厚度、有机质丰度与成熟度、页岩物性与含气性、页岩矿物成分组成和页岩力学性质外，还需要补充页岩气动态保存条件、地层孔隙压力和地形地貌等关键评价指标，建立了页岩气"甜点"十大指标评价体系。

（二）构建陆上页岩气成藏模式

国内外成功开发的页岩气储层均为海相沉积，陆相页岩气尚无开发先例。延长石油基于鄂尔多斯盆地多年油气勘探经验总结，意识到陆相沉积地层中存在页岩气成藏的可能，必须解放思想、勇于探索，并于 2008 年启动陆相页岩气地质调查与评价工作。通过大量地质研究及勘探实践，提出了"鄂尔多斯盆地陆相湖盆具备页岩气成藏地质条件"新认识，柳评 177 井（直井）长 7 页岩段压裂出气，初产 2350m³/d，证实了陆相页岩层段中页岩气的存在。

勘探实践表明，陆相页岩与海相页岩相比，地质条件差异明显且更为复杂，照搬套用海相页岩气成藏地质理论体系无法指导陆相页岩气有利区优选，难以打破单井产量低的困局。面对陆相页岩气强非均质性以及页岩气储层"两高三低"的地质特点，延长石油深化成藏地质特征研究，厘定陆相页岩储层强非均质性储层参数，创新认识，明确了陆相页岩气差异富集机理，总结出陆相页岩气吸附和复合相态成藏模式，创建陆相页岩气评价标准及评价体系，指导陆相页岩选区评价、储层"甜点"优选、压裂改造及生产制度调整。陆相页岩气勘探效率明显增高，单井产量逐年增长。

二、引进消化吸收再创新　攻克开发技术瓶颈

在示范区建设初期，面对无勘探开发理论、无配套技术、无关键装备工具材料、无成熟经验的现状，试图照搬北美经验与做法，根本行不通。坚持问题导向，通过引进消化吸收再创新，大力开展攻关试验，形成了针对性的页岩气勘探开发关键技术系列，实现了页岩气资源的有效动用。

（一）优选"甜点"

长宁—威远、昭通示范区优选有利区评价技术参数，优化论证其阈值，在此基础上建立的四川盆地海相页岩气有利区优选标准（表 3-1），适应性更强。

根据有利区优选标准，在长宁区块优选埋深 3500m 以浅龙马溪组页岩气有利区 904km^2，落实资源量 3111.96 × 10^{8}m^3，支撑了《长宁页岩气田整体开发概念设计及一期工程开发方案》的编制和产能建设；在威远区块优选埋深 4000m 以浅龙马溪组页岩气有利区 178km^2，落实资源量 1119.94 × 10^{8}m^3，支撑了《威远区块威 202—威 204 井区页岩气产能扩建方案》的编制和产能建设。

表 3-1　四川盆地海相页岩气有利区优选标准

参数	美国	四川盆地
TOC（%）	> 3	2 ~ 5
成熟度（%）	> 1.0	1.35 ~ 3.5
脆性矿物（%）	> 20	> 50

续表

参数	美国	四川盆地
黏土矿物（％）	< 30	< 30
孔隙度（％）	> 2	> 4
渗透率（nD）	> 10	> 100
含水饱和度（％）	< 35	< 40
总含气量（m^3/t）	> 2	> 2
埋藏深度（m）	—	< 4000
优质页岩厚度（m）	> 30	> 30
压力系数	1.0 ~ 1.2	> 1.2
保存条件	好	好
构造条件	—	较简单
EUR（$10^8 m^3$）	> 0.3	—

涪陵示范区综合考虑页岩原生品质、含气性、可压性、压裂试气情况四大方面，TOC、硅质含量、全烃值、孔隙度、压力系数、埋深、构造形态、曲率特征、测试压力、绝对无阻流量 10 个关键参数，建立了海相页岩气开发地质评价技术体系，指导了中国南方页岩气"甜点"评价。

延安示范区的研究成果和勘探经验表明，页岩储层"甜点"纵向上受砂质纹层发育程度的影响，平面上受页岩厚度、总有机碳含量、成熟度、脆性矿物含量和含气量这 5 个指标的控制。

据长 7 油层组和山西组页岩层段地质地球化学等基础资料（表3-2），分析得到该区长 7 页岩气藏"甜点"构成要素为：TOC>2.0%，R_o 大于 0.9%，页岩有效厚度大于 30m 且连续分布，脆性矿物含量大于 40%，含气量大于 1.0m^3/t，吸附气比例大于 45%，埋深小于 2000m，裂缝发育丰富。山西组页岩气藏"甜点"构成要素为：泥页岩层系厚度大于 15m，横向上连续发育，砂岩夹层单层厚度不超过 3m，TOC 大于 1.0%，R_o 大于 1.2%，脆性矿物含量大于 40%，含气量大于 1.0m³/t 且吸附气比例大于 45%，埋深小于 3500m，依据页岩气"甜点"区各项参数评价标准，将各参数叠合成图，取所有评价参数标准以上区域分布的交集，结合区域连续分布面积和经济性评价结果，确定页岩气"甜点"区的分布，中生界优选出两个页岩气"甜点"区，直罗—张家湾区和吴起—志丹区。上古生界优选出两个页岩气"甜点"区——甘泉和云岩—延川区。

表 3-2　泥页岩"甜点"构成要素

参数	泥页岩厚度（m）	有机碳含量（%）	成熟度 R_o（%）	脆性矿物含量（%）	砂质夹/纹层	吸附气所占比例（%）
意义	生气能力	生气能力	生气能力	可压裂性	可压裂性	储气能力
中生界取值	30	2.0	0.9	40	小于 3m，发育	45
上古生界取值	20	1.0	1.2	40	小于 3m，发育	45

（二）优化部署

长宁—威远、昭通示范区水平井井位部署经历了 3 轮优化，有效提高了资源动用程度。水平井靶体距优质页岩底部 20m，箱体高度 15m，水平井轨迹垂直于最大水平主应力或与天然裂缝和最大水平主应力方向大角度相交，水平井巷道间距 400m，水平段长度 1500m。第一轮效果不好，主要原因是靶体位置过高，未钻遇最优储层，采用常规地震资料部署和轨迹设计，无法找准"甜点"位置和避开断裂复杂带。第二轮长宁区块开始推行地质工程一体化地质建模和工程设计，威远区块开展水平井轨迹方位与最大主应力方向关系对比试验，第二轮产能建设实施效果明显好于第一轮，测试日产量、首年井均日产量、井均 EUR 都有所提高，Ⅰ类储层钻遇率大幅度提升。第三轮全面推行地质工程一体化精细建模，打造"透明"页岩气藏；开展地质工程多参数差异对比分析和多单位平行论证，优选建产"甜点"区；优选纵向上地质和工程"甜点"，锁定"黄金靶体"。甲方主导，坚持地质、开发、工程等多专业一体化融合，以资源充分动用为核心，按照井位、井场两条主线，坚持 3 个原则，执行 3 个步骤，实现"区块、平台、井位、轨迹"的立体部署和优化。在应用效果方面，三维模型的精度大于80%，储量动用率提高了 10% ~ 15%。

涪陵示范区以地质评价与产能测试相结合、现场开发试验与产能相结合、室内实验与经济评价相结合、国外经验与实际生产相结合"4 个结合"为依托，纵向上优选水平井穿行层位、平面上优化井网井距、优化布井方式，储量盲区面积减少 85.7%，SEC 评估平均单井经济可采储量在 $1.9 \times 10^8 m^3$ 以上，实现了地面平台最优化、地下资源动用最大化。

（三）优快钻井

长宁—威远、昭通示范区 3 轮优化钻井工艺，实现提速提效。第一轮采用常规三维井眼轨迹剖面，单伽马＋螺杆导向，水平段采用油基钻井液，油层套管采用 P110 钢级 5½in 套管。第一轮效果不理想，主要原因是单伽马＋螺杆不能实现精准导向和精准控制。井筒完整性差，扭、增方式和导向方式有局限性，造斜段狗腿度达 15°/30m 以上，井眼光滑度差；采用 P110 钢级、12.14mm 壁厚的油层套管，套管强度不够。第二轮仅部分试验井使用 Q125V 钢级高强度套管；井眼轨迹仍然不够光滑。第三轮全面采用元素录井＋自然伽马＋旋转导向；推广应用壁厚 12.5mm、钢级 Q125V 高强度套管，形成钻井技术模板，出台钻井技术指导意见。主导钻井地质、工程和导向方案设计；主导轨迹控制，严格执行"三级负责"管理模式，把控水平段钻进动态；主导复杂处理，采取复杂情况分级处理模式，切实赋予甲方监督现场管控权限，充分发挥甲方后方支撑团队优势，确保导向措施到位。机械钻速同比提高 35%，钻井周期同比缩短 18%，Ⅰ类储层钻遇率保持在 95% 以上。

涪陵页岩气田从 2013 年开发评价试验阶段开始，通过对关键技术的科研攻关与现场试验应用，逐步形成了页岩气系列钻井技术：通过建立四压力剖面（坍塌压力、破裂压力、孔隙压力、漏失压力），并在实钻资料的基础上，不断优化井身结构设计，建立了基于安全钻进情况的提速井身结构系列；针对部分地表溶洞暗河发育、上部常压地层漏失频繁情况，采用清水强钻钻井技术，既实现了安全快速钻进，又满足了清洁、低成本钻井；全井段采用"PDC+ 螺杆"复合钻井技术，提高了全井机械钻速和钻井效率；针对钻前投资大，采用山地特点的"工厂化"钻井作业模式，达到降本增效的目的；针对部分井区浅层气发育，采用控压钻井技术，保证安全钻进需要。经历近 6 年的勘探开发，采用水平井优快钻井技术，焦石坝区块在水平段长度增加 38% 的情况下，机械钻速提高 100%，钻井周期缩短30.5%。

延安示范区立足自身产业及研发优势，秉承提质增效宗旨，探索创新，开展了多项技术革新及工艺试验。优化井身结构，合理确定靶点位置，隔离不同因素引起的复杂情况；建立陆相页岩井壁稳定分析模型，提高井壁稳定分析准确性，降低复杂事故发生率。尤其在钻井液研究与应用方面，油基钻井液虽然能保证页岩水平井钻井安全，但仍存在环境污染严重及成本居高不下等问题。通过技术创新，陆续攻克了陆相页岩孔、缝封堵和页岩抑制难题，研发形成了适合陆相页岩地层、具有自主知识产权的强封堵强抑制有土甲酸钾水基钻井液技术，解决了制约水基钻井液高效应用的核心难题。该项技术在延安陆相页岩水平井钻井中的成功应用不仅实现了全面取代油基钻井液，保障了页岩气水平井钻井中井壁稳定和钻井安全，而且将陆相页岩井壁稳定周期从 6d 增加至 21d，提高了 2.5 倍，成本仅为油基钻井液的 40%，表现出清洁、环保、无污染等优点。

（四）体积压裂

长宁—威远、昭通示范区经历了 3 轮压裂优化设计，第一轮采用均匀分段，各段压裂设计参数相同，电缆泵送桥塞分段，滑溜水＋低密度中强度陶粒，大液量、大排量段塞式加砂压裂。第一轮没有实现体积压裂，缺乏针对性；套管变形丢段多，砂堵、加砂难等复杂事故频发，且不能有效处理；压裂液体系、施工参数、分段工具未定型；缝网复杂程度不够，多形成双翼简单裂缝。第二轮依据储层地质、工程特征，实施加密分段和差异化设计各段压裂参数；开展不同类型支撑剂、压裂液压裂效果对比试验；针对套变段的压裂，形成暂堵球、缝内砂塞分段压裂工艺。第二轮套变段大幅度减小，体积压裂效果显著提高。第三轮全面推行地质工程一体化精细压裂设计，差异化分段、个性化参数设计；采用前置胶液＋阶梯排量施工工艺提高加砂量；应用微地震监测实时调整施工参数；降低了压裂施工强度和套管限压。分段长度 45m，加砂强度 2 ～ 3t/m，入井材料合格率 100%，井筒完整性大于 95%，压裂时效平均提高至 2 段 /d，最高达到 4 段 /d。

具体做法是以提高单井产量为导向，制定"三结合"压裂精细设计、"三强化"压裂质量保障、"三不压"压裂负效控制和"三步法"压裂放喷返排的压裂技术路线。"三结合"压裂精细设计，主要是结合三维地震解释与储层评价成果，随钻及完井测井解释成果，钻录固及测试成果优化压裂设计。形成了以提高改造体积及裂缝复杂度为核心的压裂体积改造设计原则，应用诱导应力场增强裂缝复杂度。同时针对应力复杂区域制定了短段塞加砂、滑溜水＋线性胶的混合液体体系，增大加砂量与改造规模；对应力简单区域制定了长段塞加砂、以滑溜水为主的液体体系。劣质储层"三不压"，主要是针对长宁—昭通示范区处于盆地边缘，部分储层天然裂缝发育造成各种异常。针对钻井漏失异常段不压、地层裂缝破碎带不压、施工压裂异常不压，确保在劣质储层不盲目追进度、不盲目追速度、不盲目追排量。优质储层"三强化"，强化地质工程一体化，强化以密切割、大排量、高砂比、强改造为内涵的体积压裂改造，强化改造一段、总结一段、优化一段，提升压裂改造效果。根据井况优选分段方式，目前水平井段较长，为降低泵送施工风险，采用以可溶桥塞为主，以连续油管＋砂塞分段等方式为辅进行分段。有施工效率高、套变适应性强、压裂后为全通径的优点。采用连续泵注、连续供水、连续供砂等作业流程，采用拉链作业方式，对工厂化作业施工工序流程优化，有利于井中微地震监测和压裂液重复利用，从而最大限度提高设备、作业效率，形成压裂—排采一体化，快速建产。

涪陵示范区始终围绕"建成示范、走在前列"的总体目标，为了保证不同区块单井产能最大化，提高不同地质特征压裂工艺针对性，工程上制定了全压裂周期的"三精"机制，即精心设计、精细施工、精准分析。

精心设计，针对平面上不同区域地质特征，纵向上不同层位缝网形态以及段间上不同层段物质基础存在差异的情况，建立了基于地质与工程相结合，三因素九参数的"双甜点"评价方法，形成了以单井缝网改造体积（SRV）和复杂度最大化的差异化压裂设计技术。

精细施工，建立施工参数标准保障施工质量，明确理想曲线图版判断施工效果，形成"一井一策、一段一分析"的实时评估调整机制。针对压裂指挥、材料监测和数据分析关键技术岗位，配置专门精干小组，严把入井材料检测关，实时监测污水质量，保证施工质量及产气效果。

精准分析，开展工程参数与产能的相关性数理统计分析，确定主控影响因素、最优值主分布区间。采用正交实验法对工程参数进行敏感性分析，定量化评价工程因素对压裂后产能影响程度。基于产剖测试、微地震监测、数值模拟等多种手段，创新集成水平井压裂裂缝诊断、调整与评估方法，最终指导后续压裂优化设计。

经过不断的探索创新，涪陵页岩气压裂技术最初仅一套压裂液体系、一种支撑剂组合、均匀分段模式、单井压裂模式，到目前形成了具有涪陵特色的长水平井分段压裂工艺及配套技术系列，创造了多项国内页岩气压裂纪录。

鄂尔多斯盆地陆相页岩储层地层压力低，黏土矿物含量高。前期勘探经验表明，常规水力压裂存在储层伤害高、压裂后返排率低等问题，导致陆相页岩压裂改造效果差、单井产量低。延长石油历经十余年的理论研究及技术攻关，创新形成了 CO_2 混合压裂、无增黏液态 CO_2 加砂压裂等 CO_2 压裂技术系列。理论及现场实践表明，CO_2 自身具有低黏、高扩散、低表面张力等特性，替代传统水基压裂液应用于储层压裂改造能有效促进复杂缝网形成，降低储层伤害，改善页岩气渗流通道，增强储层改造效果，压裂后 CO_2 吸热相变可显著增加地层能量，提高返排效果，最终实现陆相页岩气单井产量显著提升。在陆相页岩累计开展 CO_2 压裂技术现场应用 53 井次，较常规水力压裂技术，压裂后返排率可提高 31%，投产周期缩短 12d，平均单井产量提高 2 倍，展现出良好的推广应用前景。

三、推广地质工程一体化　有效提高单井产量

搭建以多学科数据为基础、具有整合性和兼容性的软件平台和工作流程的地质工程一体化平台。构建具有一体化理念的地质、地质力学、压裂、气藏模拟、试井等多学科团队组成的地质工程一体化团队。实施一体化管理，构建协同作战的管理构架，既有一体化的整体目标，又有各尽其责的针对性目标。打破了"技术条块分割、管理接力进行"，实现了地质与工程的"换位思考、无缝衔接"，提高了页岩气井单井产量和采收率。

（一）地质工程一体化培育高产井

长宁—威远、昭通示范区推行地质工程一体化研究、设计、实施、优化的高产井培育方法。解决了制约页岩气开发的关键瓶颈问题，技术成熟、配套，可复制，强力支撑了示范区产能建设。地质工程一体化研究，通过地球物理建模，综合利用地震、钻井、实验、试采资料，建立地质参数、岩石物理等模型，实现井位平台部署、钻井工程、储层改造、气藏开发优

化。建立地质工程一体化数值模型，拟合气井生产历史，预测生产动态，优化生产制度，指导开发生产。地质工程一体化设计包括平台部署优化、钻井设计优化和压裂设计优化，应用三维地震储层、裂缝、地应力数值模型，优化平台部署及水平井轨迹和方位。地质与气藏结合，精细小层对比，确定最佳靶体位置；地质与工程结合，优化设计和导向方案。地质与工程、测录井与地震结合，优化压裂段长及射孔位置，差异化设计压裂施工参数。地质工程一体化实施与优化，包括精细轨迹控制和压裂参数实时调整，随钻伽马与元素录井结合，精确定位；实时跟踪与旋转导向结合，确保井眼平滑，提高 I 类储层钻遇率。微地震监测与三维地震裂缝预测结合，实时调整压裂施工参数。最后，通过钻井、压裂、投产、测试和气井生产跟踪，实时更新动态模型，最终得到一个精度越来越高的三维储层模型，从而更好更有效地优化井位部署、钻井与储层压裂改造设计，提高单井产量，实现规模效益开发。

（二）地质工程一体化集中管理

涪陵页岩气勘探开发过程中，始终坚持地质工程一体化，打破各专业界限和"碎片化"管理壁垒，将管理体系构建、生产组织模式优化、开发技术支撑统筹考虑，采取集中办公形式，实现气藏地质、气藏工程、钻完井工程、压裂试气各专业深度融合，在裂缝参数、施工参数、实时调整等方面开展优化，以实现"提高单井产能、经济效益开发"。

四、注重技术与管理双管齐下　有效降低开发成本

4 个示范区建设均注重技术与管理双管齐下，降本增效，针对不同的

地区环境、地下地质条件和技术难点，各家降本增效的措施和做法又各有千秋。

（一）"六化"管理模式综合降本提效

长宁—威远、昭通示范区推广具有页岩气特色的井位部署平台化、钻井压裂工厂化、工程服务市场化、采输作业橇装化、生产管理数字化、组织管理一体化的"六化"模式，转变了传统的生产作业方式，在提升效率、降低成本方面发挥了巨大作用。

井位部署平台化，充分利用地下和地面两个资源，每个平台部署丛式井 6 ~ 14 口，及时复垦，节约了大量土地。

钻井压裂工厂化，通过钻井压裂"工厂化布置、批量化实施、流水线作业"，实现了"资源共享、重复利用、提高效率、降低成本"的目标，钻完井成本从 1.3 亿元降低到 0.55 亿元左右。

采输作业橇装化，通过"标准化设计、工厂化预制、模块化安装、橇装化复用"，适应了页岩气生产特点，实现了快建快投，显著地节约了成本。

生产管理数字化，通过建设"SCADA、油气生产物联网系统"，上线运行"作业区数字化办公平台、页岩气地质工程一体化平台"，形成了"平台无人值守、井区集中控制、远程支持协作"的管理新模式。

工程服务市场化，物资采购和工程建设公开招投标比例超过了 90%，降低了工程造价；工程建设和工程技术服务内、外部承接比例保持在 7∶3 左右，既发挥了中国石油的综合一体化优势，又有效降低了建井成本；多家公司同台竞技，形成了"比学赶帮超"的良性竞争局面。

组织管理一体化，搭建了集"操作维护、水电信运、物资采购、企地协调"的页岩气专业化运维保障平台，有力支撑了勘探开发各项工作。

长宁—威远、昭通示范区在推广"六化"管理模式的基础上，把降低单井投资作为降本增效的核心。

（1）缩短钻井周期、提高钻井质量。

①优化井身结构和井眼轨迹。

根据页岩气开发要求、井身结构设计原则、地层压力系统和套管必封点，优化井身结构。如长宁区块根据实钻经验，由原"四开四完"优化为"三开三完"井身结构，实现既有效封隔表层主要漏层，又解决多压力系统易漏、易垮难题，减少井下复杂。将三维井眼轨迹优化为双二维井身结构，降低了防碰风险，使钻完井摩阻大幅度降低，井眼轨迹更加平滑，既降低了作业难度，又提升了作业效率。

②升级钻机设备，降低设备故障率，大幅度提升使用寿命，缩短非生产作业时间。

为实现提速目标，满足大排量、高泵压的钻进参数需要，强化钻机装备配套、工具的配备和使用，对原配套设备进行升级或增配设备，为强化钻井参数提供条件，制定相应的配置标准及要求。

③优选井下工具，为实现钻井提速打下物质基础。

通过优选钻头、优选钻井配套工具、优化钻具组合、优化套管选型，有效解决地层非均质性强、滑动钻进托压等问题，提高复杂事故处理能力，避免套管失效影响施工进度。

④采用工厂化作业模式，提高作业效率。

采用"双钻机作业、批量化钻进、标准化运作"的工厂化钻井模式和"整体化部署、分布式压裂、拉链式作业"的工厂化压裂模式，达到了"工厂化布置、批量化实施、流水线作业"的目的，减少了资源占用，降低了设备材料消耗，精简了人员及设备，提升了效率，降低了费用。

通过以上措施，示范区机械钻速大幅度提升，如长宁区块平均机械钻速从 2016 年的 5.05m/h 提升至 2017 年的 5.58m/h，同比提升 10%；钻井周期大幅度缩短，如长宁区块 2017 年 26 口完钻井平均钻井周期为78.35d，较 2016 年缩短 38.35d，平均完井周期为 92.15d，较 2016 年缩短 41.55d；平台钻井周期大幅度缩短。

此外，井筒完整性显著提升，储层钻遇率提高。钻井技术也得到有效提升，如水平段"一趟钻"技术、长水平段钻井技术、地质工程一体化导向技术。

（2）装备国产化，减少设备投入。

紧紧围绕中国石油西南油气田公司页岩气效益开发需求，秉承降本增效的宗旨和理念，结合川渝页岩气藏开发特点及技术需求，通过引进、消化吸收和再创新，形成了具有自主知识产权的快钻复合桥塞、大通径桥塞、可溶桥塞及套管启动滑套，实现了页岩气分段压裂关键工具国产化，并率先在国内开展规模化应用，打破了国外技术垄断，迫使国外产品大幅度降价。

①快钻复合桥塞国产化。

页岩气开发初期，快钻复合桥塞及配套工艺技术依赖国外公司，产品及配套作业费用高，准备周期长，部分产品无法完全满足现场施工要求。因此，结合川渝页岩气实际开发需求，通过结构设计、材料优选、室内测试与现场试验，成功研发了快钻复合桥塞系列，并于 2012 年在长宁 H3-1 井成功开展现场应用，整体性能与国外同类产品相当，打破了国外公司垄断，迫使国外产品由最初的 10 万元 / 套降至 2.5 万元 / 套。

②大通径桥塞国产化。

随着深层长水平段页岩气井不断增多，地形及设备的限制给快钻复合桥塞钻磨带来较大困难。为此，通过长期技术攻关，成功研发了内通径大、承压等级高、可钻可打捞的大通径桥塞系列，无须钻磨即可实现快速投产，并于 2015 年在长宁 H6-3 井成功开展现场应用，整体性能达到国外先进产品同类水平，国外产品因此由最初的 6.8 万元 / 套降为 3.8 万元 / 套，相比快钻复合桥塞施工作业，大通径桥塞单井试油周期缩短 5 ~ 10d。

③可溶桥塞国产化。

成功研发了承压可靠、溶解充分、残留物少的可溶桥塞，并于 2016 年在长宁 H13-1 井成功开展现场应用。该工具压裂完成后可在井内液体环境中自行溶解，无须井筒作业，实现井筒全通径投产，促使国外产品由最初的 19.5 万元 / 套降为 5 万元 / 套，相比快钻复合桥塞施工作业，可溶桥塞单井试油周期缩短 5 ~ 10d。

④套管启动滑套技术。

针对深层长水平段页岩气井第一段连续油管射孔难度大、风险高、时效长等难题，成功研发了内通道大、承压性能可靠、开启成功率高的套管启动滑套系列，并于 2015 年在威 204 H5-1 井成功开展现场应用。该工具可满足高温、高压固井及大排量施工要求，实现了通、刮、洗井一趟管柱作业，迫使国外产品由最初的 30 万元 / 套降为 15 万元 / 套，相比第一段连续油管射孔作业，单井试油周期缩短 5 ~ 10d。

（3）工程服务市场化和提速、增产激励机制有效降低工程成本。

钻前工程、钻井工程、地面工程的物资采购和工程施工全面实施公开招投标，工程建设和工程技术服务内、外部承接比例保持在 7：3 左右，既发挥了中国石油的综合一体化优势，有效降低了建井成本，同时又促使多家公司同台竞技，形成了"比学赶帮超"的良性竞争局面。

为提高水平开发井靶体钻遇率、井身质量和钻井速度，对在造斜段—水平段钻进中全程使用旋转导向工具，靶体钻遇率达 100%、Ⅰ类储层钻遇率达 90% 和测试产量达 $20 \times 10^4 m^3/d$ 的单井进行奖励，有效激发了施工队伍积极性，缩短了钻井周期，提高工程质量和单井产量，实现合作共赢。

（4）优化地面设计，统筹安排地面建设，降低地面建设成本。

①强化针对性设计。

针对气井压力、气量、液量、砂量工况变化，按照气井生产全寿命周期，平台工艺采用四阶段设计，打破常规设计的"一个井站、一套流程"的单一模式；采用"合理流速、优化管径"集气支线设计，满足初期产能发挥，后期流速合理；针对气井出砂量大，测试生产和正常生产期早期均采用两级除砂工艺；平台管段及设备采用法兰连接，实现设备全预制、不动火拆装。

②强化一体化统筹。

天然气管网、供电网、光纤网三网统筹，天然气管道与光纤网同沟敷设；钻前工程与地面工程一体化布置、集输、外输、市场一体化设计，集输管网与增压工程整体考虑，新建工程与已建工程高度融合。

③强化系列化设计。

平台、增压、集气、脱水均采用系列化设计，减少选型规格型号，适应区块上产节奏，满足批量化采购、工厂化预制、集中化建设的需要。

④强化橇块化组合。

平台按功能模块组合分为 6 个模块 10 大类，包括除砂阀组橇、单井分离计量橇、管汇橇、阀组橇等。根据平台井数不同，实现"搭积木"组合和搬迁重复利用；集气站和平台压缩机分别采用 800kW 和 315kW，通过机组组合，满足不同阶段、不同规模增压需求；$50 \times 10^4 m^3/d$ 橇装脱水装置，高度集成、整体搬迁、运输灵活，满足快建快投要求，避免脱水规模富余。

（5）形成了适应川南地质工程特征的新一代水平井体积改造技术，单井产量得到有效提高。

主体工艺方面：通过缩短段距实现裂缝复杂程度的提升，通过提高加砂强度实现裂缝导流能力的提升。

配套技术方面：等孔径射孔技术保障孔眼均匀进液；桥塞助溶技术缩短单井投产时间；小直径桥塞确保套变段不丢段；实时调整技术，根据微地震和压力调整参数优化施工。

技术应用后，单井平均测试产量为 $27.54 \times 10^4 m^3/d$，较常规工艺提高 42%；单井平均 EUR 为 $1.2 \times 10^8 m^3$，较常规工艺提高 37%。长宁单井最高测试产量为 $62 \times 10^4 m^3/d$，EUR 为 $2.03 \times 10^8 m^3$；威远单井最高测试产量为 $52 \times 10^4 m^3/d$，EUR 为 $1.57 \times 10^8 m^3$。压裂时效平均提高至 2 段 /d，最高达到 4 段 /d。

（二）完善优化组织管理与技术体系

涪陵示范区建设过程中通过组织管理体系的完善和技术体系的优化，实现降本增效。

（1）完善的组织管理体系和工作机制，是控制投资的基础。

建立了总部决策、油田分公司监管、涪陵页岩气公司运行的三级投资管理模式，明晰投资管理职责，强化涪陵页岩气公司作为投资控制主体责任的落实。

建立适应工程特点的项目化管理模式。根据工程项目不同性质和特点采取不同的项目管理模式，钻井工程实行单井承包，试气工程以压裂机组为作业单元实行单井总承包，具备条件的地面工程实行 EPC 总承包，后勤保障、物资供应、工程监督等实行业务外包。

建立完善投资控制管理制度体系和效能监察体系。制定了《涪陵页岩气公司建设项目投资管理实施细则》《涪陵工区地面工程变更管理规定》《涪陵页岩气公司工程预结算管理实施细则》等一系列投资控制管理规章制度，为投资控制提供了有力支持。

（2）推行市场化运作，是控制投资的重要手段。

加强施工队伍管理。按照"生产急需、技术先进、信誉良好"等原则，面向国内外市场吸纳优质资源，严格资质审核、市场准入，强化招投标管理，实行优质优价、优胜劣汰，建立了规范有序、公开公平、能进能出、动态管理的市场化运作机制。

（3）强化工程成本分析，是投资控制的重要途径。

针对涪陵页岩气钻采工程成本，定期组织开展工程成本分析，通过对钻前、钻井、测录井、压裂试气单项投资构成进行细分统计，建立钻井、压裂学习曲线模型，加强日常动态跟踪分析，不断总结已完成井经验，针对实施过程中遇到的问题，提出相应的优化措施，提高施工效率。

（4）不断优化技术体系，关键设备国产化，为控制投资提供了有力支撑。

优化钻前工程设计。结合现场地形和钻井方式，对井场面积进行优化，有效降低征地面积和施工费用。

优化钻井工程设计。优化了"导眼 + 三开"井身结构、交叉式布井三维井眼和"鱼钩形"井眼轨道设计方法，形成了涪陵页岩气水平井钻井工程设计技术。自主研发高性价比的油基钻井液体系及相关核心处理剂，显著提高钻井速度和钻井成功率，在涪陵页岩气田 200 多口井中推广应用，全面替代了国外产品，整体性能达到国外同类技术先进指标。工厂化钻井模式全面推广，与非工厂化模式平均单井完井周期相比，井场利用率提高 80%，钻机设备作业效率提高 40%，钻井液循环利用率 100%，钻井液成本节约 25%。

形成以页岩气水平井分段分簇射孔技术、工艺参数精细优化技术、泵送桥塞分段压裂工艺技术、连续油管钻塞工艺技术为核心的长水平井分段压裂技术系列。自主研发了减阻剂配方体系，不断优化压裂配方体系，压裂液综合成本降幅 30.8%。结合复杂山地环境条件，形成 "压裂施工与泵送桥塞同步作业、交替施工、逐段压裂"的工厂化施工组织模式，减少设备搬迁频次，大幅度提高设备利用率和施工效率。

关键装备工具全部国产化，打破国外垄断，有力支撑了气田开发建设和成本控制。钻井方面自主研制了国内首台步进式钻机、轮轨式钻机和导轨式钻机，大大减少了设备拆卸、搬迁、安装工作量，显著缩短了钻井作业工序周期，钻柱操作效率提升 15% 以上，钻机井间运移效率提升 80% 以上。开发出适应各开次的特殊牙轮和金刚石钻头，以及大扭矩等壁厚螺杆钻具、耐油基钻井液等壁厚螺杆钻具，显著提高了钻井效率。压裂方面自主研发了 2500 型、3000 型压裂泵车，以及混砂车、连续混配车、仪表车、管汇车、连续油管作业机和不压井作业机，大功率泵车和成套装置配套技术取得突破，为山地环境下的工厂化压裂施工提供了强有力的装备支撑。自主研制了包括各式桥塞、坐封工具的系列井下工具，在气田批量推广应用，打破了国外垄断，降低了生产成本。

（5）推行"四化"建设模式，是投资控制的有效措施。

地面工程采用"标准化设计、标准化采购、模块化建设、信息化提升"的建设模式，以"单元划分、功能定型、集成橇装、工厂预制、快速组装"为手段，实现了地面系统的工厂化预制、模块化成橇、橇装化安装，达到了缩短工期、提升质量、降低投资的目的。

（三）联合攻关与创新技术集约化利用

延安示范区建设把技术创新、集约化利用与联合攻关作为降本增效的重点。

1. 技术创新降成本

1）低成本钻井液技术

与海相地层相比，陆相页岩气地层的突出特点是泥质含量大、水敏性强、井壁稳定性差，钻井过程极易发生井壁掉块、垮塌、井漏等现象，造成卡钻、埋钻具等工程事故，钻完井技术难度非常大，钻井成本高。鉴于油基钻井液成本高、环保压力大的问题，不断推进钻井液技术发展，由最初的全油基钻井液、低油水比钻井液发展为低成本水基钻井液，技术创新推动了钻井液成本降低。

通过优化材料种类降低采购成本、优化配液工艺提高配液效率、钻井液回收利用、降低钻井废液处理费用等多项举措，大幅度降低了钻井液成本。相比全油基钻井液，高性能水基钻井液全面推广，钻井液成本降低 60%，同时大幅度降低了钻井废液处理费用。

2）钻井提速优化技术

页岩气水平井采用三开井身结构，技术套管下深由 A 靶点上提至造斜段，大幅度降低大斜度井段的复杂情况，提高斜井段机械钻速，钻井周期缩短 10 余天。

采用井壁稳定控制技术和钻井参数优化技术，井下复杂情况降低约 50%，全井段机械钻速平均提高 28%，降低了页岩气水平井钻井成本。

3）压裂工艺优化技术

页岩气压裂工艺由早期的"滑溜水"压裂优化为"混合水"压裂，平均单段液量由 2011 年的 2300m³ 降低至 2018 年的 1200m³，压裂液成本降低 50%。以裂缝监测和数值模拟结果为导向，提高储层改造规模、减少裂缝重叠率，采用"多簇少段"优化技术，平均单井减少压裂段数 1 ~ 2 段，降低施工成本 200 万 ~ 500 万元。

4）压裂返排液回收利用技术

采用自研的压裂返排液处理装置，简化压裂返排液处理流程，实现压裂返排液回收处理与重复配制压裂液的再利用，日处理能力达到 600m^3，降低压裂液用液成本约 32%，降低压裂返排液处理成本约 28%。

延长石油提出了"氧化—混凝—沉降—吸附—过滤"五步法处理工艺，确定了最优处理工艺条件。压裂返排液处理后水呈无色、清澈透明状态，悬浮物含量和浊度分别为 8 ~ 13mg/L 和 10 ~ 12NTU，铁离子含量为 0.1 ~ 0.2mg/L，处理后水质连续稳定达标，既可满足平均空气渗透率不大于 0.01D 地层的回注要求，也可用于配制瓜尔胶和滑溜水压裂液，实现了页岩气压裂返排液的零排放与回用。

2. 集约利用降成本

1）丛式水平井组开发

采用丛式水平井组大幅度节约井场面积，提高钻井、压裂施工效率约 50%，提高钻井液、压裂液回收利用率在 30% 以上，目前已建立 3 个丛式水平井组。

2）立体综合勘探

鄂尔多斯盆地石油、天然气、致密砂岩气、页岩气、煤层气等多种资源叠置共生，常规油气勘探开发技术成熟，开发效益好，但页岩气尚处于勘探开发初始阶段，技术尚未成熟，效益开发短时间内难以实现，在示范区建设中，针对示范区内中生界油藏与页岩气藏、上古生界常规天然气藏与页岩气藏纵向上叠合分布的优势，建成共生资源综合勘探模式，将常规油气与页岩气统筹规划，采取兼探、兼采、同输、共利用等多种方式综合勘探，实现页岩气与共生资源高效综合勘探，探明页岩气储量 1654 × 10^{8}m^3，探明石油储量 3140 × 10^{4}t、天然气储量 533.7 × 10^{8}m^3。立体综合勘探减少土地征用，降低勘探开发成本，减少投资风险，提高勘探效益，页岩气勘探综合成本降低 30%。

五、强化全过程优化　挖掘效益开发潜力

（一）评建一体化

坚持以经济可采储量最大化为中心，按照"整体部署、分批实施、试验先行、先肥后瘦、及时优化"的总体原则，根据产能建设需求，在不同区域部署实施探井与评价井，保证评价面上覆盖，实现控边定储，落实开发潜力；在此基础上，部署整体井网，按照井组试验——分区井网的方式，确保开发稳步推进。勘探开发全过程，做好统一研究，统一工作部署，统一录取资料，搞好地上与地下、速度与效益、动态与静态、近期和长远"四个相结合"。通过评建一体化方式，涪陵气田实现了当年勘探突破、当年快速建产，大大缩短了产能建设周期，实现了资源的快速高效动用。

（二）优化页岩气田开发方案

通过地质评价与产能测试相结合、现场开发试验与产能评价相结合、技术方案与经济评价相结合、国外经验与实际生产相结合，以地面平台最优化、地下资源动用最大化为原则，优化井眼轨迹穿行层位，提高水平段在最优质页岩层段的穿行比例。优化井网井距，提高优质储层的动用率。动态合理配产，提高气井单井 EUR。针对实际钻探效果、研究与认识的深化，对集约式建设用地、井身结构等重点环节，仔细斟酌，反复论证，以保证产建方案实施过程的安全、环保、经济。持续抓好具体施工方案优化，重点对钻井、压裂方案进行论证分析，不断优化设计方案，努力降低工程成本，力争气井开发效果优于方案。

（三）优化下油管时机

在 2017 年以前，长宁—威远、昭通示范区由于作业能力等原因，下油管时间普遍为投产后 12 个月以上，井口压力在 10MPa 以下。当井筒内与地层压差过大时，会导致前期大量排液并带动压裂砂返排，从而使裂缝闭合造成产能下降。对使用套管生产的井，会极大地缩短套管的使用寿命。前期套管放喷井在生产后期都遇到了技术套管或表层套管压力升高的生产安全问题，增加了后期修井及运行费用。为了解决没有及时下油管带来的这些问题，2018 年发布《川渝页岩气采气工艺指导意见》，要求在带压作业能力许可的条件下，投产后尽早下入油管，当年 60% 以上的新井在投产后 6 个月内（最短的 3 个月）下入了油管。

涪陵示范区下油管一方面要考虑临界携液流量，减少地层能量的损耗，同时考虑后期柱塞、涡流工具等排水采气工具的下入，进行完井管柱优化和管柱下入时机优化。

（四）优化测试制度

长宁—威远、昭通示范区按照"控制、连续、稳定"的排液原则，保持排液连续，控制支撑剂回流。对于采用可钻桥塞分段压裂的井，具备钻塞条件时，应先钻塞后排液。初期宜采用不大于 3mm 油嘴开井控制排液，每级油嘴应保持井口压力、产气量及产水量相对稳定，没有明显出砂，再逐级放大油嘴，每级油嘴连续排液时间不宜小于 24h。需要减小油嘴时，宜逐级减小油嘴。排液至产气量达到峰值，且产气量和压力达到相对稳定时开始测试、求产。在测试求产过程中，要求产气量波动范围小于 5%。当产气量大于 $50 \times 10^4 m^3/d$ 时，井口压力平均日降幅度不大于 0.7MPa，当产气量为 $(20 \sim 50) \times 10^4 m^3/d$ 时，井口压力平均日降幅度不大于 0.5MPa，当产气量小于 $20 \times 10^4 m^3/d$ 时，井口压力平均日降幅度不大于 0.3MPa，井口压力和产量稳定时间要求不小于 5d，稳定时的产气量为气井测试产量。

涪陵示范区放喷测试期间，按照油嘴从大到小（16～8mm），求取 1～4 个工作制度下的稳定产量，并在取全、取准资料的情况下，尽量缩短试气放喷时间。

（五）优化生产制度

涪陵示范区页岩气井主要基于平稳供气和页岩层具有较强的应力敏感性，采取"先定产降压、后定压递减"的方式生产，产量控制相对平稳，页岩气井地层压力下降速度与累计产气量有关，采用以上方式生产，涪陵气田单井稳产期间并未出现地层压力急剧下降的现象，说明"先定产降压、后定压递减"的方式并未造成储层伤害。此外，早期采用定产方式生产还有利于现场生产管理。从应力敏感和现场管理两个角度分析，"先定产降压、后定压递减"是一种相对比较科学、合理的页岩气井生产方式。

昭通示范区山地页岩气储层具有高演化、强改造、杂应力、应力敏感性强的特征，初期产量高、递减快，单井产量和压力较盆地内低，表现为整体中低产生产特征，为了减轻应力敏感性的影响，减缓递减，提高单井最终可采储量，通过建立页岩气体积压裂水平井生产动态评价数学模型，开展不同气井的分类评价，创新形成山地页岩气井产能评价及控压生产技术。生产过程中采取的多种增产措施，造成产量递减规律不一，经过多年研究和生产经验，总结出高压井具有高产高递减特征，低压井具有低产低递减特征，高压井经历快、中、慢 3 个递减阶段，埋藏越浅，压力越低，递减越慢，但递减趋势基本一致。针对高压井高递减的特征，快速准确地评价单井产能至关重要，昭通示范区通过"控压限产"的生产方式，可以有效降低气井产量递减，延长气井生产周期，提高单位压降产气量，最终提高单井 EUR。通过速度管柱、泡排等排水采气工艺、增压方案接替等可有效提高气田稳产能力。通过合理配产，开展"控压限产"的工作制度。实践证明，控压限产可以大幅度降低页岩气递减，首年递减率由设计的 64% 降至 46%，第二年递减率由 44% 降至 39.4%，单井 EUR 提高 28%。

（六）优选排水采气工艺

长宁—威远、昭通示范区以套管生产→油管生产→泡沫助排复产为主实施排水采气工艺措施，生产过程中根据气井生产的各阶段及不同产能分类的差异性，采用相应的采气技术对策能够满足目前生产的需求。结合现场实践对各项排水采气工艺进行效果评价，生产管柱优选对页岩气井平稳高效生产起到重要的保障作用；泡沫排水采气作为目前主力排水采气工艺，对积液井助排有显著效果；气举作业复产效果较好，但需要周期性、多轮次作业才能保障连续生产，整体费用较高；柱塞举升和电动潜油泵排水采气工艺适应性不强，有待后续继续完善。

针对涪陵页岩气田高产水气井、间歇生产井、低压低产井生产特点，通过分区评价、分类实施、多措并举的现场攻关，明确了各项排采工艺的适应性，并绘制了适用于涪陵页岩气田的排水采气工艺选型图版，形成了适应涪陵页岩气田的规模化实施排水采气工艺：一是优选了完井管柱，提高气井携液能力；二是推广了柱塞气举工艺在页岩气田的应用；三是优化了压缩机气举选井原则，开展"气举+"组合排采试验；四是优化了泡沫排水采气工艺，攻克了气田消泡难度大的问题；五是开展了电动潜油泵、涡流排采、喷射引流等现场试验。截至 2018 年底，涪陵页岩气田累计实施排采措施 333 井次，措施累计产气达 $3.8 \times 10^4 m^3$。

（七）优化管线防腐蚀措施

页岩气开发生产特点与常规气不同，页岩气集输管道内腐蚀以细菌腐蚀较为突出。根据威远片区多个平台现场返排液取样分析结果表明，返排液中的硫酸盐还原菌（SRB）含量较高，数量超过 25 个 /mL 的标准（NB/T 14002.3—2015《页岩气　储层改造　第 3 部分：压裂返排液回收和处理方法》），易发生细菌腐蚀。

腐蚀原因是返排液中的 SRB 在管道低洼处（如弯头）大量聚集并繁殖，SRB、CO_2 与金属材料发生电化学反应，在管道内表面形成了腐蚀坑。同时，返排液源源不断地为细菌补充营养物质，细菌腐蚀产物堆积形成了锈瘤，锈瘤致内外形成浓差电池，进一步加速了点蚀速率，从而造成了集输管道短时间内迅速腐蚀穿孔。

开发过程中采用三个方面的控制措施，有效降低腐蚀影响：一是增加压裂液预处理工艺，在压裂液注入地层前添加与之相适应的杀菌剂或使用杀菌设备直接进行处理，确保 SRB 含量趋近于 0 个 /mL。二是在地面系统中加注杀菌剂，主要在平台发球筒压力表旋塞阀处或集气管道汇管压力表旋塞阀处注入，控制 SRB 数量。对于长距离集气管道，在管道中途增设杀菌剂加注点，确保管道后端的腐蚀控制效果。三是加密清管频次，控制集输管道 SRB 腐蚀，不仅要杀灭返排液中的 SRB，还要防止 SRB 在管道内聚集繁殖，清管通球是目前最有效的控制措施。

六、坚持安全绿色开发　确保可持续发展

（一）土地保护

（1）开发丛式井及大位移水平井作业模式，减少土地占用。

通过技术优化创新，减少耕地占用。吸取国内外页岩气勘探开发成功经验，坚持"绿色低碳"的发展理念，坚持"少用地多办事"。由于页岩气开发需要大规模体积压裂，页岩气井场占地面积较大，为充分利用土地，减少林木破坏，延长石油开发了丛式页岩气井平台优化技术和水平井工厂化作业技术体系。通过对丛式井和水平井工厂化进行平台优化设计，降低了单井占地面积，大大减少了对地表植被的破坏。另外，大位移水平井在

基本农田、自然保护区、城市等地面受限区发挥了极大优势，动用了地面受限区下的页岩气资源。

（2）严控施工环保管理，杜绝土地污染。

制定严格的页岩气施工环保管理办法，并安排环保专员督查，在页岩气钻井和压裂施工过程中严格遵守，杜绝钻井液渗漏等污染情况发生。钻井和压裂作业结束后，处理废液废渣，废液废渣回收后再利用，避免污染井场及周边土地。

（3）推动土地复垦，提高土地利用率。

积极推进土地复垦工作，改善和绿化矿区环境。落实土地复垦责任，井场作业结束后及时复垦，实现"边生产、边建设、边复垦"。与当地政府合作开展矿区水土保持绿化造林工程，在井场周边植树造林，有效控制水土流失，绿化环境。切实保护陕北的青山绿水，保护当地的生态环境，示范区勘探开发页岩气与保护环境两不误，建设和谐绿色矿山。

长宁—威远、涪陵、昭通示范区地处崇山峻岭，山地较多，可利用土地资源十分有限，可以说，土地"赛黄金"。为减少施工用地，采取缩小井距、丛式井设计、双钻机施工、集中建设集气站点等措施，使单井征地面积节约 30% 以上。气站投产后，严格按照复垦方案，开展周边植被恢复、水土保持和土地复垦，土地节约率达 57%，预计可复垦土地 3000 亩，相当于 280 多个标准足球场。

（二）水资源保护

1. 加大技术创新，实施无水压裂

利用 CO_2 压裂代替大型水力压裂，并已在 YY4 井成功实施首口页岩气井 CO_2 干法压裂，采用纯液态二氧化碳代替常规水基冻胶压裂液（如瓜尔胶）进行造缝、携砂，施工过程中无水相，压裂后无返排液，避免了常规水基压裂液中的水相侵入对油气层的伤害，降低了对环境的污染，达到了节能减排的目的，实现了节水和环保。

2. 节约水资源,实现污水再利用

页岩气压裂过程等需要大量的水资源,回收压裂后返排的压裂液,利用自主研发的污水处理装置进行处理。对处理后的水进行不定期抽样检测表明,处理后的水质连续稳定达标,可满足地层的回注要求,也可用于配制压裂液。一方面节约用水,另一方面减少压裂液等对环境的污染,水资源循环利用率达到 90% 以上。

为了实现水资源的高效合理利用,在制度方面,涪陵页岩气公司制定印发了《涪陵页岩气公司节水管理规定》,明确用水管理细则及考核办法,严格执行上级单位下达的节水指标,按照年度进行考核,做好节水管理分析工作,并纳入成本考核;在工艺方面,试气生产施工中推广实行工厂化模式交叉式压裂,将原来的一套压裂机组压裂完 1 口井变为一套压裂机组交叉式分段压裂一个平台多口井,提高了供水效率,减少了压裂供水损耗 5% 以上。集中优化处理试气废水、钻井污水、采气地层返排废水,实现废弃水重复利用,将钻井污水和采气地层返排水,集中进行治污处理后,用来压裂施工使用,实现了重复利用。

焦石坝地区属于喀斯特地貌,地下溶洞多、暗河纵横,地表很难存住水,当地群众世代饮用的都是溶洞水。涪陵页岩气公司始终把水体保护作为环保工作的重中之重。在钻井施工前,采用高密度电法勘探法进行水文勘探,确保平台选址避开暗河、溶洞。选用"三段式"井身结构和钻井方式,表层和二开直井段采用清水钻井,宁可成本高一点、速度慢一点,也要保护地下水资源。压裂用水均取自乌江,经自建的管线密闭集输至各压裂平台,不与当地群众"争水"。

大力推行异体监督,建立企业自主监督、第三方监督、政府监督、社会监督相结合的常态化、立体式监督机制,构建了"横向到边、纵向到底,点面结合、内外并举"的监管格局,确保各类风险处于实时可控状态。在气田设立 78 个常态化环境监测点,重点对地表水、地下水、大气、噪声、土壤等"五要素",开展背景值监测、日常监测和应急监测,各类监测数

据显示涪陵页岩气开发对当地环境没有造成影响。同时，发布国内首部页岩气开采环保白皮书——《涪陵页岩气开发环境保护白皮书》，对外公开环保承诺和举措，主动接受社会各界监督。

（三）返排液重复利用

针对页岩气压裂返排液特点、水质进行分析，分析了适用于页岩气压裂返排液重复利用方法及模式，并研究返排液重复利用影响因素，得到重复利用指标。现场应用表明，按照重复利用指标配制的压裂液性能稳定，现场施工较为顺利，效果较好，从而解决了页岩气田产能建设期间环保压力大、供水困难问题，水处理能力满足环保持续发展要求，保障页岩气得到顺利有效开发。采用橇装化工艺进行脱杂、净化、除菌等处理，且检测合格后，按一定比例混合新鲜水配制压裂液，在压裂施工中重复利用，工业废水回用率100%，实现工业废水零排放。

（四）钻井废弃物处理

长宁—威远、昭通示范区建设钻井废水、压裂返排液和生产采出水目前均依托回注井进行回注，回注能力大于废水排放能力，且污水处理设施能够满足项目环保持续性开发需求。固废处理能力满足持续性开发需求。项目建设钻井水基钻井液全部通过随钻不落地进行合理处置；钻井产生的油基钻屑和生产过程中产生的废机油等危险废物管理通过委托进行合规处置，相关砖厂、油基钻屑处理企业的处置能力已经完全满足后期持续性开发需求。采取有效措施，消除噪声污染。目前已经建设的页岩气生产场站通过有效的措施，场站周边环境噪声全部符合要求，且定期开展生产场所职业卫生监测，确保厂界噪声达标。措施合理高效，预防水污染。持续开展浅表层空气钻、清水钻技术的推广应用，生产作业现场严抓防渗措施落实，持续开展回注井地下水影响跟踪监测，持续确保页岩气勘探开发不污染地下水。

涪陵示范区废水基钻井液、水基钻屑在废水池内进行固化处理。油基钻屑坚持"不落地、无害化处理"原则，严禁排入废水池，与水基钻屑严格实行分开收集、分类处理；对收集、转运、存放到无害化处理的全过程实施监管，实行拉运联单制度，进行内部批次跟踪监测和第三方质量监测，建立各项台账；委托专业环保公司进行专业化治理，通过热解析工艺，分离油基钻屑中的废油并回收利用，处理后的钻屑含油率小于0.3%，远远低于2%的行业标准，处于国际先进水平。为充分利用钻屑，变废为宝，大力开拓钻屑资源化利用渠道，由固化填埋到制砖、做混凝土，现如今已打通了水基钻屑干粉、油基钻屑灰渣制作水泥关键环节，取得了地方环保部门认可，已大批量开展水泥窑协同处置，制作水泥等建材。

七、健全管理体制机制　厚植发展基础

（一）中国石油页岩气管理模式

长宁—威远、昭通在页岩气示范区建设过程中，以优化管理和完善机制为前提，建立了三级管理体制，形成了4种作业机制，健全了研发体系，搭建了运维保障平台，逐步形成了油公司管理模式，大幅度提升了管理水平，为有效实现质量提高、工期缩短、成本控制的目标奠定了基础。

（1）建立了三级管理模式。长宁—威远、昭通示范区在中国石油页岩气业务发展领导小组的领导下，采取中国石油页岩气业务发展领导小组实施决策部署，川渝页岩气前线指挥部实施指挥协调，西南油气田公司、浙江油田公司两家油公司和川庆钻探公司、长城钻探公司两家工程服务公司共同实施页岩气开发的三级管理模式，推进川南页岩气建产和整体评价工作，充分发挥中国石油技术、管理和保障的整体优势。

（2）采取了 4 种作业机制。长宁—威远、昭通示范区形成了"BP 公司国际合作，长宁、四川、重庆公司国内合作，川庆钻探、长城钻探风险作业，蜀南气矿、开发事业部自营开发" 4 种作业机制，整合了各方资源和优势，推动了技术进步，提升了实施效果。

（3）建立健全了技术研发体系。长宁—威远、昭通页岩气田在总部层面成立了勘探开发研究院、工程技术研究院、安全环保研究院、规划总院国家级重点研究机构，在油公司层面成立了勘探开发研究院、工程技术研究院、安全环保研究院、天然气研究院、天然气经济研究所、页岩气研究院省部级重点研究机构，建立了中国石油页岩气技术支持体系，培养了一批技术管理人才，编制了一系列国家行业标准，有力地支撑了页岩气产能建设。

（4）搭建了运维保障平台。充分发挥川渝地区天然气工业基地的支撑作用，搭建了集"操作维护、水电信运、物资采购、企地协调"的页岩气专业化运维保障平台，为推进页岩气勘探开发各项工作提供了有力保障。

（5）形成了油公司管理模式。坚持油公司主导的管理理念，主导重大开发技术政策、主导关键工艺技术路线、主导设计优化与施工方案、主导现场复杂情况处置、主导关键工具液体质量。推广以提高单井产量为核心的"345"管理准则和"定好井、钻好井、压好井、管好井" 4 个成功做法，有效地提高了开发效果和效益。

（二）中国石化页岩气管理模式

涪陵示范区建设过程中，按井设立项目，实施一井一工程，对内实行项目负责制，负责项目整体设计、井位优选、工艺技术选择及施工参数优选，对外采用商务合作和风险合作两种方式生产作业机制，向国际化油公司管理模式看齐，充分利用市场化优势，吸纳国内及国际各油服企业优势资源及技术，提升施工品质。延长石油不成立作业队伍，不购买作业设备，最大化减少资产占用及带来的风险。钻井、压裂、试气等现场施工作业任务采用公开招标方式，公平竞争，在保障施工品质的同时，降低施工作业成本。此外，尝试与国际油服公司的风险合作模式，将单井的钻井、压裂、试气整合承包，由国际油服公司统筹规划、整体设计、统一施工，作业时效和施工品质明显提升，同时成本控制效果显著。

（1）建立油公司模式。按照"主业突出、结构扁平、人员精干、运转高效"的原则，建立了以钻井、试气、地面、采气4个工程项目部为主体，10个职能部门提供管理支持，3个中心提供服务支持的"管理 + 技术型"油公司管理体制和运行机制，采气管理实行业务整体外包（图3-1）。

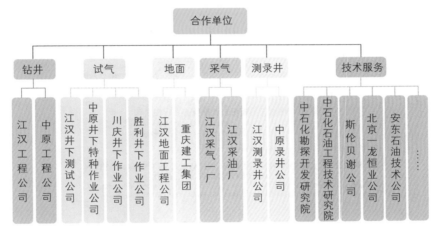

图3-1　涪陵示范区参建单位框图

（2）推行市场化运作。以完全开放的姿态，按照生产急需、技术先进、信誉良好的要求，面向市场吸纳优质资源，建立了公开公平、优质优价、能进能出的市场化运作机制。通过对外来施工队伍先进技术的学习借鉴、消化吸收、创新发展，自身技术实力得到显著提升。工区最高共有施工队伍200多支，中国石化系统外队伍占到35%以上。

（3）实施项目化管理。强化主体工程建设管理。项目部围绕提升工程质量和效益，制定工程质量标准及工程技术服务队伍业绩考核评价办法。通过考核管理和激励约束，促进项目部积极发挥主体作用，切实履行管理职能。

（4）完善制度化体系。按照制度、流程、职责"三位一体"的原则，梳理完成 400 多个业务流程，在此基础上修订完善岗位责任制，界定岗位职责，细化工作标准，建立了 QHSE 管理体系，相继出台生产运行管理规定、投资管理办法等制度近 50 个，形成了一套符合油公司管理模式、具有涪陵页岩气开发特色、科学合理、管用有效的制度体系，确保了靠制度管人、依流程管事、按规范操作（图 3-2、图 3-3）。

格式: MI1102R07

中国船级社质量认证公司
CHINA CLASSIFICATION SOCIETY CERTIFICATION COMPANY

HSE 管理体系评价证书
HSE MANAGEMENT SYSTEM CERTIFICATE

编号: No.**CCSC18HSE0568R1M**

兹证明

中石化重庆涪陵页岩气勘探开发有限公司
（注册地址: 重庆市涪陵区新城区鹤凤大道 6 号　邮编: 408014）
（经营地址: 重庆市涪陵区焦石镇五一大道 517 号　邮编: 408100）

This is to certify that the HSE Management System of

**SINOPEC CHONGQING FULING SHALE GAS EXPLORATION
AND DEVELOPMENT CO., LTD.**
(Registered Add: No.6, HEFENG ROAD, XINCHENG, FULING DISTRICT, CHONGQING, 408100, P.R.CHINA)
(Production Add: No.517, WUYI ROAD, JIAOSHI TOWN, FULING DISTRICT, CHONGQING, 408014, P.R.CHINA)

建立的 HSE 管理体系符合体系标准: **Q/SHS 0001.1-2001**
has been found to conform to system standard: **Q/SHS 0001.1-2001**

本证书对下述范围的 HSE 管理体系有效: *页岩气的勘探开发*.
This certificate is valid to the following scope for HSE Management System: *SHALE GAS
EXPLORATION AND DEVELOPMENT*.

上一认证周期截止时间: 2018 年 1 月 22 日/Last cycle Deadline: 22 January 2018
再认证审核时间: 2018 年 1 月 8 日-2018 年 1 月 11 日/Recertification audit time: 8 January 2018-11 January 2018

本证书有效期至: **2021 年 1 月 22 日**.
This certificate is valid until: **22 January 2021**.

发证日期: **2018 年 2 月 12 日**
Issued on: **12 February 2018**

总经理: 黄士元
General Manager Huang Shiyuan

图 3-2　HSE 管理体系评价证书

图 3-3　环境管理体系认证证书

（三）延长石油页岩气管理模式

延安国家级陆相页岩气示范区依托部门为国家发改委，项目责任单位
为延长石油。延长石油作为项目责任单位按照示范区建设目标和安全生产、
资源高效有序开发的要求，负责示范区的规划、建设和管理。为加强示范

区的日常管理，推动示范区的顺利建设，成立延长石油延安国家级陆相页岩气示范区项目领导小组，组长由集团公司副总经理、总地质师担任，成员由科技部、研究院、油田公司、勘探公司等单位负责人组成。总体运行机制实行项目组长负责制，分层管理、职责明确、成果共享、开放合作。项目领导小组下设办公室和 5 个职能工作组——项目成果集成组、项目技术组、现场实施组、财务核算组和档案管理组，明确各自工作职责，做到"统一部署，计划实施，各负其责，紧密协作"。

延安示范区建立了省级页岩气重点实验室、工程中心，建立产学研双向联合体合作模式，组建页岩气勘探开发技术创新团队。依托国家 863 项目、国家 973 项目、国家科技重大专项等科研项目，主攻陆相页岩气理论研究及技术研发，形成系列理论成果及创新技术，并快速推广应用。设立页岩气现场实施项目组，负责现场实施管理及产后评价。整体形成设计、研发、成果转化、技术推广的研发体系，驱动技术创新与工艺技术优化。

八、加深企地共建共享　营造良好发展氛围

（一）成立地企地方合资公司

按照政府与中国石油天然气集团公司的战略合作协议，由中国石油天然气股份有限公司、四川省能源投资集团公司及国有资产经营有限公司等共同出资成立了三家地方合资公司，分别为 2013 年 12 月成立的四川长宁天然气开发有限责任公司、2017 年 3 月成立的四川页岩气勘探开发有限责任公司及 2014 年 5 月成立的重庆页岩气勘探开发有限责任公司。2014 年 4 月，中国石化与涪陵区政府共同组织成立中国石化重庆涪陵页岩气勘探开发有限公司、中国石化重庆天然气管道公司、中国石化重庆涪陵页岩气

销售公司，形成企地共建共享机制。

地方政府层层建立能源建设领导小组，为示范区建设创造了良好环境，企业严格履行社会责任，积极参与地方公共设施建设和社会公益事业，坚持资源就地转化利用，形成了合力共建、互利互惠的良好格局。以页岩气勘探开发产业链为基础，有效带动地方就业，有力支持地方经济社会发展，将企业发展与政府利益融为一体。

（二）援建共建帮扶资源地区

延长石油积极改善示范区内基础设施和运输条件，兴修矿区道路、电力、通信等基础设施，造福一方百姓。延长石油支持甘志路三级油路改造费用3725.52万元，协助当地政府完成"运输大动脉"的修建工作；在甘泉县桥镇乡修建森林消防通道29.4km，并定期维护保养，为林区管护提供便利，方便林区百姓出行；支持富县175.27万元修建乡镇沙石路17.2km，协助当地民生工程建设；承担甘泉太皇山生产基地周边"两纵三横"道路、太皇山旧桥加固及姚店至太皇山洛河大桥建设费用6175万元。涪陵页岩气公司2014年以来共计投入资金2亿多元，先后与涪陵区共建了超过20km长的焦石—白涛物流通道，与焦石镇共建了象征友谊的"江汉大道"，升级硬化了60多个沿途村民进户道路，修缮了S105省道，帮助10多个村兴建水窖、修复溶洞，让示范区群众切实得到实惠。

涪陵页岩气公司经常开展助老帮困、农忙助农、义务维修、走访慰问等社会公益活动，用一个个爱心之举，把"奉献、友爱、互助、进步"的志愿服务精神传播到山村乡镇每一个角落，拉近了心与心的距离，受到当地群众广泛赞誉。3年来，先后开展了各类志愿服务活动200多件次，受益群众上万人次。涪陵页岩气公司积极响应中央号召，主动参与当地"扶贫摘帽"工作，与45户困难户建立"一对一"帮扶机制，帮助当地抢修道路、治理滑坡、加固堡坎以及清理水淹农田等60多起，投入资金近2000万元。涪陵页岩气公司十分关注当地教育事业，力所能及地提供帮助和支持，每年儿童节、教师节，公司领导带着文体用品前去慰问；涪陵八中篮球场年久失修，涪陵页岩气公司投入资金帮助修缮；复兴小学电力线路老化，周边队伍义务帮助检查更换；部分困难家庭孩子上大学缺钱，涪陵页岩气公司组织捐款捐物，用实际行动为当地教育事业尽一份心，出一份力。

（三）创造就业条件和机会

示范区充分发挥市场对资源配置的决定性作用，按照生产急需、技术先进、信誉良好等原则，面向国内外市场吸引各方优质资源，严格资质审核、招投标管理，建立了规范有序、开放公开、优质优价、优胜劣汰的石油工程技术服务市场。目前，工区共有多支施工队伍，用工近 3 万人。大量的外来人员对相关服务业也有较大需求，提高了当地居民就业水平。同时，道路建设、管道敷设、钻前工程等现场施工聘用了大量的当地施工队伍以及民工人员，有力解决了当地人员就业，居民收入增长速度较页岩气开发前加快，当地经济发展向好。

示范区坚持优先选用本地产品，先后引进普钢、水泥、设备、化工原材料等方面 20 多家重庆地区供应商参与生产建设，涉及产品采购资金、劳务费用近 6 亿多元，带动就业近 5000 人，显著提升了涉气地区的经济水平。

在示范基地建设过程中，公司以企地和谐共建的理念，积极履行社会责任，展现企业价值，正确处理企业发展与地方经济社会发展关系，建立页岩气资源有效开发的绿色发展模式，改善和绿化矿区环境，推进低碳经济，节能减排，改善农业基础条件以及人民的生活质量，促进企地和谐，实现可持续发展，使企业转变发展方式，逐步建立了企地共谋和谐发展的新模式。

（四）优先保障气源地用气

建产初期，涪陵页岩气公司先后深入气田周边重庆市的涪陵区和南川区、湖北省宜昌市和恩施市开展市场调研，引进重庆石油分公司实现试采销售，在效益最大化的原则下，推动气田初始开发，迈出页岩气商业贸易关键一步。2013 年 9 月开始，页岩气陆续通过管网渠道进入重庆建峰化工、重庆燃气集团、川维化工及四合燃气 4 家本地用户。2015 年 9 月起，页岩气进入川气东送管网，迈进商业外输提速升级期，形成了立足渝东南、延伸苏浙沪的外销网络大格局。针对无管输渠道区域，另行开发市场、开拓渠道，陆续发展 5 家页岩气自销用户，为气田自主发展、零星井试采、调峰保供创造操作空间。

早在 2012 年，页岩气开采和利用均处于起步阶段时，威远等地便实现了页岩气大规模民用，页岩气开始用于汽车加气等服务市民日常生活，同时优先保证当地企业供气，威远成为全国第一个使用页岩气的城市。截至 2018 年底，威远县、内江市、自贡市、宜宾市等地，已有超过 5 万户城乡居民直接用上了页岩气。页岩气的商业开发，有效缓解了城乡居民用气紧张问题，改善了社会民生，凭借惠及地方的理念，公司以更优惠的用气价格向当地居民供气，降低了用气成本，一定程度上提高了居民生活质量，有力拉动了地方经济发展。

九、加大政策支持与政府监管　确保健康有序发展

（一）金融支持

页岩气开发对资金的需求十分巨大，仅依靠国有资本的投入难以完全满足。因此，创新页岩气开发的融资模式，从金融政策上给予支持就显得尤为关键。参考美国开发页岩气在金融支持上的经验，中国从以下几个方面进行了探索：

（1）积极引导银行业金融机构加大对页岩气开发贴息贷款的投放力度，努力满足页岩气勘查开发的资金需求。

（2）支持和引导符合条件的页岩气开发企业上市、发行短期融资券、中期票据、企业（公司）债券等直接融资工具。

（3）创新投资形式，鼓励社会资本以股权转让、项目融资和合资合作等多种方式参与页岩气开发。

（4）支持符合条件的项目借用国际金融组织和外国政府优惠贷款。

（5）建立满足页岩气勘探开发的专业融资市场，放宽融资条件，给予资金提供方税收优惠，使页岩气开发能够获得较低的融资成本。

页岩气示范区建设的金融支持首先体现在国拨重大专项资金上。为加快页岩气的勘探开发投入，减轻企业负担，国家财政直接向各示范区项目施工主体拨付了建设资金，这对减少示范区建设初始投入较大的资金压力、节约财务费用具有重大意义。在重大示范区建设投资项目中，国拨资金是国家财政的重要组成部分，因固定资产投资项目十分重要，为保证对重大项目的资金支持，采取专款专用的管理方式。

此外，中国石化、中国石油与国有四大银行签订了战略合作协议，充分发挥在各自服务领域的资源优势，提高服务质量，提升品牌价值，实现共赢目标，支持国家页岩气开发重点项目的实施。在项目资金上，对示范区的筹（融）资实行集中管理、统一安排的原则，有效降低了融资成本，缓解了资金还款压力。

（二）政策补贴

页岩气开发的有效推进离不开政策的引导。2013 年 10 月，国家能源局公布《页岩气产业政策》，将页岩气纳入国家战略新兴产业，对页岩气开采企业采取减免矿产资源补偿费、矿权使用费等激励政策。

对于企业而言，页岩气的开发风险高、周期长，具有很强的正外部性。因此，政府部门有必要采取财政补贴政策，鼓励企业从事页岩气开采。宏伟的发展目标和有力的补贴支持，无疑会为未来中国的页岩气开发提供更多的发展机遇。

2012 年，财政部下发的《关于出台页岩气开发利用补贴政策的通知》（财建〔2012〕847 号）中规定："中央财政对页岩气开采企业给予补贴，2012—2015 年的补贴标准为 0.4 元 /m³，补贴标准将根据页岩气产业发展情况予以调整。"2013 年，国家能源局出台《页岩气产业政策》，规定："按页岩气开发利用量，对页岩气生产企业直接进行补贴。"随着开发进度的实施，示范区的资金投入加大，2013—2015 年示范区向各级政府建议采用按季度申报的方式下拨补贴资金。在各方的共同努力下，2015 年财政部下发了《关于页岩气开发利用财政补贴政策的通知》（财建〔2015〕112 号），规定国家财政对页岩气补贴 2016—2018 年为 0.3 元 /m³，2019—2020 年为 0.2 元 /m³，补贴资金按照先预拨、后清算的方式拨付。每年 3 月底前，页岩气开发利用企业向项目所在地财政部门和能源主管部门提出本年度页岩气开采计划和开发利用数量，并提供上年度资金清算报告以及录井、岩心分析数据，测井、压裂施工数据，压裂后监测数据和试采数据等勘探资料；项目所在地财政部门和能源部门审核后逐级上报至财政部和国家能源局。页岩气专项补贴特别前提预拨的方式对开发示范区的建设、缓解现金流紧张起到了有益的补充。

根据国家能源局下发的《关于印发页岩气发展规划（2016—2020 年）的通知》，将完善成熟 3500m 以浅海相页岩气勘探开发技术，突破 3500m 以深海相页岩气、陆相和海陆过渡相页岩气勘探开发技术；在政策支持到位和市场开拓顺利情况下，2020 年力争实现页岩气产量 $300 \times 10^8 \text{m}^3$。

2018 年 8 月，为降低中国能源对外依存度，国务院出台《关于促进天然气协调稳定发展的若干意见》（国发〔2018〕31 号），该意见提出："加大国内勘探开发力度。深化油气勘查开采管理体制改革，尽快出台相关细则，将中央财政对非常规天然气补贴政策延续到"十四五"时期，将致密气纳入补贴范围。"该意见的出台对示范区企业加大勘探开发投入提升了信心。

（三）税收减免

中国资源税开征于 1984 年，对境内从事原油、天然气、煤炭等矿产资源开采的单位和个人征收。页岩气资源税作为资源税的一种，包含在天然气资源税中。

2013 年，国家能源局出台《页岩气产业政策》，规定："对页岩气开采企业减免矿产资源补偿费、矿权使用费，研究出台资源税、增值税、所得税等税收激励政策。"

2014 年，财政部出台《关于调整原油、天然气资源税有关政策的通知》（财税〔2014〕73 号），规定："原油、天然气矿产资源补偿费费率降为零，相应将资源税适用税率由 5% 提高至 6%，各页岩气开发生产企业参照所在区块常规油气的综合减征率享受减免，实际减征率一般为 0.6% ~ 1.2%。"

政府还可进一步探索加大税收政策支持和倾斜力度，降低页岩气开发的税赋水平，研究免征页岩气资源税，免征、减征页岩气增值税，或者实施页岩气增值税先征后返，对页岩气勘探开发所需的关键机器设备以及专利技术转让实施税收优惠。

为鼓励企业参与页岩气勘探开发，增加投入，增加清洁能源的供应量，实现国家供需变化进行的调控，财政部、税务总局结合全国页岩气开发的实际情况，于 2018 年 4 月 3 日发布《关于对页岩气减征资源税的通知》（财税〔2018〕26 号），自 2018 年 4 月 1 日至 2021 年 3 月 31 日，对页岩气资源税（按 6% 的规定税率）统一减征为 30%，为页岩气生产企业的可持续发展提供了极大的财税支持。该优惠政策的出台符合中国能源发展战略规划，而且是现实的迫切需要。

2018 年，对页岩气资源税施行减征 30% 的优惠政策，此项政策出台后，页岩气资源税税率降至 4.2%。页岩气减征 30% 将使资源税降低 0.02268 元 $/m^3$，可减少页岩气资源税支出数亿元。利用减征的数亿元资源税，企业可以增加钻探设备，扩大生产规模，并可用于提高员工待遇，鼓励员工的生产积极性。在成本降低的情况下，生产企业可降低页岩气出厂价，以价格优势吸引下游用户，提升市场竞争力，燃气用户也将由此得到实惠。

在所得税方面，目前示范区企业属中国西部地区，按西部大开发的所得税优惠政策执行。

税收的减免实现了对示范区企业前期巨额的勘探支出补偿，同时理顺页岩气企业的财税关系，起到国家、地方政府、企业三方关系的有效平衡，调动示范区产地政府的积极性，为示范区建设创造良好的外部环境，为企业加快产建进度、助推地方经济发展形成良好的互动。

（四）环境监管

页岩气开发过程中面临水体污染、空气污染和地质破坏三大环境风险。作为页岩气开发先行者的美国，已颁布一系列法规以加强对页岩气开发环境的监管。例如：为防止发生污染气体泄漏的情况，美国联邦政府 1970 年颁布《清洁空气法》，对页岩气钻井过程做出相关规定；1972 年，《清洁水法》对于开发和生产页岩气所需的地表水的处理办法做出相关规定。

在全国政协十二届五次会议上，九三学社向中央提交了《关于加强页岩气开发环境管理的建议》提案，建议在推进中国页岩气勘探开发的过程中，做好环境管理和生态保护。

考虑到页岩气开采所产生的环境风险因素，参考国外成熟经验，中国页岩气产业还需制定和完善与环境相关的技术标准和法律规范。同时，建立和落实页岩气开发全过程"三同时"环境监管体系，加强页岩气开发的环境影响监测，构建页岩气开发环境评价指标，规范页岩气项目环境评价管理，开展页岩气开发规划战略环境评价；建立统一协调的环境监管机构，做好企业生产和各分级监管机构之间的协调工作。

各示范区牢固树立"发展不能以牺牲人的生命为代价"和"决不以牺牲环境为代价去换取一时的经济增长"等理念，坚持资源开发与生态保护

并重，着力打造绿色低碳工程、生态和谐工程、环保示范工程。健全落实
HSSE 管理的制度保障、立体监管、技术支撑、应急保障等"四大体系"，
形成了组织、制度、责任"三位一体"的常态化环境监督管理格局，实现
中国页岩气资源的有序环保开发。

参 考 文 献

陈新军，包书景，侯读杰，等，2012. 页岩气资源评价方法与关键参数探讨 [J]. 石油勘探与开发，39（5）：566-571.

陈志鹏，梁兴，王高成，等，2015. 旋转地质导向技术在水平井中的应用及体会——以昭通页岩气示范区为例 [J]. 天然气工业，35（12）：64-70.

丁文龙，李超，李春燕，等，2012. 页岩裂缝发育主控因素及其对含气性的影响 [J]. 地学前缘，19（2）：212-220.

方辉煌，汪吉林，宫云鹏，等，2016. 基于灰色模糊理论的页岩气储层评价——以重庆南川地区龙马溪组页岩为例 [J]. 岩性油气藏，28（5）：76-81.

冯动军，胡宗全，高波，等，2016. 川东南地区五峰组—龙马溪组页岩气成藏条件分析 [J]. 地质论评，62（6）：1521-1532.

付金华，郭少斌，刘新社，等，2013. 鄂尔多斯盆地上古生界山西组页岩气成藏条件及勘探潜力 [J]. 吉林大学学报：地球科学版，43（2）：382-389.

郭庆，申峰，乔红军，等，2012. 鄂尔多斯盆地延长组页岩气储层改造技术探讨 [J]. 石油地质与工程，26（2）：96-98.

郭旭升，胡东风，魏志红，等，2016a. 涪陵页岩气田的发现与勘探认识 [J]. 中国石油勘探，21（3）：24-37.

郭旭升，胡东风，魏祥峰，等，2016b. 四川盆地焦石坝地区页岩裂缝发育主控因素及对产能的影响 [J]. 石油与天然气地质，37（6）：799-808.

韩小琴，2015. 鄂尔多斯盆地东南部上古生界山西组烃源岩评价 [J]. 石化技术，22（9）：200-201，215.

侯宇光，何生，易积正，等，2014. 页岩孔隙结构对甲烷吸附能力的影响 [J]. 石油勘探与开发，41（2）：248-256.

胡德高，刘超，2018. 四川盆地涪陵页岩气田单井可压性地质因素研究 [J]. 石油实验地质，40（1）：20-24.

胡东风，张汉荣，倪楷，等，2014. 四川盆地东南缘海相页岩气保存条件及其主控因素 [J]. 天然气工业，34（6）：17-23.

胡楠，2018. 页岩中超临界 CH_4、CO_2 吸附特性研究 [D]. 重庆：重庆大学.

姜呈馥，王香增，张丽霞，等，2013. 鄂尔多斯盆地东南部延长组长 7 段陆相页岩气地质特征及勘探潜力评价 [J]. 中国地质，40（6）：1880−1888.

李德旗，何封，欧维宇，等，2018. 页岩气水平井缝内砂塞分段工艺的增产机理 [J]. 天然气工业（1）：56−66.

李庆辉，陈勉，金衍，等，2013. 压裂参数对水平页岩气井经济效果的影响 [J]. 特种油气藏，20（1）：146−150.

李伟，王涛，王秀玲，等，2014a. 陆相页岩气水平井固井技术——以延长石油延安国家级陆相页岩气示范区为例 [J]. 天然气工业，34（12）：106−112.

李伟，王涛，李社坤，等，2014b. 页岩气水平井固井碰压关井阀的研制及应用 [J]. 断块油气田，21（6）：794−796.

李文镖，卢双舫，李俊乾，等，2019. 南方海相页岩物质组成与孔隙微观结构耦合关系 [J]. 天然气地球科学，30（1）：27−38.

李文厚，庞军刚，曹红霞，等，2009. 鄂尔多斯盆地晚三叠世延长期沉积体系及岩相古地理演化 [J]. 西北大学学报：自然科学版，39（3）：501−506.

李文厚，陈强，李智超，等，2012. 鄂尔多斯地区早古生代岩相古地理 [J]. 古地理学报（1）：85−100.

李武广，杨胜来，殷丹丹，等，2011a. 页岩气开发技术与策略综述 [J]. 天然气与石油，29（1）：34−37.

李武广，杨胜来，2011b. 页岩气开发目标区优选体系与评价方法 [J]. 天然气工业，31（4）：59−62.

李武广，杨胜来，陈峰，等，2012a. 温度对页岩吸附解吸的敏感性研究 [J]. 矿物岩石，32（2）：115−120.

李武广，杨胜来，徐晶，等，2012b. 考虑地层温度和压力的页岩吸附气含量计算新模型 [J]. 天然气地球科学，23（4）：791−796.

李武广，钟兵，杨洪志，等，2016. 页岩储层中气体扩散能力评价新方法 [J]. 石油学报，37（1）：88−96.

李新景，胡素云，程克明，2007. 北美裂缝性页岩气勘探开发的启示 [J]. 石油勘探与开发，34（4）：392−400.

李一凡，樊太亮，高志前，等，2012. 渝东南地区志留系黑色页岩层序地层研究 [J]. 天然气地球科学，23（2）：299−306.

梁榜，李继庆，郑爱维，等，2018. 涪陵页岩气田水平井开发效果评价 [J]. 天然气地球科学，29（2）：289−295.

梁兴，叶熙，张介辉，等，2011. 滇黔北坳陷威信凹陷页岩气成藏条件分析与有利区优选 [J]. 石油勘探与开发，38（6）：693−699.

梁兴，王高成，徐政语，等，2016. 中国南方海相复杂山地页岩气储层甜点综合评价技术——以昭通国家级页岩气示范区为例 [J]. 天然气工业，36（1）：33−42.

梁兴，朱炬辉，石孝志，等，2017a. 缝内填砂暂堵分段体积压裂技术在页岩气水平井中的应用 [J]. 天然气工业，37（1）：82−89.

梁兴，王高成，张介辉，等，2017b. 昭通国家级示范区页岩气一体化高效开发模式及实践启示 [J]. 中国石油勘探，22（1）：29−37.

梁兴，徐进宾，刘成，等，2019. 昭通国家级页岩气示范区水平井地质工程一体化导向技术应用 [J]. 中国石油勘探，24（2）：226−232.

刘莉，包汉勇，李凯，等，2018. 页岩储层含气性评价及影响因素分析——以涪陵页岩气田为例 [J]. 石油实验地质，40（1）：58−63，70.

刘文平，张成林，高贵冬，等，2017. 四川盆地龙马溪组页岩孔隙度控制因素及演化规律 [J]. 石油学报，38（2）：175−184.

刘尧文，王进，张梦吟，等，2018. 四川盆地涪陵地区五峰—龙马溪组页岩气层孔隙特征及对开发的启示 [J]. 石油实验地质，40（1）：44−50.

刘尧文，2018. 涪陵页岩气田绿色开发关键技术 [J]. 石油钻探技术，46（5）：8−13.

龙胜祥，冯动军，李凤霞，等，2018. 四川盆地南部深层海相页岩气勘探开发前景 [J]. 天然气地球科学，29（4）：443−451.

卢文涛，李继庆，郑爱维，等，2018. 涪陵页岩气田定产生产分段压裂水平井井底流压预测方法 [J]. 天然气地球科学，29（3）：437−442.

罗鑫，张树东，王云刚，等，2018. 昭通页岩气示范区复杂地质条件下的地质导向技术 [J]. 钻采工艺，41（3）：29−32.

马新华，2018. 四川盆地南部页岩气富集规律与规模有效开发探索 [J]. 天然气工业，38（10）：1−10.

马新华，谢军，2018. 川南地区页岩气勘探开发进展及发展前景 [J]. 石油勘探与开发，45（1）：161-169.

马永生，蔡勋育，2018. 中国页岩气勘探开发理论认识与实践 [J]. 石油勘探与
　　开发，45（4）：561-574.

马振锋，于小龙，闫志远，等，2014. 延页平 3 井钻完井技术 [J]. 石油钻采工
　　艺，36（3）：23-26.

聂海宽，唐玄，边瑞康，2009. 页岩气成藏控制因素及中国南方页岩气发育有
　　利区预测 [J]. 石油学报，30（4）：484 － 491.

秦羽乔，石文睿，石元会，等，2016. 涪陵页岩气田水平井产气剖面测井技术
　　应用试验 [J]. 天然气勘探与开发，39（4）：18-22.

沈金才，2018. 涪陵焦石坝区块页岩气井动态合理配产技术 [J]. 石油钻探技术，
　　46（1）：103-109.

舒志国，关红梅，喻璐，等，2018. 四川盆地焦石坝地区页岩气储层孔隙参数
　　测井评价方法 [J]. 石油实验地质，40（1）：38-43.

孙健，罗兵，2016. 四川盆地涪陵页岩气田构造变形特征及对含气性的影响
　　[J]. 石油与天然气地质，37（6）：809-818.

孙健，包汉勇，2018. 页岩气储层综合表征技术研究进展——以涪陵页岩气田
　　为例 [J]. 石油实验地质，40（1）：1-12.

孙健，易积正，胡德高，2019. 北美主要页岩层系油气地质特征 [M]. 北京：
　　中国石化出版社.

孙晓，王树众，白玉，等，2011. VES-CO$_2$ 清洁泡沫压裂液携砂性能实验研
　　究 [J]. 工程热物理学报，32（9）：1524-1526.

田华，张水昌，柳少波，等，2012. 压汞法和气体吸附法研究富有机质页岩孔
　　隙特征 [J]. 石油学报，33（3）：419-427.

王波，李伟，张文哲，等，2018. 延长区块陆相页岩水基钻井液性能优化评价
　　[J]. 钻井液与完井液，35（3）：74-78.

王鹏万，邹辰，李娴静，等，2018. 昭通示范区页岩气富集高产的地质主控因
　　素 [J]. 石油学报，39（7）：744-753.

王倩，王鹏，项德贵，等，2012. 页岩力学参数各向异性研究 [J]. 天然气工业，
　　32（12）：62-65.

王涛，王国峰，李伟，等，2015. 提高固井过程中环空摩阻计算精度的方法 [J]. 科

学技术与工程，15（11）：49-52.

王涛，展转盈，燕迎飞，2018. 注水泥环空动态顶替界面长距离数值模拟 [J]. 非常规油气，5（6）：87-93.

王香增，李伟，高瑞民，等，2012. 一种陆相页岩气水平井使用的油基钻井液体系：CN102618227A[P].

王香增，2014. 陆相页岩气 [M]. 北京：石油工业出版社.

王香增，高胜利，高潮，2014a. 鄂尔多斯盆地南部中生界陆相页岩气地质特征 [J]. 石油勘探与开发，27（3）：294-304.

王香增，吴金桥，张军涛，2014b. 陆相页岩气层的 CO_2 压裂技术应用探讨 [J]. 天然气工业，34（1）：64-67.

王香增，张丽霞，高潮，2016a. 鄂尔多斯盆地下寺湾地区延长组页岩气储层非均质性特征 [J]. 地学前缘，12（1）：134-145.

王香增，张丽霞，李宗田，等，2016b. 鄂尔多斯盆地延长组陆相页岩孔隙类型划分方案及其油气地质意义 [J]. 石油与天然气地质，37（1）：1-7.

王香增，王念喜，于兴河，等，2017. 鄂尔多斯盆地东南部上古生界沉积储层与天然气富集规律 [M]. 北京：科学出版社.

王香增，孙晓，罗攀，等，2019. 非常规油气 CO_2 压裂技术进展及应用实践 [J]. 岩性油气藏（2）：1-7.

王玉满，董大忠，李新景，等，2015a. 四川盆地及其周缘下志留统龙马溪组层序与沉积特征 [J]. 天然气工业，35（3）：12-21.

王玉满，黄金亮，李新景，等，2015b. 四川盆地下志留统龙马溪组页岩裂缝孔隙定量表征 [J]. 天然气工业，35（9）：8-15.

王玉满，黄金亮，王淑芳，等，2016. 四川盆地长宁、焦石坝志留系龙马溪组页岩气刻度区精细解剖 [J]. 天然气地球科学，27（3）：423-432.

王志刚，孙健，2014. 涪陵页岩气田试验井组开发实践与认识 [M]. 北京：中国石化出版社.

王志刚，2019. 涪陵大型海相页岩气田成藏条件及高效勘探开发关键技术 [J]. 石油学报，40（3）：370-381.

魏祥峰，郭彤楼，刘若冰，2016. 涪陵页岩气田焦石坝地区页岩气地球化学特征及成因 [J]. 天然气地球科学，27（3）：539-548.

翁定为，雷群，胥云，等，2011. 缝网压裂技术及其现场应用 [J]. 石油学报，
　　32（2）：280—284.

吴金桥，王香增，高瑞民，等，2014. 新型 CO_2 清洁泡沫压裂液性能研究 [J]. 应
　　用化工，43（1）：16—19.

吴金桥，孙晓，王香增，等，2015. 液态 CO_2 压裂管流摩阻特征实验研究 [J]. 应
　　用化工，44（10）：1796—1802.

吴奇，梁兴，鲜成钢，等，2015. 地质—工程一体化高效开发中国南方海相页
　　岩气 [J]. 中国石油勘探，20（4）：1—23.

伍坤宇，张廷山，杨洋，等，2016. 昭通示范区黄金坝气田五峰—龙马溪组页
　　岩气储层地质特征 [J]. 中国地质（1）：275—287.

习传学，孙冲，方帆，等，2018. 页岩含气量现场测试技术研究 [J]. 石油实验
　　地质，40（1）：25—29.

鲜成钢，张介辉，陈欣，等，2017. 地质力学在地质工程一体化中的应用 [J]. 中
　　国石油勘探，22（1）：75—88.

肖佳林，2016. 地质条件变化对涪陵页岩气井压裂的影响及对策 [J]. 断块油气
　　田，23（5）：668—672.

肖佳林，李远照，候振坤，等，2017. 一种页岩储层脆性评价方法 [J]. 断块油
　　气田，24（4）：486—489.

肖佳林，李奎东，高东伟，等，2018. 涪陵焦石坝区块水平井组拉链压裂实践
　　与认识 [J]. 中国石油勘探，23（2）：51—58.

肖贤明，王茂林，魏强，等，2015. 中国南方下古生界页岩气远景区评价 [J]. 天
　　然气地球科学，26（8）：1433—1445.

谢军，赵圣贤，石学文，等，2017. 四川盆地页岩气水平井高产的地质主控因
　　素 [J]. 天然气工业，37（7）：1—12.

谢军，2017. 关键技术进步促进页岩气产业快速发展——以长宁—威远国家级
　　页岩气示范区为例 [J]. 天然气工业，37（12）：1—10.

谢军，2018. 长宁—威远国家级页岩气示范区建设实践与成效 [J]. 天然气工业，
　　38（2）：1—7.

徐政语，姚根顺，梁兴，等，2015. 扬子陆块下古生界页岩气保存条件分析 [J]. 石
　　油实验地质（4）：407—417.

徐政语，梁兴，王维旭，等，2016. 上扬子区页岩气甜点分布控制因素探讨——以上奥陶统五峰组—下志留统龙马溪组为例 [J]. 天然气工业，36（9）：35-43.

徐政语，梁兴，蒋恕，等，2017a. 南方海相页岩气甜点控因分析 [C]// 中国石油学会天然气专业委员会 . 2017 年全国天然气学术年会论文集 .

徐政语，梁兴，王希友，等，2017b. 四川盆地罗场向斜黄金坝建产区五峰组 - 龙马溪组页岩气藏特征 [J]. 石油与天然气地质，38（1）：132-143.

杨迪，刘树根，单钰铭，等，2013. 四川盆地东南部习水地区上奥陶统—下志留统泥页岩裂缝发育特征 [J]. 成都理工大学学报（自然科学版），40（5）：543-552.

杨文新，李继庆，苟群芳，2017. 四川盆地焦石坝地区页岩吸附特征室内实验 [J]. 天然气地球科学，28（9）：1350-1355.

易积正，王超，2018. 四川盆地焦石坝地区龙马溪组海相页岩储层非均质性特征 [J]. 石油实验地质，40（1）：13-19.

岳立新,孙可明,2017. 超临界 CO_2 增透煤微观图像重构及三维数值模拟[J]. 中国安全生产科学技术，13（1）：58-64.

张柏桥，孟志勇，刘莉，等，2018. 四川盆地涪陵地区五峰组观音桥段成因分析及其对页岩气开发的意义 [J]. 石油实验地质，40（1）：30-37，43.

张金川，金之钧，袁明生，2004. 页岩气成藏机理和分布 [J]. 天然气工业，24（7）：15-18.

张军涛，孙晓，吴金桥，2018. CO_2 干法压裂新技术在页岩气藏的应用实践 [J]. 非常规油气，5（5）：87-90.

张抗，2016. 涪陵页岩气田高产的构造因素分析及思考 [J]. 中外能源，21（4）：1-8.

赵金洲，任岚，沈骋，等，2018. 页岩气储层缝网压裂理论与技术研究新进展 [J]. 天然气工业，38（3）：1-14.

赵圣贤，杨跃明，张鉴，等，2016. 四川盆地下志留统龙马溪组页岩小层划分与储层精细对比 [J]. 天然气地球科学，27（3）：470-487.

赵文智，董大忠，李建忠，等，2012. 中国页岩气资源潜力及其在天然气未来发展中的地位 [J]. 中国工程科学，14（7）：46-58.

郑爱维，李继庆，卢文涛，等，2018. 涪陵页岩气田分段压裂水平井非稳态产能评价方法 [J]. 油气井测试，27（1）：22-30.

郑和荣，高波，彭勇民，等，2013. 上扬子地区下志留统沉积演化与页岩气勘探方向 [J]. 古地理学报，15（5）：645-656.

钟太贤，2012. 中国南方海相页岩孔隙结构特征 [J]. 天然气工业，32（9）：1-4.

周正武，董振国，吴德山，2018. 地质工程一体化和旋转导向钻井在页岩气勘探的实践 [C]// 中国煤炭学会钻探工程专业委员会. 2018 年钻探工程学术研讨会论文集.

朱汉卿，贾爱林，位云生，等，2018. 蜀南地区富有机质页岩孔隙结构及超临界甲烷吸附能力 [J]. 石油学报，39（4）：391-401.

朱梦月，秦启荣，李虎，等，2017. 川东南 DS 地区龙马溪组页岩裂缝发育特征及主控因素 [J]. 油气地质与采收率，24（6）：54-59.

邹才能，朱如凯，白斌，等，2011. 中国油气储层中纳米孔首次发现及其科学价值 [J]. 岩石学报，27（6）：1857-1864.

邹才能，朱如凯，吴松涛，等，2012. 常规与非常规油气聚集类型、特征、机理及展望——以中国致密油和致密气为例 [J]. 石油学报，33（2）：173-187.

邹才能，董大忠，王玉满，等，2015. 中国页岩气特征、挑战及前景（一）[J]. 石油勘探与开发，42（6）：689-701.

邹才能，董大忠，王玉满，等，2016. 中国页岩气特征、挑战及前景（二）[J]. 石油勘探与开发（2）：166-175.

邹顺良，杨家祥，胡中桂，2015. 涪陵页岩气井产剖测井工艺及应用 [J]. 内蒙古石油化工（22）：143-144.

Ji Wenming, Song Yan, Jiang Zhenxue, et al., 2014. Geological controls and estimation algorithms of lacustrine shale gas adsorption capacity：A case study of the Triassic strata in the southeastern Ordos Basin, China[J]. International Journal of Coal Geology, 135（13）：61-73.

Kizaki A, Tanaka H, Ohashi K, et al., 2012. Hydraulic fracturing in inada granite and Ogino tuff with super critical carbon dioxide[C]. ISRM-ARMS 7-2012-109.

Shi Miao, Yu Bingsong, Zhang Jinchuan, et al., 2018. Microstructural characterization of pores in marine shales of the Lower Silurian Longmaxi Formation, southeastern Sichuan Basin, China[J]. Marine & Petroleum Geology, 94（6）: 166-178.

Xi Zhangdong, Wang Jing, Hu Jingang, et al., 2018. Experimental investigation of evolution of pore structure in Longmaxi marine shale using an anhydrous pyrolysis technique[J]. Mineral, 8（6）: 226.

Yang Rui, He Sheng, Yi Jizheng, et al., 2016. Nano-scale pore structure and fractal dimension of organic-rich Wufeng-Longmaxi shale from Jiaoshiba area, Sichuan Basin: Investigations using FE-SEM, gas adsorption and helium pycnometry[J]. Marine & Petroleum Geology, 70（2）: 27-45.

附表　页岩气国家标准和行业标准

序号	名　称	标准号	专业
1	页岩气技术要求和试验方法	GB/T 33296—2016	通用基础
2	页岩氦气法孔隙度和脉冲衰减法渗透率的测定	GB/T 34533—2017	地质评价
3	海相页岩气勘探目标优选方法	GB/T 35110—2017	地质评价
4	页岩和泥岩岩石薄片鉴定	GB/T 35206—2017	地质评价
5	页岩甲烷等温吸附测定方法　第 1 部分：容积法	GB/T 35210.1—2017	地质评价
6	页岩含气量测定方法	SY/T 6940—2013	地质评价
7	页岩气资源评价技术规范	NB/T 14007—2015	地质评价
8	页岩全孔径分布的测定　压汞—吸附联合法	NB/T 14008—2015	地质评价
9	页岩甲烷等温吸附测定　重量法	NB/T 10117—2018	地质评价
10	页岩气井取心及采样推荐作法	NB/T 10118—2018	地质评价
11	泥页岩 X 射线 CT 扫描及成像方法	NB/T 10122—2018	地质评价
12	页岩气测井资料处理与解释规范	SY/T 6994—2014	地震与测井
13	页岩气地震资料处理解释和预测技术规范	NB/T 14011—2016	地震与测井
14	页岩气　固井工程　第 1 部分：技术规范	NB/T 14004.1—2015	钻完井工艺
15	页岩气　固井工程　第 2 部分：水泥浆技术要求和评价方法	NB/T 14004.2—2016	钻完井工艺
16	页岩气　固井工程　第 3 部分：质量监督及验收要求和方法	NB/T 14004.3—2016	钻完井工艺
17	页岩气　钻井液使用推荐作法　油基钻井液	NB/T 14009—2016	钻完井工艺
18	页岩气　丛式井组水平井安全钻井及井眼质量控制推荐做法	NB/T 14010—2016	钻完井工艺

序号	名　称	标准号	专业
19	页岩气工厂化作业推荐做法　第2部分：钻井	NB/T 14012.2—2016	钻完井工艺
20	页岩气录井技术规范	NB/T 14017—2016	钻完井工艺
21	页岩气水平井井位设计技术要求	NB/T 14018—2016	钻完井工艺
22	页岩气水平井钻井工程设计推荐作法	NB/T 14019—2016	钻完井工艺
23	页岩气平台钻前土建工程作业要求	NB/T 14021—2017	钻完井工艺
24	页岩气水平井地质导向技术要求	NB/T 14026—2017	钻完井工艺
25	钻井液对页岩抑制性评价方法	NB/T 10121—2018	钻完井工艺
26	页岩气水平井钻井地质设计推荐做法	NB/T 10249—2019	钻完井工艺
27	页岩气水平井钻井作业技术规范	NB/T 10252—2019	钻完井工艺
28	页岩气　储层改造　第1部分：压裂设计规范	NB/T 14002.1—2015	储层改造
29	页岩气　储层改造　第3部分：压裂返排液回收和处理方法	NB/T 14002.3—2015	储层改造
30	页岩气　储层改造　第4部分：水平井泵送桥塞—射孔联作技术推荐作法	NB/T 14002.4—2015	储层改造
31	页岩气　压裂液　第1部分：滑溜水性能指标及评价方法	NB/T 14003.1—2015	储层改造
32	页岩气　储层改造　第5部分：水平井钻磨桥塞作业要求	NB/T 14002.5—2016	储层改造
33	页岩气　储层改造　第6部分：水平井分簇射孔作业要求	NB/T 14002.6—2016	储层改造
34	页岩气　压裂液　第2部分：降阻剂性能指标及测试方法	NB/T 14003.2—2016	储层改造
35	页岩气　储层改造　第2部分：工厂化压裂作业技术规范	NB/T 14002.2—2017	储层改造
36	页岩气　压裂液　第3部分：连续混配压裂液性能指标及评价方法	NB/T 14003.3—2017	储层改造
37	页岩气　工具设备　第1部分：复合桥塞	NB/T 14020.1—2017	储层改造
38	页岩水敏性评价推荐做法	NB/T 14022—2017	储层改造
39	页岩支撑剂充填层长期导流能力测定推荐方法	NB/T 14023—2017	储层改造
40	页岩气自支撑裂缝导流能力测定推荐方法	NB/T 10120—2018	储层改造
41	页岩脆性指数测定及评价方法	NB/T 10248—2019	储层改造

序号	名　　称	标准号	专业
42	页岩气井微注测试技术规范	NB/T 10251—2019	储层改造
43	页岩气开发方案编制技术规范	GB/T 34163—2017	气藏开发
44	页岩气藏描述技术规范	NB/T 14001—2015	气藏开发
45	页岩气开发概念设计编制规范	NB/T 14005—2015	气藏开发
46	页岩气井生产数据试井解释规范	NB/T 14013—2016	气藏开发
47	页岩气井试气技术规范	NB/T 14014—2016	气藏开发
48	页岩气开发动态分析技术规范	NB/T 14015—2016	气藏开发
49	页岩气开发评价资料录取技术要求	NB/T 14016—2016	气藏开发
50	页岩气井产量预测技术规范	NB/T 14024—2017	气藏开发
51	页岩气井试井技术规范	NB/T 14025—2017	气藏开发
52	页岩气试采方案编制技术要求	NB/T 10119—2018	气藏开发
53	页岩气水平井产出剖面测试作业及资料解释规范（连续油管工艺）	NB/T 10250—2019	气藏开发
54	页岩气气田集输工程设计规范	NB/T 14006—2015	安全清洁生产
55	减少水力压裂作业对地面环境影响的推荐做法	NB/T 10116—2018	安全清洁生产